近海大气环境下钢筋混凝土结构抗震性能试验研究

郑山锁 董立国 郑 跃 等 著

科 学 出 版 社

北 京

内 容 简 介

近海大气环境中，氯离子侵蚀引发的在役钢筋混凝土结构抗震性能时变退化特性，加剧了沿海城市建筑结构的地震灾害风险。探明该环境下钢筋混凝土构件与结构的抗震性能退化规律，并建立其数值分析模型，是提升沿海城市建筑结构震害抵御能力、降低地震灾害风险的重要前提。本书首先通过人工气候环境模拟技术模拟近海大气环境，对箍筋约束混凝土，钢筋混凝土框架梁、柱、节点和剪力墙构件进行加速腐蚀试验，进而进行静力及拟静力加载试验，系统研究不同设计参数下锈蚀箍筋约束混凝土的力学性能退化规律，以及各类锈蚀钢筋混凝土构件的抗震性能退化规律，在此基础上，结合试验结果和国内外既有研究成果，建立锈蚀箍筋约束混凝土本构模型及各类锈蚀钢筋混凝土构件的宏观恢复力模型，以期为近海大气环境下在役钢筋混凝土结构数值模拟分析及抗震性能评估与提升提供理论基础。

本书可供土木工程专业及地震工程、结构工程、防灾减灾工程及防护工程领域的研究、设计和施工人员，以及高等院校相关专业或领域的师生参考。

图书在版编目(CIP)数据

近海大气环境下钢筋混凝土结构抗震性能试验研究/郑山锁等著．—北京：科学出版社，2022.9

ISBN 978-7-03-072012-2

Ⅰ.①近…　Ⅱ.①郑…　Ⅲ.①近海-海洋大气影响-钢筋混凝土结构-抗震性能-试验研究　Ⅳ.①TU375

中国版本图书馆 CIP 数据核字(2022)第 053636 号

责任编辑：周　炜　梁广平　罗　娟 / 责任校对：任苗苗

责任印制：吴兆东 / 封面设计：陈　敬

科学出版社 出版

北京东黄城根北街 16 号

邮政编码：100717

http://www.sciencep.com

北京中石油彩色印刷有限责任公司 印刷

科学出版社发行　各地新华书店经销

*

2022 年 9 月第　一　版　开本：720×1000　1/16

2023 年 6 月第二次印刷　印张：13 1/2

字数：270 000

定价：98.00 元

（如有印装质量问题，我社负责调换）

前言

2004年苏门答腊地震后，全球进入地震高发期，我国作为典型的地震多发国家，同样进入了新的地震活跃期。同时，位于我国沿海城市的在役钢筋混凝土(reinforced concrete,RC)结构，由于长期遭受近海大气环境中氯离子侵蚀作用影响，抗震性能呈现出明显的时变退化特性，沿海城市建筑结构的地震灾害风险加剧。这些都为我国防震减灾工作带来了严峻考验。科学全面认识建筑结构的抗震性能，是提升城市建筑结构震害抵御能力、降低地震灾害风险的重要前提。近年来，在性能化抗震理念指导下，世界地震工程学界针对建筑结构抗震性能开展了大量研究，取得了诸多成果，但忽略了既有建筑结构耐久性损伤引发的抗震性能时变退化特性，从而影响了近海大气环境下在役钢筋混凝土结构抗震性能的准确评估，并在一定程度上制约了其震害抵御能力的有效提升以及防震减灾决策的科学制定。

鉴于此，本书以近海大气环境下在役 RC 结构为研究对象，采用试验研究、理论分析与数值模拟相结合的方法，围绕锈蚀箍筋约束混凝土本构模型的建立，低周反复荷载下锈蚀钢筋混凝土结构构件力学特性与抗震性能退化规律的揭示与表征及其宏观恢复力模型的建立等方面开展深入系统研究。

本书是作者对以上诸项目整体研究成果的提炼、归纳和系统总结。全书共六章：第1章介绍研究背景与研究意义、国内外研究现状、研究目标与内容。第2章介绍基于人工气候环境模拟技术的近海大气环境加速腐蚀试验方案、近海大气环境下锈蚀箍筋约束混凝土静力加载试验，以及其力学性能退化规律与本构模型。第3～6章为结构构件抗震性能试验研究，分别介绍近海大气环境下不同设计参数锈蚀钢筋混凝土框架梁、柱、节点和剪力墙构件的损伤破坏过程与特征，抗震性能退化规律，以及考虑近海大气环境侵蚀作用影响的各类锈蚀构件的宏观恢复力模型。

本书由郑山锁、董立国、郑跃、杨路、龙立、周炎、张艺欣等共同撰写。其中，郑山锁撰写第2、5章，董立国撰写第1、4章，郑跃撰写第6章，杨路撰写第3章，龙立、周炎、张艺欣、明铭、尚志刚、郑捷、李磊、王斌参加了第1～6章的撰写。胡卫兵、胡长明、侯丕吉、王斌、曾磊、王帆、贺金川、王建平、林咏梅、马乐为、马永欣等老师，杨威、秦卿、孙龙飞、刘巍、李强强、关永莹、左河山、赵彦堂、刘小锐、王子胜、付小亮、甘传磊、黄莺歌、周京良、董方园、汪峰、裴培、江梦帆、刘晓航、郑淏、宋明辰、李健、牛丽华、张晓辉、王萌、蔡永龙、阮升、荣先亮、温桂峰、姬金铭等研究生，参与了本书部分章节内容的研究与材料整理、插图绘制和编辑工作。全书由郑山锁整理统稿。

本书的主要研究工作得到了国家重点研发计划(2019YFC1509302)、国家科技支撑计划(2013BAJ08B03)、陕西省科技统筹创新工程计划(2011KTCQ03-05)、陕西省社会发展科技计划(2012K11-03-01)、陕西省教育厅产业化培育项目(2013JC16、2018JC020)、教育部高等学校博士学科点专项科研基金(20106120110003、20136120110003)、国家自然科学基金(52278530、51678475)、陕西省重点研发计划(2017ZDXM-SF-093、2021ZDLSF06-10)、西安市科技计划(2019113813CXSF016SF026)等项目资助,并得到了陕西省科技厅、陕西省地震局、西安市地震局、西安市灞桥区、碑林区和雁塔区政府、清华大学、哈尔滨工业大学、西安建筑科技大学等的大力支持与协助,在此一并表示衷心的感谢。在本书相关内容的研究过程中,还得到了中国地震局地球物理研究所高孟潭研究员和工程力学研究所孙柏涛研究员、沈阳建筑大学周静海教授、长安大学赵均海教授、清华大学陆新征教授、哈尔滨工业大学吕大刚教授、机械工业勘察设计研究院全国工程勘察设计大师张炜、西安建筑科技大学牛荻涛教授和史庆轩教授、西安理工大学刘云贺教授、西安交通大学马建勋教授、中国建筑西北设计研究院有限公司吴琨总工程师等专家的建言与指导,特此表示深切的谢意。

限于作者水平,加之研究工作本身带有探索性质,书中难免存在疏漏和不足之处,恳请读者指正。

郑山锁

西安建筑科技大学

2022年6月

目录

前言

第 1 章　绪论 ······ 1

1.1　研究背景及研究意义 ······ 1

1.2　国内外研究现状 ······ 3

1.2.1　氯离子扩散及钢筋锈蚀模型研究现状 ······ 3

1.2.2　锈蚀 RC 构件抗震性能研究现状 ······ 5

1.2.3　恢复力模型研究现状 ······ 7

1.3　本书研究内容 ······ 8

参考文献 ······ 9

第 2 章　锈蚀箍筋约束混凝土轴压性能试验研究 ······ 14

2.1　引言 ······ 14

2.2　试验内容及过程 ······ 14

2.2.1　试件设计 ······ 14

2.2.2　材料力学性能 ······ 16

2.2.3　加速腐蚀试验方案 ······ 17

2.2.4　静力加载及量测方案 ······ 20

2.3　试验现象及结果分析 ······ 20

2.3.1　腐蚀效果及现象描述 ······ 20

2.3.2　试件破坏特征分析 ······ 21

2.3.3　约束混凝土应力-应变曲线 ······ 24

2.4　本构模型建立 ······ 30

2.4.1　形状系数的确定 ······ 31

2.4.2　峰值应力与峰值应变的确定 ······ 33

2.5　模型验证 ······ 34

2.6　本章小结 ······ 36

参考文献 ······ 37

第 3 章　锈蚀 RC 框架梁抗震性能试验研究 ······ 39

3.1　引言 ······ 39

3.2　试验内容及过程 ······ 39

3.2.1 试件设计 …… 39
3.2.2 材料力学性能 …… 41
3.2.3 加速腐蚀试验方案 …… 41
3.2.4 拟静力加载及量测方案 …… 42
3.3 试验现象及结果分析 …… 43
3.3.1 腐蚀效果及现象描述 …… 43
3.3.2 试件破坏特征分析 …… 44
3.3.3 滞回曲线 …… 47
3.3.4 骨架曲线 …… 49
3.3.5 刚度退化 …… 51
3.3.6 耗能能力 …… 52
3.4 锈蚀 RC 框架梁恢复力模型建立 …… 55
3.4.1 恢复力模型选取 …… 55
3.4.2 未锈蚀 RC 框架梁恢复力模型 …… 58
3.4.3 锈蚀 RC 框架梁恢复力模型 …… 61
3.4.4 恢复力模型验证 …… 63
3.5 本章小结 …… 66
参考文献 …… 66
第 4 章 锈蚀 RC 框架柱抗震性能试验研究 …… 69
4.1 引言 …… 69
4.2 试验内容及过程 …… 69
4.2.1 试件设计 …… 69
4.2.2 材料力学性能 …… 72
4.2.3 加速腐蚀试验方案 …… 72
4.2.4 拟静力加载及量测方案 …… 72
4.3 试验现象及结果分析 …… 74
4.3.1 腐蚀效果及现象描述 …… 74
4.3.2 试件破坏特征分析 …… 76
4.3.3 滞回曲线 …… 78
4.3.4 骨架曲线 …… 82
4.3.5 变形能力 …… 85
4.3.6 刚度退化 …… 86
4.3.7 强度衰减 …… 89
4.3.8 耗能能力 …… 91

4.4　锈蚀 RC 框架柱恢复力模型建立 …… 94
4.4.1　锈蚀 RC 框架柱恢复力模型建立思路 …… 94
4.4.2　RC 框架柱的弯曲恢复力模型 …… 95
4.4.3　RC 框架柱的剪切恢复力模型 …… 102
4.4.4　恢复力模型验证 …… 108
4.5　本章小结 …… 114
参考文献 …… 115
第 5 章　锈蚀 RC 框架节点抗震性能试验研究 …… 118
5.1　引言 …… 118
5.2　试验内容及过程 …… 118
5.2.1　试件设计 …… 118
5.2.2　材料力学性能 …… 120
5.2.3　加速腐蚀试验方案 …… 120
5.2.4　拟静力加载及量测方案 …… 121
5.3　试验现象及结果分析 …… 123
5.3.1　腐蚀效果及现象描述 …… 123
5.3.2　试件破坏特征分析 …… 125
5.3.3　滞回曲线 …… 127
5.3.4　骨架曲线 …… 128
5.3.5　刚度退化 …… 130
5.3.6　耗能能力 …… 131
5.3.7　节点核心区抗剪性能 …… 133
5.4　锈蚀 RC 框架节点剪切恢复力模型建立 …… 136
5.4.1　未锈蚀 RC 框架节点剪切恢复力模型 …… 136
5.4.2　锈蚀 RC 框架节点剪切恢复力模型 …… 139
5.4.3　恢复力模型验证 …… 140
5.5　本章小结 …… 143
参考文献 …… 144
第 6 章　锈蚀 RC 剪力墙抗震性能试验研究 …… 145
6.1　引言 …… 145
6.2　试验内容及过程 …… 145
6.2.1　试件设计 …… 145
6.2.2　材料力学性能 …… 148
6.2.3　加速腐蚀试验方案 …… 148

6.2.4 拟静力加载及量测方案 …… 149
6.3 试验现象及结果分析 …… 151
6.3.1 腐蚀效果及现象描述 …… 151
6.3.2 试件破坏特征分析 …… 153
6.3.3 滞回曲线 …… 158
6.3.4 骨架曲线 …… 162
6.3.5 变形能力 …… 166
6.3.6 强度衰减 …… 168
6.3.7 刚度退化 …… 170
6.3.8 耗能能力 …… 172
6.4 锈蚀低矮 RC 剪力墙恢复力模型建立 …… 174
6.4.1 锈蚀低矮 RC 剪力墙宏观恢复力模型 …… 174
6.4.2 锈蚀低矮 RC 剪力墙剪切恢复力模型 …… 188
6.5 锈蚀高 RC 剪力墙恢复力模型的建立 …… 193
6.5.1 锈蚀高 RC 剪力墙宏观恢复力模型 …… 193
6.5.2 锈蚀高 RC 剪力墙剪切恢复力模型 …… 202
6.6 本章小结 …… 204
参考文献 …… 206

第1章 绪 论

1.1 研究背景及研究意义

2004年苏门答腊地震后,全球进入地震高发期,我国作为典型的地震多发国家,同样进入了新的地震活跃期,这为我国防震减灾工作带来了严峻考验。据不完全统计,进入21世纪以来,我国仅6.5级以上的大地震就发生了十余次,不仅给人民生命财产安全带来了巨大损失,也对我国经济和社会发展产生了巨大冲击[1]。地震的发生不可避免,但其造成的后果却是可控的。2011年4月,世界著名地震工程学家罗伯特·盖勒在《自然》杂志撰文呼吁日本政府公开承认“地震不可预测”,把更多精力投入到地震对策上来[2]。美国科罗拉多大学的地震工程学家也曾指出:“造成伤亡的是建筑物本身,而不是地震。”[3]因此,提升建筑结构的抗震能力,是减轻地震灾害的根本方法。

科学全面认识建筑结构的抗震性能,是有效提升其抗震能力的重要前提。近年来,随着性能化抗震理念的不断深入,世界地震工程学界针对建筑结构抗震性能开展了大量研究,取得了丰硕成果,有力推动了建筑结构抗震能力提升。然而,值得指出的是,上述研究成果大都是针对新建建筑结构提出的,显然忽略了既有建筑结构耐久性损伤引发的抗震性能时变退化特性,这意味着建筑结构在服役一定时间后,其抗震能力将有可能不再满足规范要求,存在一定的安全隐患。而我国大中城市中,20世纪80年代后兴建的钢筋混凝土(reinforced concrete,RC)框架、框架-剪力墙、剪力墙和框架-核心筒结构等既有建筑,作为人们生活和生产的主要场所,已暴露出明显的耐久性损伤问题。2008年汶川地震的震害统计资料[4](表1.1)表明,建造时期较早的建筑结构在同等强度地震作用下的破坏情况较为严重,不仅是早期建筑结构的抗震设防水平较差所致,还包括早期建筑在使用过程中由于耐久性损伤导致的抗震性能退化。因此,为减轻城市建筑结构地震灾害风险,有必要对发生耐久性损伤的在役RC结构的抗震性能展开研究。

1991年,Mehta教授在第二届混凝土耐久性国际学术会议上作的题为“混凝土耐久性——50年进展”的主题报告中指出[5],“当今世界,造成RC结构性能退化的原因按重要性排列为:混凝土中的钢筋锈蚀,寒冷气候下的冻害,侵蚀环境的物理化学作用。”可见,混凝土中的钢筋锈蚀是导致RC结构耐久性损伤与抗震性能退化的主要原因。据统计，世界各国 RC 结构中，因钢筋锈蚀问题产生的工程结构维护费用高达 1000 亿美元[6]；美国 1975 年到 1995 年期间，由钢筋锈蚀引发的经济损失从 300 亿美元上升到了 1500 亿美元[7]；《中国腐蚀调查报告》指出，我国每年由钢筋锈蚀引发的经济损失可达 1000 亿元[8]。巨大的经济损失背后，暗示着钢筋锈蚀问题已在我国乃至世界各国既有 RC 结构中广泛存在，不容忽视。

表 1.1　汶川地震的震害统计资料[4]

建造年代	可以使用/%	加固后使用/%	停止使用/%	立即拆除/%
1978 年前	10	39	8	43
1979～1988 年	35	33	13	18
1989～2001 年	40	31	16	14

注：数据合计非 100%为四舍五入造成，原资料数据如此。

近海大气环境中的氯离子侵蚀是造成混凝土中钢筋锈蚀的首要原因。我国拥有漫长的海岸线，沿海城市中的大量在役 RC 结构不仅长期面临地震灾害威胁，还同时遭受服役环境中氯离子侵蚀作用影响。据调查，距我国海岸线 500m 处的 RC 结构，每年每平方米吸附的氯离子质量高达 10.771g[9]，且该环境中较高水平的空气湿度与温度，进一步加速了氯离子侵蚀速率，因此随着时间推移，越来越多近海大气环境中的 RC 结构将会出现不同程度的钢筋锈蚀问题。图 1.1 给出了近海大气环境下在役 RC 结构中钢筋锈蚀实例。

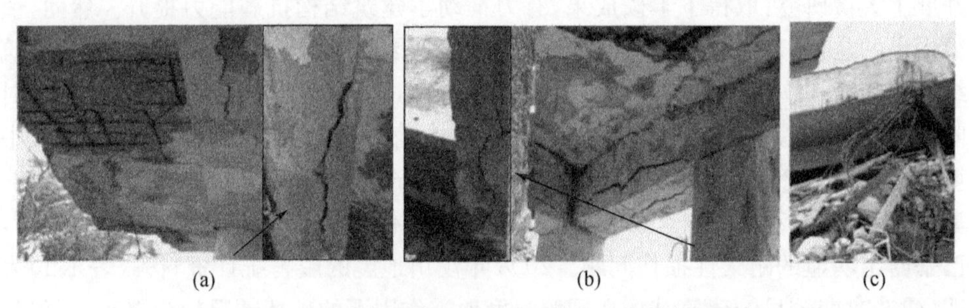

(a)　　(b)　　(c)

图 1.1　近海大气环境下在役 RC 结构中钢筋锈蚀实例

混凝土中钢筋锈蚀不仅会削弱纵向受力钢筋的有效截面面积，锈蚀产物膨胀还会导致混凝土保护层沿钢筋轴向锈胀开裂，削弱钢筋与混凝土间黏结性能，箍筋锈蚀还会减小其对核心区混凝土的约束作用[10]，氯离子侵蚀造成的钢筋坑蚀，还将导致钢筋中出现应力集中现象，从而引发 RC 结构力学与抗震性能不同程度的退化，并加剧沿海城市建筑结构的地震灾害风险。在此背景下，为有效提升近海大气环境下在役 RC 结构的震害抵御能力，降低沿海城市的地震灾害风险，研究揭示近海大气环境下RC结构的抗震性能退化规律，建立其数值模拟分析方法十分必要和迫切。

鉴于此，本书首先通过人工气候环境模拟技术模拟近海大气环境，对RC框架梁、柱、节点及剪力墙进行加速腐蚀试验，进而进行拟静力加载试验，系统研究其抗震性能退化规律，并在此基础上结合理论分析，研究建立各类RC构件的宏观恢复力模型，以期为近海大气环境下在役RC结构数值建模分析及抗震性能评估与提升提供理论支撑。

1.2　国内外研究现状

1.2.1　氯离子扩散及钢筋锈蚀模型研究现状

研究混凝土中氯离子扩散规律，建立氯离子扩散模型，是研究揭示近海大气环境下锈蚀RC构件与结构抗震性能时变退化规律的基础。1972年，Collepardi等[11]基于Fick第二定律提出的氯离子扩散系数计算方法，为氯离子扩散理论研究奠定了坚实基础。此后，各国学者以该理论为基础，结合试验与观测数据，考虑不同因素影响，建立了多种氯离子侵蚀模型。例如，Bentz等[12]考虑氯离子浓度时变性及其与水化物的结合作用，建立了一种有限差分的氯离子侵蚀模型；Onyejekwe等[13]考虑温度与时间对氯离子扩散的影响，采用格林函数法建立了氯离子扩散模型。余红发等[14]考虑结构微观缺陷、氯离子结合能力和扩散系数时变性等的影响，建立了修正的氯离子扩散模型。吴相豪等[15]在已有研究基础上，综合考虑扩散系数的时变性、氯离子结合能力、水灰比和应力状态等的影响，建立了修正的氯离子扩散计算模型。

氯离子扩散进入混凝土内部后，将会破坏混凝土内部碱性环境，进而破坏钢筋表面钝化膜，引发钢筋锈蚀，并导致结构抗震性能退化。近海大气环境下，混凝土内部钢筋锈蚀过程主要分为四个阶段[16]（图1.2）：①氯离子传输阶段；②钢筋去钝化及锈蚀产物生成阶段；③保护层混凝土开裂阶段；④保护层混凝土剥落阶段。由此可以看出，氯离子传输阶段时，钢筋未发生锈蚀，结构抗力并未发生退化；当氯离子浓度达到临界氯离子浓度时，钢筋去钝化发生，开始锈蚀，产生锈蚀产物，结构抗力开始退化；随着钢筋锈蚀产物不断累积膨胀，沿钢筋四周形成放射型微裂缝，不断向构件表面延伸直至混凝土保护层开裂，导致氯离子渗透速率增加，钢筋锈蚀加快，结构抗力退化加剧；随锈胀裂缝宽度不断增加，构件角部混凝土保护层开始剥落，钢筋裸露，进一步加速了钢筋的锈蚀，结构抗力退化直至无法满足抗震要求。

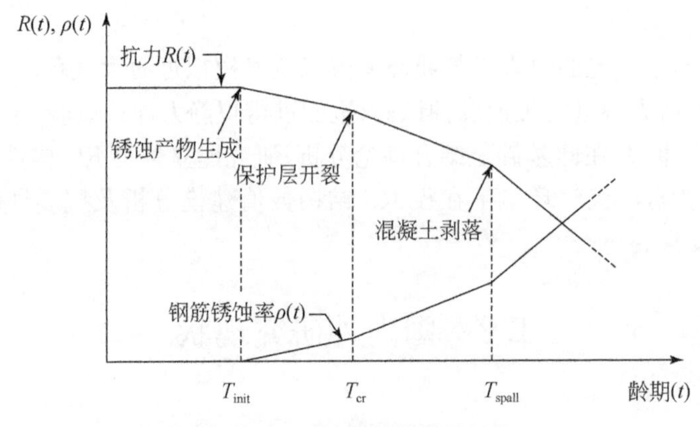

图 1.2 RC 结构钢筋锈蚀过程

揭示并表征钢筋锈蚀程度时变规律及锈蚀钢筋力学性能退化规律，建立钢筋锈蚀程度预测模型及锈蚀钢筋本构模型参数标定方法，是量化 RC 结构抗震性能退化规律的基础。国内外学者通过试验研究与理论分析，建立了多种钢筋锈蚀程度预测模型。例如，Morinaga 等[17]基于大量试验结果，考虑温度、湿度、氧气浓度及氯离子含量等环境条件影响，建立了氯离子侵蚀环境下钢筋锈蚀程度预测模型。Bazant[18]基于化学反应动力学和电化学腐蚀原理，提出了海洋环境下钢筋锈蚀程度计算模型。肖从真[19]基于法拉第定律，建立了阴极反应控制的钢筋锈蚀程度计算模型，并根据试验结果进行了修正。牛荻涛等[20]基于腐蚀电化学理论，考虑环境湿度影响，建立了保护层开裂前后钢筋锈蚀程度计算模型。Vidal 等[21]通过对自然环境下放置的 RC 梁构件裂缝宽度进行连续 17 年的观测，建立了钢筋锈蚀率与锈胀裂缝宽度间的量化关系。吴锋等[22]以锈蚀 RC 梁为研究对象，建立了基于锈胀裂缝宽度的钢筋锈蚀率量化模型，并通过与试验结果对比，验证了模型的准确性。

此外，为量化表征锈蚀钢筋的力学性能退化规律，袁迎曙等[23]基于试验研究结果，建立了锈蚀钢筋名义屈服强度、名义极限强度和延伸率与钢筋质量损失率间的量化关系。王雪慧等[24]基于氯离子侵蚀下钢筋锈蚀的试验结果指出，钢筋的坑蚀现象将导致锈蚀钢筋的截面面积损失率大于质量损失率，并建立了锈蚀钢筋截面面积损失率与质量损失率的关系。惠云玲[25]根据试验结果，提出了锈蚀钢筋屈服强度、极限强度及伸长率的计算模型。上述模型的建立，为揭示表征近海大气环境下在役 RC 结构抗震性能退化规律提供了一定的理论支撑，但锈蚀钢筋力学性能退化规律并不能全面反映锈蚀 RC 构件与结构的抗震性能退化规律，因此开展锈蚀 RC 构件与结构抗震性能研究仍十分必要。

1.2.2 锈蚀 RC 构件抗震性能研究现状

1. 锈蚀 RC 受弯构件

受弯构件作为 RC 结构中主要受力构件,受氯离子侵蚀后其力学性能退化将直接影响 RC 结构的整体抗震性能。国内外学者对锈蚀 RC 受弯构件的抗震性能开展了一些研究。例如,Al-Sulaimani 等[26]基于不同锈蚀程度 RC 梁的试验结果,建立了 RC 梁受弯承载力与钢筋锈蚀率的相关关系。Torres-Acosta 等[27,28]通过10 根锈蚀 RC 框架梁试件的拟静力加载试验,研究了钢筋锈蚀程度对梁抗弯刚度的影响规律;此后,进一步研究了钢筋锈蚀对 RC 框架梁抗弯承载力的影响规律,结果表明:钢筋最大坑蚀深度是造成 RC 框架梁抗弯承载力降低的最主要因素。Du 等[29]基于锈蚀 RC 梁的单调加载试验结果指出,钢筋锈蚀不仅降低了 RC 梁的抗弯承载力,还改变了其破坏模式,并降低了其延性。Rodriguez 等[30]基于电化学腐蚀下锈蚀 RC 梁的静力加载试验指出,钢筋锈蚀不仅降低了 RC 梁的抗弯刚度和抗弯承载力,还会导致其破坏模式由弯曲破坏向剪切破坏转变。Ou 等[31]基于大尺寸锈蚀 RC 梁的低周往复加载试验发现,钢筋锈蚀将改变 RC 梁的破坏模式。黄振国等[32]基于服役结构拆除的 9 榀 RC 梁构件的静力加载试验,分析了钢筋锈蚀程度对 RC 梁破坏形态影响规律。蔡立伦[33]通过锈蚀 RC 梁的静力加载试验指出,箍筋锈蚀将降低其对核心混凝土的约束作用,导致锈蚀 RC 梁的抗剪承载力削弱,剪切变形增大,破坏模式改变。

在试验研究基础上,国内外学者还通过理论与数值模拟分析,研究了锈蚀 RC 受弯构件的抗震性能退化规律。例如,袁迎曙等[34]考虑锈蚀钢筋力学性能及钢筋与混凝土黏结性能退化,建立了锈蚀 RC 梁数值模型,并通过模拟分析得到锈蚀 RC 梁承载力、延性、变形能力随钢筋锈蚀率的变化规律,建立了锈蚀 RC 梁性能退化模型。Val[35]通过理论分析,分别研究了一般锈蚀和坑蚀对 RC 梁抗弯和抗剪承载力及其可靠度的影响规律。结果表明,钢筋锈蚀,特别是坑蚀,对 RC 梁的可靠度具有显著影响。Cui 等[36]通过减小钢筋截面面积、削弱钢筋与混凝土材料力学性能及两者间黏结性能,以考虑钢筋锈蚀影响,建立了锈蚀 RC 梁的三维有限元模型,并分析了配筋率和钢筋锈蚀程度对 RC 梁力学性能的影响。Elghazy 等[37]通过建立三维有限元模型,对纤维增强复合材料(fiber reinforced polymer,FRP)增强锈蚀 RC 梁进行受弯性能分析,并将模拟得到的梁试件的承载力、荷载-位移曲线等与试验值进行对比,验证了所建立的数值分析模型的准确性。杨成等[38]采用有限元方法模拟箍筋锈断导致的锚固失效和黏结退化,对锈断位置呈不同分布的 RC 梁的受剪性能进行了研究。

2. 锈蚀 RC 压弯构件

压弯构件是 RC 结构中的主要承重与抗侧力构件,其抗震性能的优劣将直接影响 RC 结构整体抗震性能。近年来,国内外学者对氯离子侵蚀下锈蚀 RC 压弯构件的抗震性能进行了部分研究,例如,陶峰等[39]基于 20 根电化学腐蚀压弯构件的静力加载试验发现,钢筋锈蚀率小于 15%时,压弯构件的截面平均应变仍近似符合平截面假定,但钢筋锈蚀将导致构件的极限承载力和延性降低。杨满[40]对实际工程中使用 21 年的 RC 柱进行低周反复加载试验,分析了轴压和钢筋锈蚀程度对 RC 柱抗震性能影响规律。王学民[41]通过三种锈蚀方法对 10 根 RC 柱进行加速腐蚀,进而进行低周往复加载试验,分析了钢筋锈蚀程度对锈蚀 RC 柱抗震性能的影响规律,并建立了锈蚀 RC 柱恢复力模型。陈茗宇[42]通过试验研究了不同箍筋锈蚀程度下压弯构件的破坏形态及滞回性能,并建立了箍筋锈蚀 RC 压弯构件的恢复力模型;史庆轩等[10]、贡金鑫等[43]、Lee 等[44]和 Ma 等[45]采用通电法对 RC 框架柱进行加速腐蚀,进而拟静力试验,研究了钢筋锈蚀程度对 RC 框架柱抗震性能的影响规律。结果表明,锈蚀 RC 框架柱的承载能力、变形能力和耗能能力等抗震性能指标均随钢筋锈蚀程度的增加而不断降低。山川哲雄等[46]采用通电法对两片低矮 RC 剪力墙试件进行加速锈蚀,进而进行拟静力加载试验,研究低矮 RC 剪力墙的抗震性能退化规律。

在试验研究基础上,部分学者提出了锈蚀 RC 压弯构件的数值建模方法。蒋欢军等[47]、赵桂峰等[48]和 Vu 等[49]分别基于实体单元建立了锈蚀 RC 框架柱的数值模型。郑山锁等[50]、陈昉健等[51]和 Rao 等[52]基于纤维模型建立了锈蚀 RC 框架柱数值模型。陈新孝等[53]根据锈蚀 RC 压弯构件的拟静力试验结果,建立了锈蚀 RC 压弯构件的三折线恢复力模型。贡金鑫等[54]基于拟静力试验结果,考虑锈蚀钢筋黏结滑移影响,建立了锈蚀 RC 压弯构件的恢复力模型。梁岩等[55]根据锈蚀 RC 压弯构件的往复加载试验结果,考虑锈蚀钢筋截面面积减小、力学性能退化、钢筋与混凝土黏结性能退化等因素影响,建立了锈蚀 RC 压弯构件恢复力模型。

3. 锈蚀 RC 框架节点

RC 框架节点作为框架梁柱构件的传力枢纽,在地震荷载作用下易发生剪切破坏,氯离子侵蚀环境下,RC 框架节点内部箍筋锈蚀将加剧节点破坏,导致整体结构地震灾害风险加剧。国内外学者对锈蚀 RC 框架节点的抗震性能开展了部分研究。戴靠山等[56]基于 3 榀人工气候加速腐蚀 RC 框架边节点拟静力加载试验发现,钢筋锈蚀并未影响锈蚀 RC 框架节点的骨架曲线形状,但骨架曲线特征点参数随钢筋锈蚀程度的变化而不断变化。刘桂羽[57]根据电化学加速腐蚀 RC 框架节点的拟静力试验结果,分析了节点破坏形态与抗震能力随钢筋锈蚀程度的变化规律,并通过对试验结果进行参数拟合,建立了节点承载力和延性与钢筋锈蚀程度间的相关关系。周静海等[58]采用径向位移法,考虑钢筋对周围混凝土的锈胀作用,建立了锈蚀 RC 框架节点数值模型,并分析了轴压比和钢筋锈蚀程度变化对节点抗震性能的影响规律。Xu 等[59]采用实体有限元方法,建立了锈蚀 RC 框架节点数值模型,并据此研究了钢筋锈蚀程度与轴压比变化对框架节点承载能力的影响规律;Ashokkumar 等[60]分别对未锈蚀和锈蚀 RC 框架节点进行数值模拟分析,研究了钢筋锈蚀对节点力学性能及钢筋与混凝土黏结性能的影响。

1.2.3　恢复力模型研究现状

恢复力是指结构或构件受外界干扰产生变形时试图恢复原有状态的能力。恢复力与变形之间的关系曲线称为恢复力曲线,该曲线不仅能够反映构件强度、刚度和变形等力学特征,同时也是结构与构件抗震性能分析的基础。结构地震反应分析中常将实际构件的恢复力特性曲线模型化,得到相应的恢复力模型。恢复力模型是描述往复循环荷载作用下结构弹塑性性能的基本要素,对结构的弹塑性反应分析意义重大。

国内外学者基于试验研究提出多种适用于 RC 构件的恢复力模型,其中国外学者提出的常用模型有 Clough 退化双线型模型[61]、Takeda 退化三线型模型[62]、Clough 退化三线型模型、Ramberg-Osgood[63]滞回模型和 Bouc-Wen[64,65]滞回模型。在此基础上,许多学者对上述恢复力模型进行了改进。例如,Park 等[66]在框架剪力墙结构的弹塑性损伤分析中提出了考虑构件刚度退化、强度退化以及捏拢效应的三参数恢复力模型;Dowell 等[67]基于试验结果,提出了可模拟桥梁结构中 RC 圆形截面墩柱整个破坏过程的 Pivot 恢复力模型;Ibarra 等[68]提出了能全面考虑构件整个受力过程中所有重要退化性能且包含双线型、峰值指向型以及捏拢型等滞回特性的恢复力模型。同时,国内学者亦提出了许多适用于 RC 构件的恢复力模型。例如,朱伯龙等[69]在研究反复荷载作用下钢筋混凝土构件截面弯矩-曲率关系和荷载-挠度滞回曲线时,提出了较全面的混凝土单轴滞回本构模型,该模型除给出混凝土受压区卸载、再加载曲线方程外,还可考虑混凝土受拉开裂后重新受压的裂面效应。沈聚敏等[70]基于 32 根压弯构件的往复循环加载试验,提出了考虑钢筋黏结滑移效应影响的恢复力模型;郭子雄等[71]在 7 个常规 RC 框架柱试件拟静力试验结果和前人研究成果的基础上,建立了能够考虑轴压比变化影响的框架柱剪力-侧移恢复力模型。然而,需要指出的是:上述恢复力模型均是基于未锈蚀 RC 构件的试验研究结果提出的,没有考虑环境侵蚀作用对其恢复力特性的影响,因而无法直接用于在役RC结构与构件的抗震性能分析。

纵观上述研究现状可以看出，近年来，国内外学者主要对近海大气环境下氯离子扩散及钢筋锈蚀模型进行了深入研究，并开展了部分锈蚀RC构件力学与抗震性能研究，但研究成果大都停留在定性分析层面，定量化的研究成果相对匮乏。该研究现状滞后于未锈蚀RC结构抗震性能方面的研究进程，从而阻碍了我国近海大气环境下在役RC结构抗震性能评估与提升的实现。鉴于此，本书以近海大气环境下的各类腐蚀RC构件为研究对象，对其进行系统研究，揭示与表征其地震破坏机制及抗震性能的退化规律，并据此建立了考虑近海大气环境侵蚀作用影响的各类锈蚀RC构件的宏观恢复力模型。

1.3 本书研究内容

为研究近海大气环境下锈蚀RC构件抗震性能退化规律，本书采用人工气候模拟技术模拟近海大气环境，对箍筋约束混凝土棱柱体，RC框架梁、柱、节点和RC剪力墙构件进行加速腐蚀试验，进而进行拟静力加载试验，系统研究各锈蚀RC试件的力学性能和抗震性能退化规律；在此基础上，结合试验结果与国内外既有研究成果，建立锈蚀箍筋约束混凝土本构模型及各类锈蚀RC构件的宏观恢复力模型，以期为近海大气环境下在役RC结构数值模拟分析及抗震性能评估与提升提供理论基础。本书的主要内容与成果如下：

(1)对36组箍筋约束混凝土棱柱体试件进行人工气候加速腐蚀试验，进而对其进行轴压性能试验，研究箍筋锈蚀程度对不同混凝土强度和体积配箍率箍筋约束混凝土力学性能影响规律，建立考虑钢筋锈蚀影响的箍筋约束混凝土的本构模型。

(2)对16榀RC框架梁试件进行人工气候加速腐蚀试验，进而进行拟静力加载试验，研究钢筋锈蚀程度对不同剪跨比和配箍率下RC框架梁损伤破坏特征、承载能力、变形能力、耗能能力以及强度衰减和刚度退化的影响规律，建立了近海大气环境下锈蚀RC框架梁的恢复力模型。

(3)对30榀RC框架柱试件进行人工气候加速腐蚀试验，进而进行拟静力加载试验，研究钢筋锈蚀程度对不同剪跨比、轴压比和配箍率下RC框架柱损伤破坏特征、承载能力、变形能力、耗能能力及强度衰减和刚度退化的影响规律，建立近海大气环境下锈蚀RC框架柱弯曲恢复力模型和剪切恢复力模型。

(4)对11榀RC框架节点试件进行人工气候加速腐蚀试验，进而进行拟静力加载试验，研究锈蚀程度对不同轴压比下RC框架节点损伤破坏特征、承载能力、变形能力、耗能能力等的影响规律，建立近海大气环境下锈蚀RC框架节点的剪切恢复力模型。

(5)对30榀RC剪力墙试件进行人工气候加速腐蚀试验，进而进行拟静力加载试验，研究钢筋锈蚀程度对不同高宽比、轴压比、横向分布筋配筋率、暗柱箍筋配箍率和暗柱纵筋配筋率下RC剪力墙试件损伤破坏特征、承载能力、变形能力、耗能能力及强度衰减和刚度退化的影响规律；建立近海大气环境下锈蚀RC剪力墙的宏观恢复力模型和剪切恢复力模型。

参 考 文 献

[1] 郑山锁，董立国，张艺欣．多龄期钢筋混凝土结构地震易损性研究[M]．北京：科学出版社，2017.

[2] Geller R J．Shake-up time for Japanese seismology[J]．Nature，2011，472(7344)：407-409.

[3] 叶列平，曲哲，陆新征，等．提高建筑结构抗地震倒塌能力的设计思想与方法[J]．建筑结构学报，2008，29(4)：42-50.

[4] 马东辉，郭小东，王志涛．城市抗震防灾规划标准实施指南[M]．北京：中国建筑工业出版社，2008.

[5] Mehta P K. Concrete durability fifty years progress[C]. Proceedings of the 2nd International Conference on Concrete Durability，Montreal，1991.

[6] Li C C Q，Melchers R E. Time-dependent risk assessment of structural deterioration caused by reinforcement corrosion[J]．ACI Structural Journal，2005，102(5)：754-762.

[7] 柯伟．腐蚀科学技术的应用和失效案例[M]．北京：中国铁道出版社，1998.

[8] 金伟良，吕清芳，赵羽习，等. 混凝土结构耐久性设计方法与寿命预测研究进展[J]．建筑结构学报，2007，28(1)：7-13.

[9] 游劲秋，胥瑞芳，孟祥森，等. 近海大气环境下的钢筋混凝土保护技术研究[J]．浙江建筑，2005，22(s1)：81-87.

[10] 史庆轩，牛荻涛，颜桂云. 反复荷载作用下锈蚀钢筋混凝土压弯构件恢复力性能的试验研究[J]．地震工程与工程振动，2000，20(4)：44-50.

[11] Collepardi M，Marcialis A，Turriziani R. Penetration of chloride ions into cement pastes and concretes[J]．Journal of the American Ceramic Society，1972，55(10)：534-535.

[12] Bentz E C，Thomas M D A，Evans C M. Chloride diffusion modelling for marine exposed concretes[J]．Special Publication(Royal Society of Chemistry)，1996，183：136-145.

[13] Onyejekwe O O，Reddy N. A numerical approach to the study of chloride ion penetration into concrete[J]．Magazine of Concrete Research，2000，52(4)：243-250.

[14] 余红发，孙伟，麻海燕，等. 盐湖地区钢筋混凝土结构使用寿命的预测模型及其应用[J]．东南大学学报(自然科学版)，2002，32(4)：638-642.

[15] 吴相豪，李丽. 海港码头混凝土构件氯离子浓度预测模型[J]．上海海事大学学报，2006，27(1)：17-20.

[16] 徐勤威. 利用电化学沉积法探讨钢筋混凝土修补成效之研究[D]．基隆：台湾海洋大

学，2007.

[17] Morinaga S, Irino K, Ohta T, et al. Life prediction of existing reinforced concrete structures determined by corrosion[C]. Corrosion & Corrosion Protection of Steel in Concrete International Conference, Sheffield, 1994.

[18] Bazant Z P. Physical model for steel corrosion in concrete sea structures: Theory[J]. Journal of the Structural Division, 1979, 105(6): 1155-1166.

[19] 肖从真. 混凝土中钢筋腐蚀的机理研究及数论模拟方法[D]. 北京：清华大学，1995.

[20] 牛荻涛，王庆霖，王林科. 锈蚀开裂前混凝土中钢筋锈蚀量的预测模型[J]. 工业建筑，1996，26(4)：8-10.

[21] Vidal T, Castel A, François R. Analyzing crack width to predict corrosion in reinforced concrete[J]. Cement and Concrete Research, 2004, 34(1): 165-174.

[22] 吴锋，张章，龚景海. 基于锈胀裂缝的锈蚀梁钢筋锈蚀率计算[J]. 建筑结构学报，2013，34(10)：144-150.

[23] 袁迎曙，贾福萍，蔡跃. 锈蚀钢筋的力学性能退化研究[J]. 工业建筑，2000，30(1)：43-46.

[24] 王雪慧，钟铁毅. 混凝土中锈蚀钢筋截面损失率与重量损失率的关系[J]. 建材技术与应用，2005，(1)：4-6.

[25] 惠云玲. 混凝土结构中钢筋锈蚀程度评估和预测试验研究[J]. 工业建筑，1997，27(6)：6-9.

[26] Al-Sulaimani G J, Kaleemullah M, Basunbul I A. Influence of corrosion and cracking on bond behavior and strength of reinforced concrete members[J]. ACI Structural Journal, 1990, 87(2): 220-231.

[27] Torres-Acosta A A, Fabela-Gallego M J, Munoz-Noval A, et al. Influence of corrosion on the structural stiffness of reinforced concrete beams[J]. Corrosion, 2004, 60(9): 862-872.

[28] Torres-Acosta A A, Navarro-Gutierrez S, Terán-Guillén J. Residual flexure capacity of corroded reinforced concrete beams[J]. Engineering Structures, 2007, 29(6): 1145-1152.

[29] Du Y, Clark L A, Chan A H C. Impact of reinforcement corrosion on ductile behavior of reinforced concrete beams[J]. ACI Structural Journal, 2007, 104(3): 285-293.

[30] Rodriguez J, Ortega L M, Casal J. Load carrying capacity of concrete structures with corroded reinforcement[J]. Construction and Building Materials, 1997, 11(4): 239-248.

[31] Ou Y C, Tsai L L, Chen H H. Cyclic performance of large-scale corroded reinforced concrete beams[J]. Earthquake Engineering & Structural Dynamics, 2012, 41(4): 593-604.

[32] 黄振国，李健美. 受腐蚀钢筋砼材料基本性能与受弯构件的试验研究[J]. 建筑结构，1998，(12)：18-20.

[33] 蔡立伦. 含锈蚀钢筋的钢筋混凝土梁的抗震行为[D]. 台北：台湾科技大学，2010.

[34] 袁迎曙，贾福萍. 锈蚀钢筋混凝土梁的结构性能退化模型[J]. 土木工程学报，2001，34(3)：47-52.

[35] Val D V. Deterioration of strength of RC beams due to corrosion and its influence on beam reliability[J]. Journal of Structural Engineering, 2007, 133(9): 1297-1306.

[36] Cui Z, Alipour A. A detailed finite-element approach for performance assessment of corroded reinforced concrete beams[C]. Structures Congress 2014, Boston, 2014.

[37] Elghazy M, El Refai A, Ebead U, et al. Experimental results and modelling of corrosion-damaged concrete beams strengthened with externally-bonded composites[J]. Engineering Structures, 2018, 172: 172-186.

[38] 杨成，薛昕，张瀚引，等. 箍筋弯曲端部锈断分布对钢筋混凝土梁受剪性能影响的模拟研究[J]. 建筑结构学报，2018，39(7)：146-153.

[39] 陶峰，王林科. 服役钢筋混凝土构件承载力的试验研究[J]. 工业建筑，1996，26(4)：17-20.

[40] 杨满. 在役多龄期钢筋混凝土柱抗震性能研究[D]. 哈尔滨：哈尔滨工业大学，2010.

[41] 王学民. 锈蚀钢筋混凝土构件抗震性能试验与恢复力模型研究[J]. 西安建筑科技大学学报，2003，33(4)：17-21.

[42] 陈茗宇. 锈蚀箍筋混凝土压弯构件抗震性能试验与恢复力模型研究[D]. 西安：西安建筑科技大学，2012.

[43] 贡金鑫，仲伟秋，赵国藩. 受腐蚀钢筋混凝土偏心受压构件低周反复性能的试验研究[J]. 建筑结构学报，2004，25(5)：92-97.

[44] Lee H S, Kage T, Noguchi T, et al. An experimental study on the retrofitting effects of reinforced concrete columns damaged by rebar corrosion strengthened with carbon fiber sheets[J]. Cement and Concrete Research, 2003, 33(4): 563-570.

[45] Ma Y, Che Y, Gong J. Behavior of corrosion damaged circular reinforced concrete columns under cyclic loading[J]. Construction and Building Materials, 2012, 29(29): 548-556.

[46] 山川哲雄，玉城康哉，森永繁，ろ. 亜熱帯の塩害環境下における耐力壁の耐震性と耐久性に関する実験的研究 ：その3. 実験結果の解析と考察[J]. 学術講演梗概集:C，構造ii，1993，1993：273-274.

[47] 蒋欢军，刘小娟. 锈蚀钢筋混凝土柱基于变形的性能指标研究[J]. 建筑结构学报，2015，36(7)：115-123.

[48] 赵桂峰，李瑶亮，张猛，等. 锈蚀钢筋混凝土框架柱滞回性能的数值模拟研究[J]. 世界地震工程，2014，30(2)：71-79.

[49] Vu N S, Yu B, Li B. Prediction of strength and drift capacity of corroded reinforced concrete columns[J]. Construction and Building Materials, 2016, 115: 304-318.

[50] 郑山锁，杨威，秦卿，等. 基于氯盐最不利侵蚀下锈蚀 RC 框架结构时变地震易损性研究[J]. 振动与冲击，2015，34(7)：38-45.

[51] 陈昉健，易伟建. 近场地震作用下锈蚀钢筋混凝土桥墩的 IDA 分析[J]. 湖南大学学报(自然科学版)，2015，42(3)：1-8.

[52] Rao A S, Lepech M D, Kiremidjian A. Development of time-dependent fragility functions for deteriorating reinforced concrete bridge piers[J]. Structure and Infrastructure

Engineering, 2017, 13(1): 67-83.

[53] 陈新孝, 牛荻涛, 王学民. 锈蚀钢筋混凝土压弯构件的恢复力模型[J]. 西安建筑科技大学学报(自然科学版), 2005, 37(2): 155-159.

[54] 贡金鑫, 李金波, 赵国藩. 受腐蚀钢筋混凝土构件的恢复力模型[J]. 土木工程学报, 2005, 38(11): 38-44.

[55] 梁岩, 罗小勇, 陈代海. 锈蚀钢筋混凝土构件基于地震损伤的恢复力模型研究[J]. 振动与冲击, 2015, 34(5): 199-206.

[56] 戴靠山, 袁迎曙. 锈蚀框架边节点抗震性能试验研究[J]. 中国矿业大学学报, 2005, 34(1): 51-56.

[57] 刘桂羽. 锈蚀钢筋混凝土梁节点抗震性能试验研究[D]. 长沙: 中南大学, 2011.

[58] 周静海, 李飞龙, 王凤池, 等. 锈蚀钢筋混凝土框架节点抗震性能[J]. 沈阳建筑大学学报(自然科学版), 2016, 32(3): 428-436.

[59] Xu W, Liu R G. Effect of steel reinforcement with different degree of corrosion on degeneration of mechanical performance of reinforced concrete frame joints[J]. Frattura ed Integritá Strutturale, 2016,(35): 481-491.

[60] Ashokkumar K, Sasmal S, Ramanjaneyulu K. Simulations for seismic performance of un-corroded and corroison affected beam column joints [C]. International Congress on Computational Mechanics and Simulation, Chennai, 2014.

[61] Clough R W. Effect of stiffness degradation on earthquake ductility requirements [D]. Berkeley: University of California, 1966.

[62] Takeda T. Reinforced concrete response to simulated earthquakes[J]. Journal of Structural Division, ASCE, 1970, 96(12): 2557-2573.

[63] Ramberg W, Osgood W R. Description of steel strain curve by three parameters [R]. National Advisory Committee for Aeronautics, 1943.

[64] Bouc R. Forced vibration of mechanical systems with hysteresis [C]. Proceedings of the 4th International Conference on Nonlinear Oscillations, Prague, 1967.

[65] Wen Y K. Method for random vibration of hysteretic systems [J]. Journal of Engineering Mechanics, ASCE, 1976, 102: 249-263.

[66] Park Y J, Reinhorn A M, Kunnath S K. IDARC: Inelastic damage analysis of reinforced concrete frame-shear-wall structures[R]. Buffalo: State University of New York, 1987.

[67] Dowell R K, Seible F, Wilson E L. Pivot hysteresis model for reinforced concrete members [J]. ACI Structural Journal, 1998, 95(5): 607-617.

[68] Ibarra L F, Medina R A, Krawinkler H. Hysteretic models that incorporate strength and stiffness deterioration[J]. Earthquake Engineering & Structural Dynamics, 2010, 34(12): 1489-1511.

[69] 朱伯龙, 吴明舜, 张琨联. 在周期荷载作用下,钢筋混凝土构件滞回曲线考虑裂面接触效应的研究[J]. 同济大学学报, 1980,(1): 66-78.

[70] 沈聚敏，翁义军，冯世平. 周期反复荷载下钢筋混凝土压弯构件的性能[J]. 土木工程学报，1982，15(2)：55-66.

[71] 郭子雄，吕西林. 高轴压比框架柱恢复力模型试验研究[J]. 土木工程学报，2004，37(5)：32-38.

第2章　锈蚀箍筋约束混凝土轴压性能试验研究

2.1 引　　言

RC构件中配置的横向箍筋可约束混凝土的横向变形，使混凝土处于三向应力状态，从而显著提高混凝土的抗压强度和变形能力，并有效改善RC构件的力学性能和抗震性能。然而，近海大气环境下氯离子侵蚀作用引发的箍筋锈蚀会显著降低其对核心区混凝土的约束作用，导致构件的承载力、延性等发生不同程度退化。锈蚀箍筋约束混凝土本构模型是在役RC结构弹塑性分析、剩余承载力和抗震性能研究的基础。近年来，国内外进行了大量箍筋锈蚀RC构件抗震性能研究[1-4]，但对于考虑箍筋锈蚀影响的混凝土力学性能研究则较少。例如，李强等[5]、郑山锁等[6]分别对锈蚀箍筋约束混凝土棱柱体试件进行了轴压试验，但仅分析了试件受压应力-应变曲线各特征点退化规律，并未提出相应的本构模型。Vu等[7]、刘磊等[8]采用电化学方法对RC棱柱体试件进行腐蚀，基于轴压试验结果建立了考虑箍筋锈蚀影响的约束混凝土本构模型，但由于电化学腐蚀与自然条件腐蚀效果的差异[9]，其所建立的本构模型能否适用于近海大气环境下在役RC结构力学与抗震性能分析有待验证。张伟平等[10]通过试验发现，人工气候环境加速腐蚀条件下，混凝土内钢筋锈蚀机理以及锈蚀后钢筋表面特征均与自然环境下的基本相同。鉴于此，本章通过人工气候环境模拟技术模拟近海大气环境，对RC棱柱体试件进行加速腐蚀试验，进而进行轴压性能试验，系统研究了箍筋锈蚀对约束混凝土损伤破坏形态与力学性能的影响规律，并建立了锈蚀箍筋约束混凝土本构模型，其可为近海大气环境下RC结构数值建模分析提供理论依据。

2.2 试验内容及过程

2.2.1 试件设计

为揭示锈蚀箍筋约束混凝土力学性能退化规律，以箍筋锈蚀程度、混凝土保护层厚度、体积配箍率为变化参数，设计制作了36组(每组3个)、共计108个RC棱柱体试件。各组试件的尺寸均为150mm×150mm×450mm，混凝土保护层厚度为 12mm，纵筋配置为 4Φ12，各试件的配筋图与具体设计参数、几何尺寸如图 2.1 和表 2.1 所示。其中，各试件的箍筋锈蚀程度通过试件表观平均锈胀裂缝宽度进行控制，各试件的设计平均锈胀裂缝宽度见表 2.1。

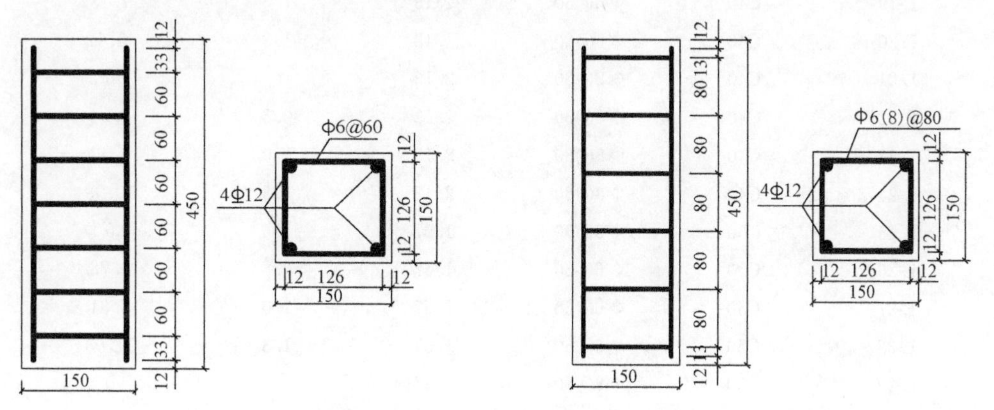

图 2.1　试件尺寸及配筋(单位:mm)

表 2.1　锈蚀箍筋混凝土棱柱体试件设计参数

试件编号	混凝土设计强度等级	配箍形式	体积配箍率/%	锈胀裂缝宽度/mm	箍筋锈蚀率/%
L-1	C30	Φ6@60	1.57	0	0
L-2	C30	Φ6@60	1.57	0.8	4.11
L-3	C30	Φ6@60	1.57	1.0	7.23
L-4	C30	Φ6@60	1.57	1.3	10.98
L-5	C30	Φ6@80	1.18	0	0
L-6	C30	Φ6@80	1.18	0.8	4.33
L-7	C30	Φ6@80	1.18	1.0	7.55
L-8	C30	Φ6@80	1.18	1.3	11.43
L-9	C30	Φ8@80	2.13	0	0
L-10	C30	Φ8@80	2.13	0.8	3.66
L-11	C30	Φ8@80	2.13	1.0	6.67
L-12	C30	Φ8@80	2.13	1.3	10.56
L-13	C40	Φ6@60	1.57	0	0
L-14	C40	Φ6@60	1.57	0.8	3.87
L-15	C40	Φ6@60	1.57	1.0	7.01
L-16	C40	Φ6@60	1.57	1.3	10.77
L-17	C40	Φ6@80	1.18	0	0
L-18	C40	Φ6@80	1.18	0.8	4.01

续表

试件编号	混凝土设计强度等级	配箍形式	体积配箍率/%	锈胀裂缝宽度/mm	箍筋锈蚀率/%
L-19	C40	ф6@80	1.18	1.0	7.13
L-20	C40	ф6@80	1.18	1.3	11.12
L-21	C40	ф8@80	2.13	0	0
L-22	C40	ф8@80	2.13	0.8	3.54
L-23	C40	ф8@80	2.13	1.0	6.43
L-24	C40	ф8@80	2.13	1.3	10.33
L-25	C50	ф6@60	1.57	0	0
L-26	C50	ф6@60	1.57	0.8	3.78
L-27	C50	ф6@60	1.57	1.0	7.31
L-28	C50	ф6@60	1.57	1.3	11.03
L-29	C50	ф6@80	1.18	0	0
L-30	C50	ф6@80	1.18	0.8	3.64
L-31	C50	ф6@80	1.18	1.0	6.88
L-32	C50	ф6@80	1.18	1.3	11.56
L-33	C50	ф8@80	2.13	0	0
L-34	C50	ф8@80	2.13	0.8	3.38
L-35	C50	ф8@80	2.13	1.0	6.21
L-36	C50	ф8@80	2.13	1.3	9.98

2.2.2 材料力学性能

本章试验 RC 棱柱体试件混凝土设计强度等级分别为 C30、C40 和 C50，试件制作同时，浇筑尺寸为 150mm×150mm×150mm 的标准立方体试块，按《普通混凝土力学性能试验方法标准》(GB/T 50081—2002)[11]① 测定混凝土 28 天抗压强度，根据材料性能试验结果，得到混凝土材料的力学性能参数，如表 2.2 所示。此外，为获得钢筋实际力学性能参数，按照《金属材料 拉伸试验 第 1 部分：室温试验方法》(GB/T 228.1—2010)[12]② 对试件纵向钢筋和箍筋进行材性试验，所得纵筋和箍筋的材料性能试验结果，见表 2.3。

① 该标准已废止，替代标准为《混凝土物理力学性能试验方法标准》(GB/T 50081—2019)，2019 年 12 月 1 日起实施。下同。

② 该标准已废止，替代标准为《金属材料 拉伸试验 第 1 部分：室温试验方法》(GB/T 228.1—2021)，2022 年 7 月 1 日起实施。下同。

表 2.2　混凝土材料性能

设计强度等级	立方体平均抗压强度 f_{cu}/MPa	轴心平均抗压强度 f_c/MPa	弹性模量 E_c/MPa
C30	36.95	28.18	3.0×10^4
C40	46.29	35.18	3.0×10^4
C50	59.51	45.23	3.0×10^4

表 2.3　箍筋力学性能参数

钢筋种类	箍筋直径/mm	屈服强度 f_y/MPa	极限强度 f_u/MPa
HPB235	6	270	428
	8	285	418

2.2.3　加速腐蚀试验方案

1. 加速腐蚀试验方法选取

混凝土结构中的钢筋锈蚀通常为自然条件下的电化学腐蚀，整个腐蚀过程耗时较长，因此，国内外学者大都通过外加电流加速钢筋锈蚀[13,14]，进而研究钢筋锈蚀对 RC 构件及结构力学与抗震性能的影响规律。然而，外加电流法虽然具有锈蚀速率快、试验周期短、锈蚀程度易于控制等诸多优点，但袁迎曙等[9]的研究结果表明，外加电流条件下，钢筋的锈蚀机理、锈蚀产物及锈蚀后钢筋表观形态均与自然环境下的存在较大差异。

张伟平等[10]通过观测比较，进一步指出，自然条件下，钢筋锈蚀过程持时较长，其间干湿交替、温度变化等使钢筋表面具有足够的氧气，因而锈蚀产物多呈赤褐色、酥松分层多空形态；而外加电流条件下，钢筋锈蚀过程持时较短，锈蚀产物氧化不充分，颜色多呈黑色。此外，自然条件下的钢筋锈蚀主要以坑蚀为主，且因钢筋靠近保护层一侧首先受到腐蚀介质侵蚀，氧气和水分较为充分等影响，钢筋外侧锈蚀程度明显高于内侧(图 2.2(a))，而外加电流条件下，钢筋沿其外围均匀锈蚀(图 2.2(b))，从而导致外加电流条件下锈蚀 RC 构件的力学和抗震性能与自然条件下存在明显差异，难以直接反映自然条件下锈蚀 RC 构件的力学与抗震性能的退化规律。

为真实模拟自然条件下的环境作用过程，使混凝土内部钢筋锈蚀机理及其锈蚀后表观形态与自然条件下一致，并加速钢筋锈蚀过程，近年来，研究人员提出了模拟环境因素老化作用的人工气候环境模拟技术，并成功应用于锈蚀 RC 构件的耐久性及力学与抗震性能研究中[9,15]。研究结果表明，人工气候环境模拟技术可

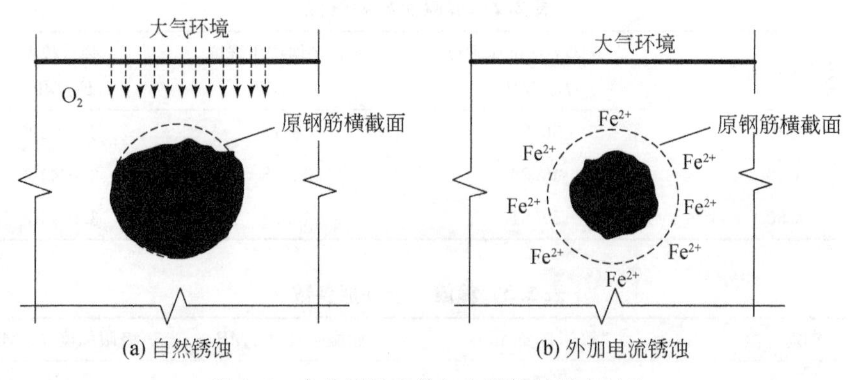

图 2.2　自然锈蚀和外加电流锈蚀形态对比

有效加速混凝土内部锈蚀速率，并使其锈蚀机理及锈蚀后表观特征均与自然条件下保持一致，因而是研究锈蚀 RC 构件力学与抗震性能退化规律的有效方法。

鉴于此，本书依托西安建筑科技大学人工气候实验室，采用人工气候环境模拟技术模拟近海大气环境，对所涉及的 RC 棱柱体，RC 框架梁、柱、节点及 RC 剪力墙试件进行加速腐蚀试验。人工气候模拟系统 ZHT/W2300 如图 2.3 所示。

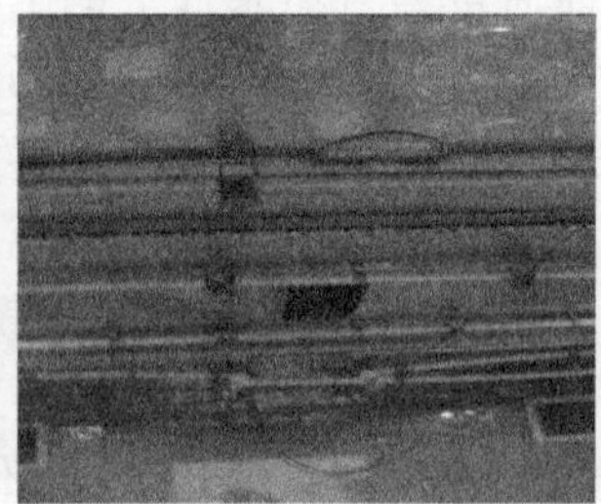

图 2.3　人工气候模拟系统 ZHT/W2300

2. 人工气候加速腐蚀试验方案

人工气候实验室可通过控制室内温度、湿度、喷淋溶液时长以及红外灯照时长，模拟近海大气环境下的温、湿交替及日晒、雨淋过程，实现近海大气环境侵蚀作用模拟，并加速试件的腐蚀速率。金伟良等[16]在对人工气候环境下内掺氯盐和氯离子外侵两种加速腐蚀方案进行对比分析后指出，混凝土内掺水泥质量 5% 的 NaCl，可加速钢筋表面钝化膜破坏，从而有效缩短氯离子外侵条件下的钢筋锈蚀时长。因此，本书在制作各类锈蚀 RC 试件时，在混凝土内掺水泥质量 5% 的 NaCl，进而为模拟近海大气环境的浸润、潮湿和干燥循环过程，保证大气区混凝土近表面为一个以毛细作用为主导的区域，试验时采用间断喷雾的盐雾-烘干的循环方式，对各锈蚀试件进行人工气候加速腐蚀试验，并设定人工气候实验室的干湿循环过程(图 2.4)及环境参数如下。

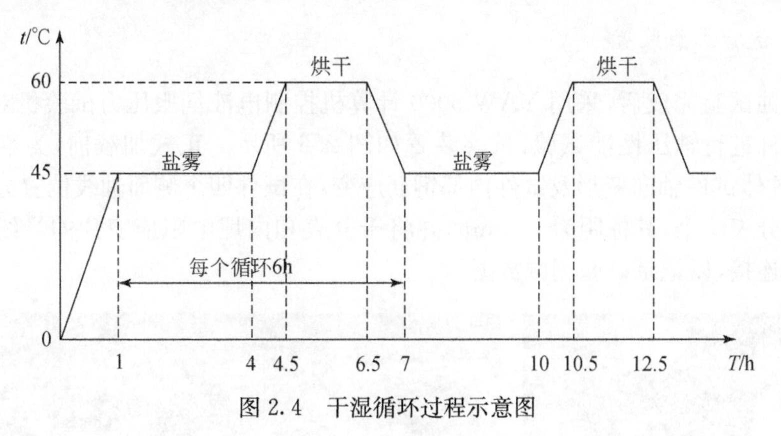

图 2.4　干湿循环过程示意图

(1)溶液配比：质量分数为 5%(中性盐雾试验)的 NaCl 溶液，pH 为 6～7。

(2)喷淋淡水：因耐久性试验周期较长，设备中的盐雾装置在高温及盐雾环境下，易出现盐雾喷嘴结晶阻塞现象，因此为保证盐雾试验的正常进行，喷淋溶液结束后，喷淋淡水 3min，以冲去喷嘴中的结晶盐。

(3)喷洒盐雾：保持人工气候实验室内温度为 45℃，进行喷雾，持续 3h(以 1h 为周期，喷雾 20min，间歇 40min)。

(4)高温烘干：将人工气候实验室内温度升高至(60±2)℃，并保持恒定 2h，以达到加速钢筋锈蚀的目的，并保证钢筋充分氧化。

(5)温度变化：盐雾-烘干两阶段转换时，以 0.5℃/min 的速率改变人工气候实验室内温度，则盐雾-烘干转化时间设定为 30min。

(6)腐蚀程度控制：由于人工气候环境下，混凝土内部钢筋锈蚀程度难以直接量测，因此，本书以试件纵筋方向的平均锈胀裂缝宽度间接控制试件内部钢筋锈蚀程度，其原因为试件表面的纵筋锈胀裂缝更容易观测，且锈胀裂缝宽度与钢筋锈蚀程度近似呈线性关系[16-18]。各类锈蚀 RC 试件的人工气候实验室加速锈蚀过程如图 2.5 所示。

图 2.5　人工气候模拟实验室加速锈蚀过程

2.2.4 静力加载及量测方案

1. 试验加载装置

腐蚀试验完成后，采用 YAW-5000 计算机控制电液伺服压力试验机对 RC 棱柱体试件进行轴压性能试验，试验装置如图 2.6 所示。正式加载前，为准确量测 RC 棱柱体试件轴向变形及试件内部钢筋应变，在试件四个侧面轴线位置分别竖向布置千分表 1 个，其标距为 200mm，并将千分表和内埋电阻应变片的导线与数据采集仪连接，以记录试验测试数据。

图 2.6 计算机控制电液伺服压力试验机

2. 试验加载程序

试件加载前对中：正式加载前，将试件轴线对准作用力中心线，继而施加轴向荷载至试件预估峰值荷载的 20%时，量测试件四个侧面中央截面各测点的应变，并据此调整作用力轴线，以达到各测点应变相同为止。在此过程中，同时检验并校准加载装置及量测仪表，以保证试验测试数据的准确性与有效性。

正式加载：试验过程中采用加载速率为 0.3mm/min 的等速位移控制加载方式对各试件施加轴向压力，并通过数据采集仪实时采集试件轴向变形与内部钢筋应变数据，直至试件发生明显受压破坏后，停止对其加载。

2.3 试验现象及结果分析

2.3.1 腐蚀效果及现象描述

1. 试件表观现象

人工气候环境加速腐蚀试验完成后，将各腐蚀 RC 棱柱体试件从人工气候实验室移出，观测试件表观形态发现，不同腐蚀程度试件表面均出现了不同程度的耐久性损伤，具体表现为：锈蚀程度较轻的试件，由于内部钢筋锈蚀产物膨胀，试件表面沿纵筋和箍筋轴向产生了部分锈胀裂缝，并伴有红褐色锈蚀产物渗出黏附于试件表面，此时，试件表面的锈胀裂缝数量较少，宽度较小，长度较短，但随锈蚀程度的增加，试件表面红褐色锈迹面积不断增大，锈胀裂缝数量不断增加，宽度不断加宽，长度亦不断增长。其中，部分严重锈蚀试件的角部混凝土保护层开始锈胀脱落。此外，对比不同锈蚀程度试件纵筋和箍筋的锈胀裂缝宽度可以发现，试件表面纵筋锈胀裂缝的宽度明显大于箍筋，其原因为：锈胀裂缝宽度不仅与钢筋锈蚀程度有关，还和保护层厚度与钢筋直径之比 c/d 有关，锈蚀程度相近时，c/d 越小，锈胀裂缝宽度越大。不同锈蚀程度 RC 棱柱体的表观现象如图 2.7 所示。

2. 内部箍筋锈蚀形态

轴压试验完成后，敲除试件表面混凝土，取出试件内部所有箍筋，按《普通混凝土长期性能和耐久性能试验方法标准》(GB/T 50082—2009)所述方法除锈，并按式(2-1)计算钢筋实际锈蚀率。同一试件中相同类别钢筋的实际锈蚀率之间存在一定的离散性，因此以所取箍筋的实际锈蚀率均值作为该试件钢筋的实际锈蚀率，其结果见表 2.1。

$$\eta=(g_0-g_1)/g_0 \tag{2-1}$$

式中，η 为钢筋实际锈蚀率；g_0 为预留完好钢筋单位长度的重量；g_1 为除锈后钢筋单位长度的重量。

(a) 未锈蚀试件

(b) 轻微锈蚀试件

(c) 中等锈蚀试件

(d) 严重锈蚀试件

图 2.7　锈蚀试件表观现象

2.3.2　试件破坏特征分析

在整个加载过程中，不同设计参数下各试件的破坏过程相似，均经历了内部裂缝产生、裂缝发展与贯通、混凝土保护层脱落、破坏斜面形成，纵向钢筋屈曲直至核心区混凝土压碎等过程，各棱柱体试件在轴压荷载下的最终破坏形态如图 2.8 所示(每组试件中挑选一个典型破坏的试件列出)。由于锈蚀程度不同，各试件破坏形态又有以下特点。

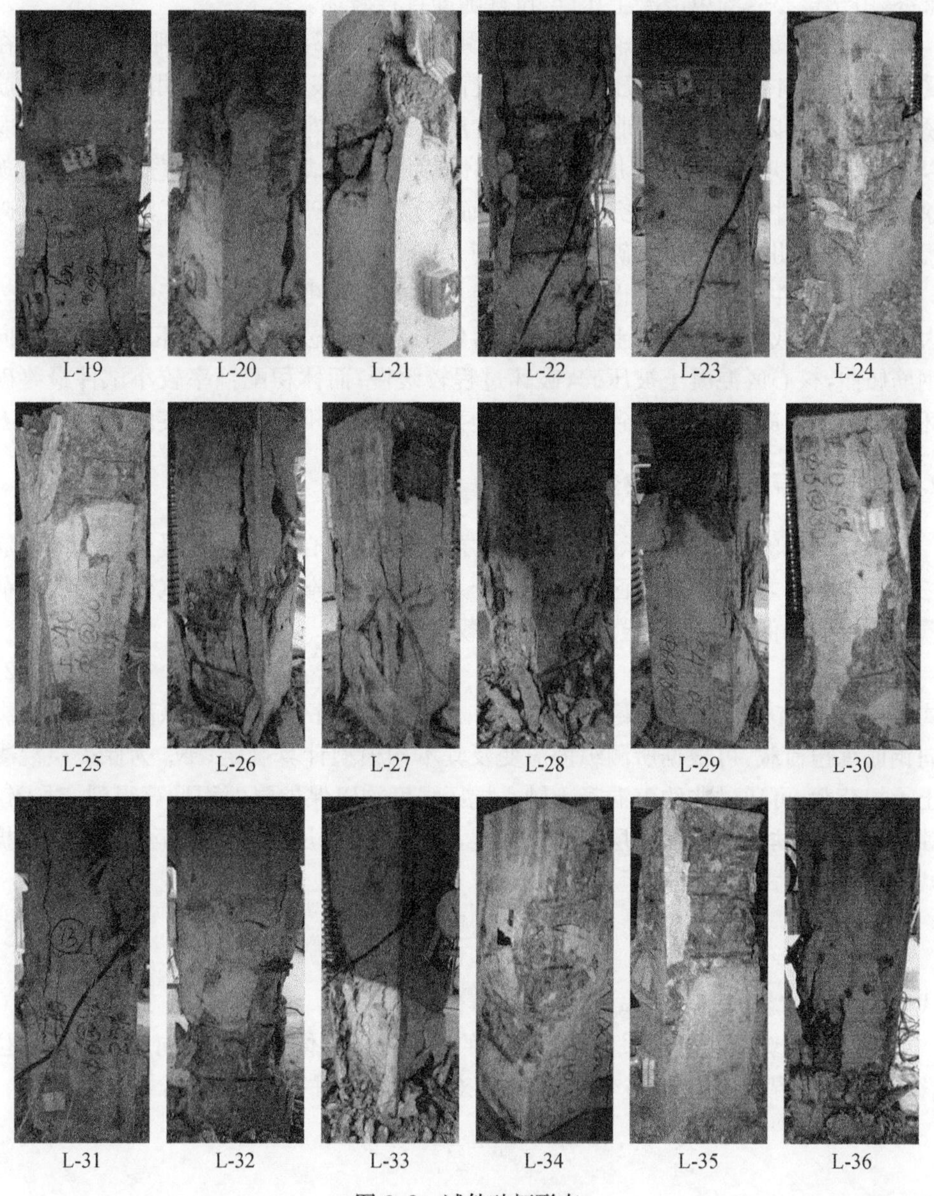

图 2.8　试件破坏形态

对于未锈蚀试件，加载初期，试件表面未见明显裂缝，当轴向荷载达到峰值荷载的 80％左右时，试件表面开始出现竖向裂缝，但其发展缓慢；当轴向荷载超过峰值荷载后，试件表面裂缝迅速发展，宽度不断加宽；进一步加载，混凝土保护层开始片状剥离后脱落，继续加载，试件中部逐渐形成破坏斜面，纵向钢筋逐渐受压屈曲，最终，由于核心区约束混凝土压碎，试件随即宣告破坏。

对于锈蚀试件，在承受轴向荷载前，其内部和外部已经存在锈胀裂缝，因此在受压初期，试件承受的轴向压力发展较慢而竖向位移发展较快，说明此时原有箍筋锈胀裂缝逐渐闭合，纵筋锈胀裂缝不断发展。此外，由于箍筋锈蚀后截面面积削弱以及应力集中现象影响，在加载后期，锈蚀程度较重试件出现了箍筋角部拉断现象。此时，试件的破坏较为突然，破坏斜面更加明显，破坏后核心区混凝土的压碎程度更大，表明试件的脆性破坏特征加剧。

此外，试件的破坏特征也随体积配箍率不同而发生改变。对于体积配箍率较大试件，在加载过程中混凝土保护层脱落现象更加明显，且最终破坏现象多为纵向钢筋屈曲，核心区混凝土被压碎，破坏过程较缓慢；而体积配箍率较小试件最终破坏现象多为箍筋被拉断，导致试件承载能力迅速下降，且破坏较为突然。

2.3.3 约束混凝土应力-应变曲线

试验测得的试件轴向承载力是保护层混凝土、核心区约束混凝土和纵向钢筋三部分承载力之和，则核心区约束混凝土所承担的荷载可表示为试件承担的总荷载减去纵筋和保护层混凝土所承担的荷载，即

$$N_c = N - N_s - N_n \tag{2-2}$$

式中，N_c 为核心区约束混凝土承担荷载；N 为棱柱体试件承受的总荷载；N_s 为纵向钢筋承担荷载，可根据所测纵筋应变及其本构模型计算确定；N_n 为保护层混凝土承担荷载，可通过非约束混凝土轴心抗压强度乘以保护层面积计算得到，对于锈蚀试件，钢筋锈蚀导致保护层混凝土开裂，故其轴心抗压强度降低至 $\xi f'_{c0}$，其中，折减系数 ξ 可由式(2-3)计算[7]：

$$\xi = \frac{0.9}{\sqrt{1 + 600w/p}} \tag{2-3}$$

式中，w 为裂缝宽度；p 为试件周长。

由轴压试验装置数据采集系统得到的数据是棱柱体试件的轴向压力和轴向位移值，为获得混凝土应力-应变曲线，需要对试验数据进行如下转化：

$$\sigma = \frac{N_c}{A_c} \tag{2-4}$$

$$\varepsilon = \frac{\Delta L}{L} \tag{2-5}$$

式中，N_c、σ 分别为试件核心区混凝土所承受的轴力及其压应力；A_c 为试件核心区截面面积；ε 为试件的纵向压应变；ΔL 为试件测量标距范围的纵向变形；L 为试件纵向变形的量测标距。据此，得到 36 组 RC 棱柱体试件(每组 3 个试件)的实测应力-应变全曲线，如图 2.9～图 2.11 所示。

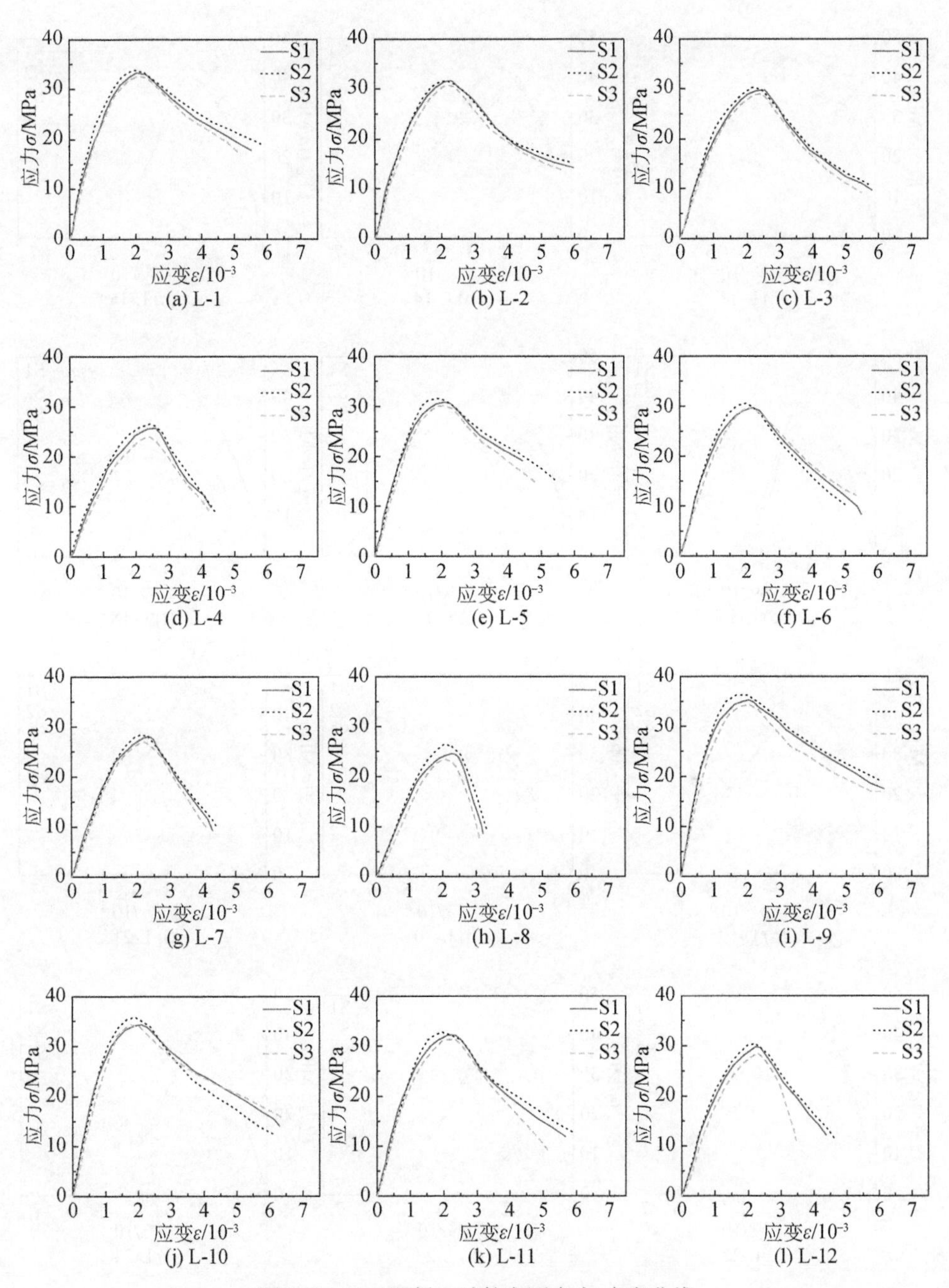

图 2.9　C30 混凝土试件实测应力-应变曲线

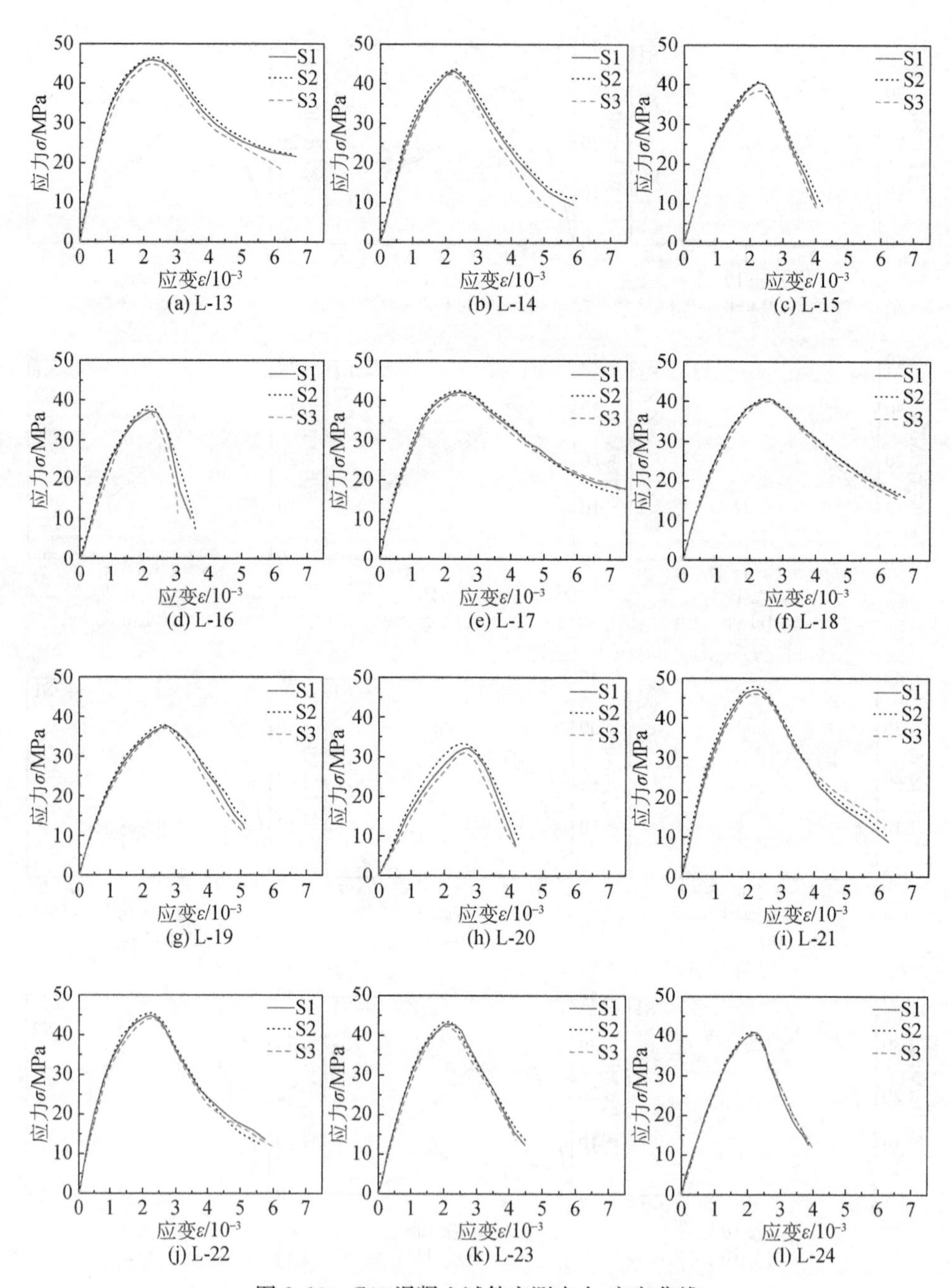

图 2.10　C40 混凝土试件实测应力-应变曲线

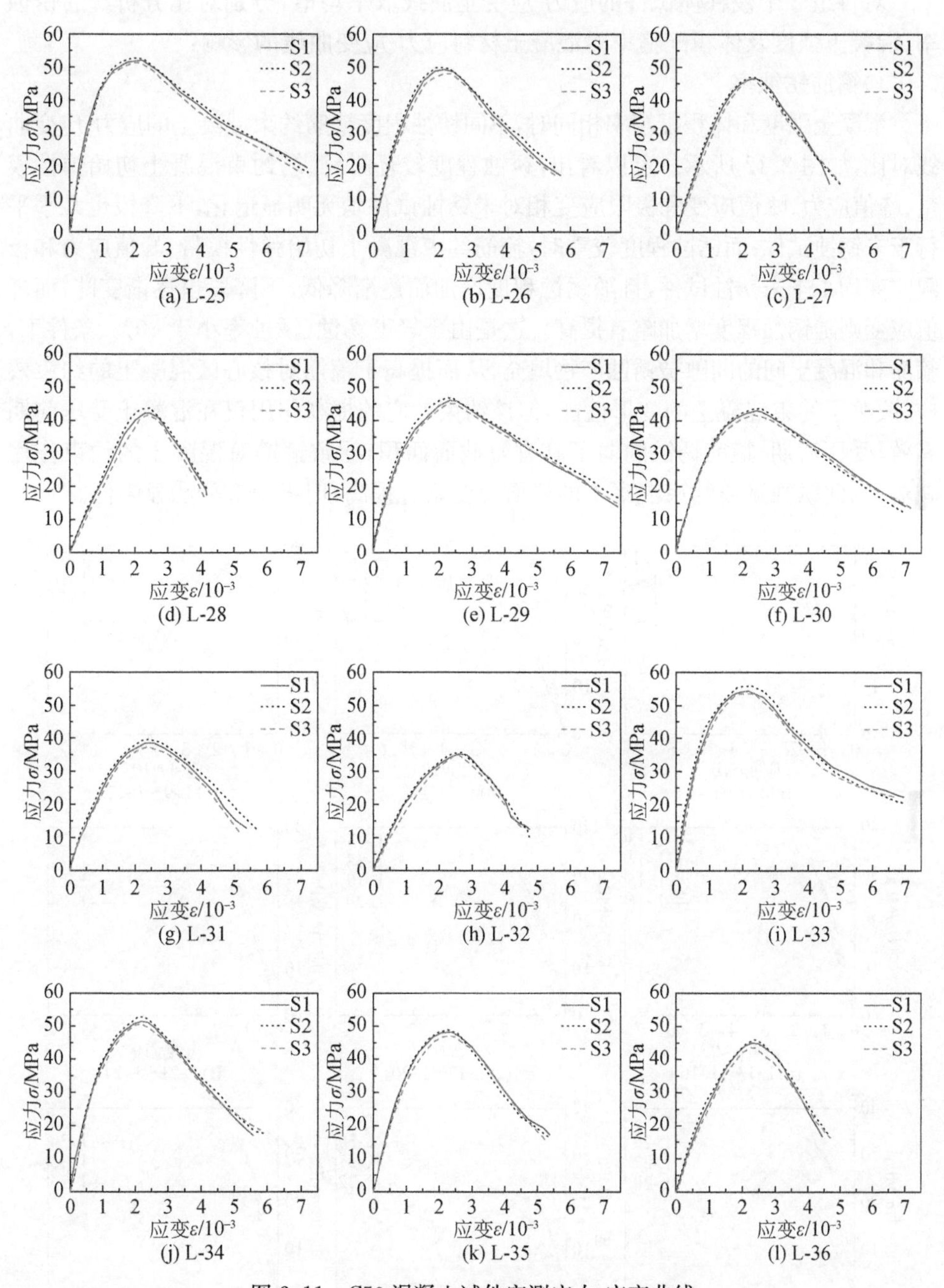

图 2.11　C50 混凝土试件实测应力-应变曲线

对每组 3 个棱柱体试件的应力-应变全曲线取平均值，分别对比分析箍筋锈蚀率、混凝土强度及体积配箍率对混凝土材料应力-应变曲线的影响：

1）箍筋锈蚀率

混凝土强度和体积配箍率相同时，不同锈蚀程度箍筋约束混凝土的应力-应变曲线对比，如图 2.12 所示。可以看出，锈蚀程度较轻时，箍筋约束混凝土初始弹性模量、峰值应力、峰值应变和极限应变相对未锈蚀试件均无明显退化，下降段也几乎平行于未锈蚀试件；而锈蚀程度较重时，箍筋约束混凝土初始弹性模量、峰值应力和极限应变均小于未锈蚀试件，且随锈蚀程度增加而逐渐降低，下降段也逐渐变陡，而峰值应变则随锈蚀程度增加略有提高。这是由于轻度锈蚀（锈蚀率小于 10%）条件下，箍筋和混凝土间的间隙被锈蚀产物填充，从而提高了箍筋对核心区混凝土的约束效应，改善了约束混凝土的变形性能，但该约束效应的提高作用仅在混凝土受压前期有效；受压后期，箍筋锈蚀削弱了其有效截面面积，导致箍筋对混凝土的约束作用减弱，因此锈蚀箍筋约束混凝土的峰值应变略有提高，但极限应变明显降低。

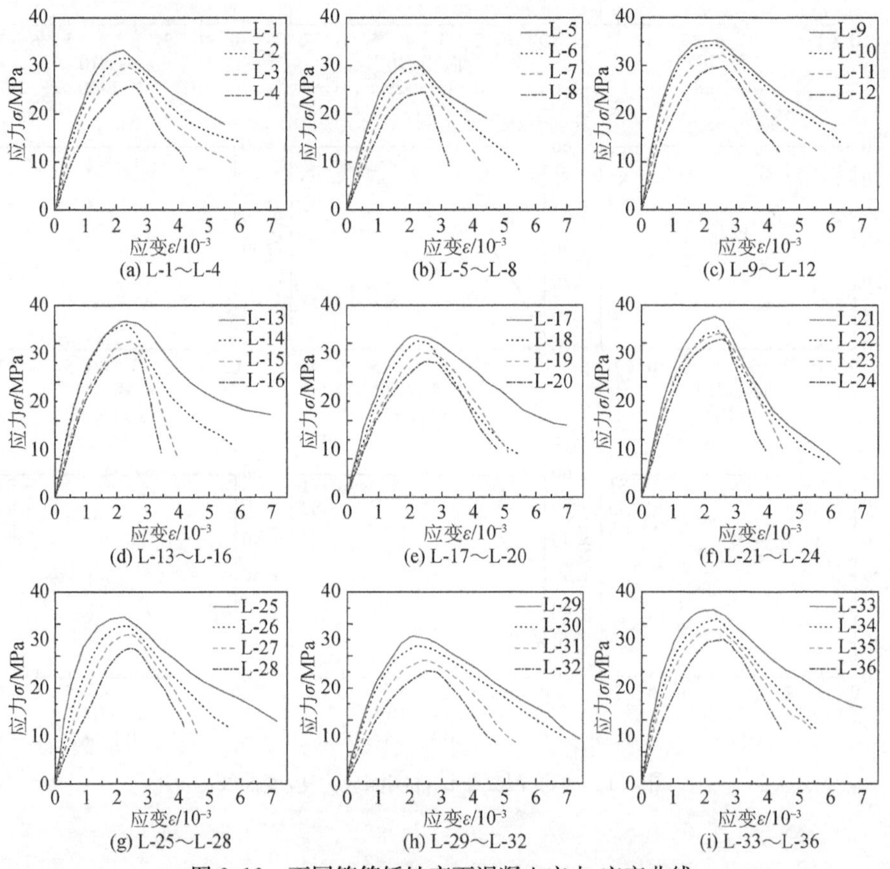

图 2.12 不同箍筋锈蚀率下混凝土应力-应变曲线

2)体积配箍率

混凝土强度相同、箍筋锈蚀程度相近时,不同体积配箍率下的箍筋约束混凝土应力-应变曲线对比,如图 2.13 所示。可以看出,不同体积配箍率下箍筋约束混凝土的应力-应变曲线形状基本保持一致,但体积配箍率较大试件应力-应变曲线的峰值压应力较高,初始弹性模量较大,下降段较平缓,破坏时变形能力较好;而体积配箍率较小试件应力-应变曲线的峰值压应力较低,初始弹性模量较小,下降段较陡峭,破坏时变形能力较差,表明随着体积配箍率的减小,锈蚀箍筋约束混凝土应力-应变曲线的抗压能力和变形能力均不断降低。

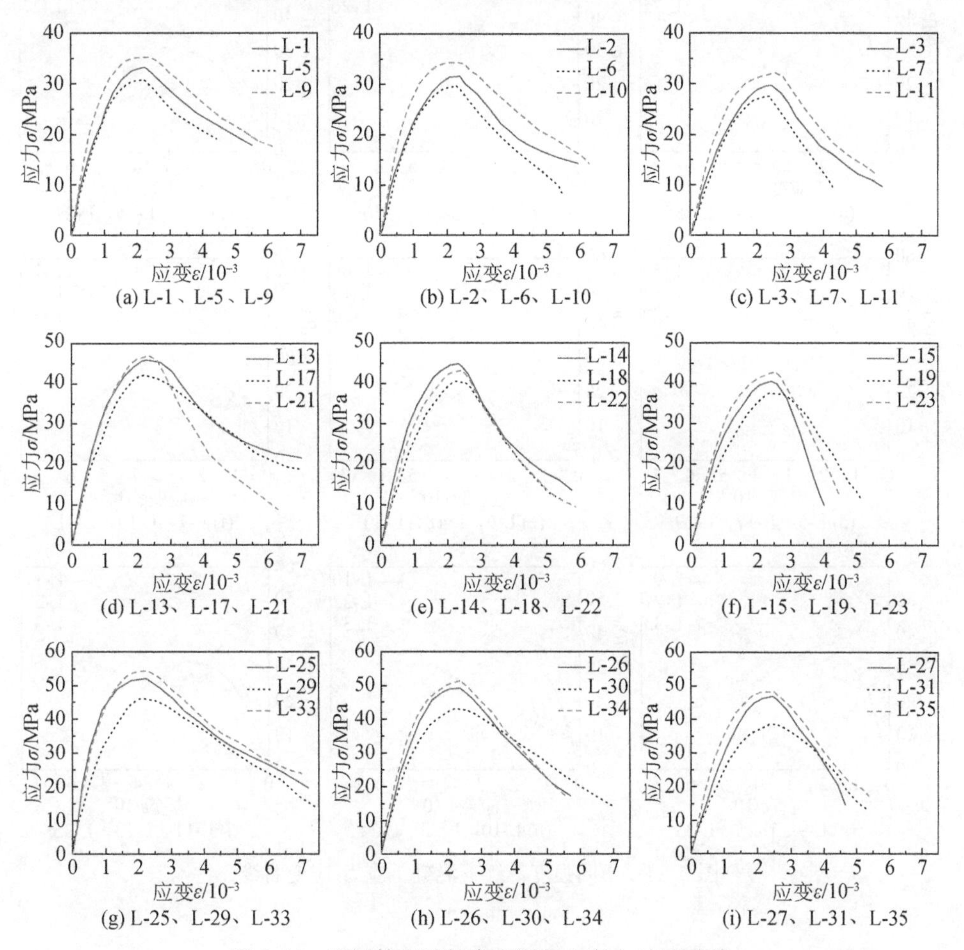

图 2.13　不同体积配箍率下混凝土应力-应变曲线

3)混凝土强度

体积配箍率相同、箍筋锈蚀程度相近时,不同混凝土强度等级下的箍筋约束混凝土应力-应变曲线对比如图 2.14 所示。可以看出，不同混凝土强度等级下的箍筋约束混凝土应力-应变曲线形状基本一致，但混凝土强度等级较高的试件峰值应力较高，初始弹性模量较大，下降段较陡峭，破坏时变形能力较差；而混凝土强度等级较低的试件峰值应力较低，初始弹性模量较小，下降段较平缓，破坏时变形能力较好。表明随着混凝土强度等级的减小，锈蚀箍筋约束混凝土应力-应变曲线的峰值应力逐渐下降，初始弹性模量逐渐变小，下降段逐渐变缓，破坏时变形能力逐渐增强。

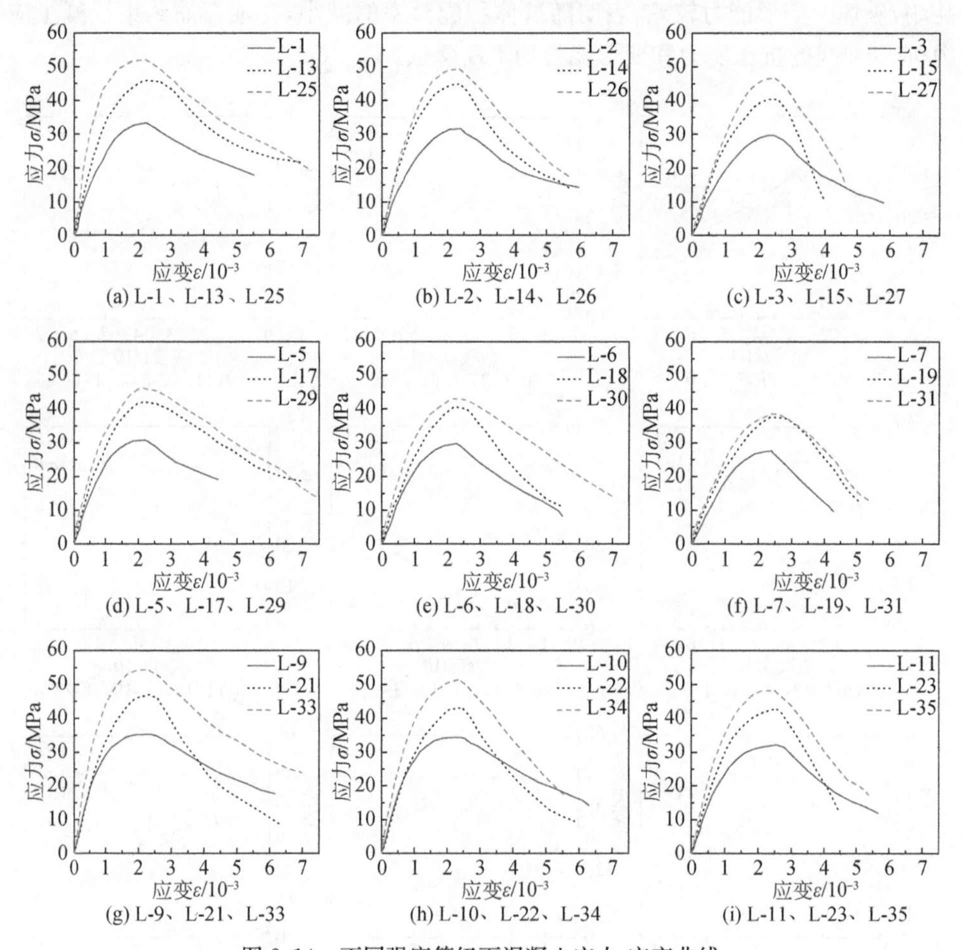

图 2.14 不同强度等级下混凝土应力-应变曲线

2.4 本构模型建立

国内外常用的箍筋约束混凝土本构模型有 Kent-Park 模型、Mander 模型[19]

等。其中,Mander 模型采用统一的上升段与下降段曲线方程,并充分考虑了有效约束混凝土面积、体积配箍率及箍筋屈服强度等因素对约束混凝土力学性能的影响,故在实际工程中应用较广泛[20]。鉴于此,基于 Mander 模型,考虑箍筋锈蚀引发的钢筋截面面积减小、弹性模量降低、钢筋与混凝土间黏结性能退化等多因素影响,采用试验拟合方法,建立锈蚀箍筋约束混凝土本构模型。模型参数包括形状系数 r、峰值应力与峰值应变。

2.4.1　形状系数的确定

Mander 混凝土本构模型的应力-应变全曲线方程如式(2-6)所示,式中,x 为不同时刻混凝土应变 ε 与峰值应变 ε_0 之比,即 $x=\varepsilon/\varepsilon_0$;$y$ 为相应时刻混凝土应力 σ 与峰值应力 σ_0 之比,即 $y=\sigma/\sigma_0$;r 为控制曲线上升段、下降段的形状系数。由此可以看出,基于 Mander 混凝土本构模型,采用试验拟合方法,建立锈蚀箍筋约束混凝土本构模型时,需要对实测的锈蚀箍筋约束混凝土应力-应变全曲线做归一化处理,以获取不同锈蚀程度与设计参数下各约束混凝土的形状系数。鉴于此,本节首先对 36 组约束混凝土应力-应变全曲线进行无量纲化处理,即以不同时刻应变值除以峰值应变作为横坐标,以不同时刻应力值除以峰值应力作为纵坐标,绘制各约束混凝土无量纲化的应力-应变全曲线,并基于 Mander 混凝土本构模型,利用 1stopt 软件对各无量纲曲线进行参数拟合,得到各约束混凝土试验应力-应变曲线的形状系数。

$$y=\frac{xr}{r-1+x^r} \tag{2-6}$$

箍筋锈蚀程度、混凝土强度及体积配箍率对约束混凝土应力-应变曲线形状系数均有一定影响,为确定上述各参数对形状系数的影响规律,分别以混凝土强度、体积配箍率、箍筋锈蚀程度为横坐标,形状系数为纵坐标,绘制形状系数随上述各参数的变化曲线,结果如图 2.15～图 2.17 所示。可以看出,体积配箍率和箍筋锈蚀程度相同时,随着混凝土强度 f_c 增大,形状系数 r 先增大后减小,呈非线性变化趋势;混凝土强度和箍筋锈蚀程度相同时,随着体积配箍率 μ_t 增大,形状系数 r 的变化趋势无明显规律;混凝土强度和体积配箍率相同时,随着箍筋锈蚀率 η_s 增大,形状系数 r 不断增大,且近似呈线性变化趋势。鉴于此,为保证拟合结果具有较高精度,将形状系数 r 假定为关于混凝土强度 f_c 和体积配箍率 μ_t 的二次函数形式、关于箍筋锈蚀率 η_s 的一次函数形式,由此得到锈蚀箍筋约束混凝土本构模型形状系数 r 表达式如下:

$$r(f_c,\mu_t,\eta_s)=a+bf_c+cf_c^2+d\mu_t+e\mu_t^2+f\eta_s \tag{2-7}$$

式中,a、b、c、d、e、f 均为拟合参数。通过 1stopt 软件对形状系数 r 进行多参数拟合,得到锈蚀箍筋约束混凝土本构模型形状系数 r 计算公式及其拟合优度 R^2

如下：

$$r(f_c,\mu_t,\eta_s)=-17.91+0.92f_c-0.0125f_c^2+5.5\mu_t-1.8\mu_t^2+25.51\eta_s,\quad R^2=0.85 \tag{2-8}$$

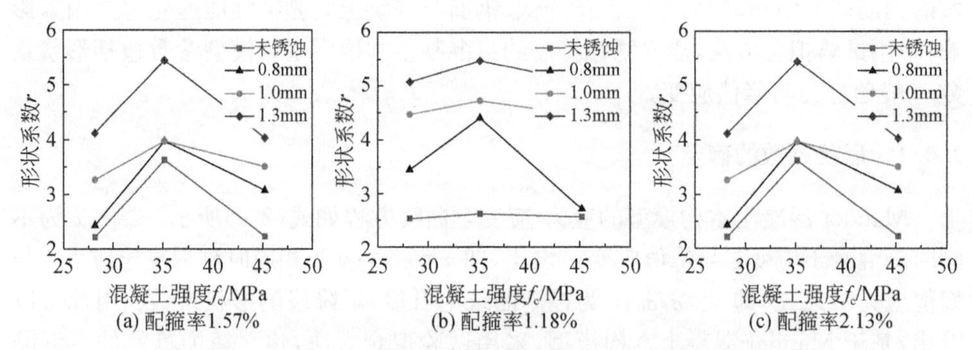

(a) 配箍率1.57%　(b) 配箍率1.18%　(c) 配箍率2.13%

图 2.15　不同锈胀裂缝宽度下形状系数随混凝土强度的变化规律

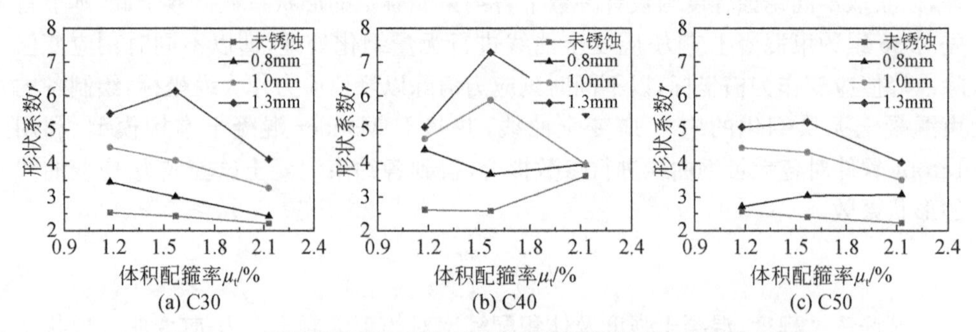

(a) C30　(b) C40　(c) C50

图 2.16　不同锈胀裂缝宽度下形状系数随体积配箍率的变化规律

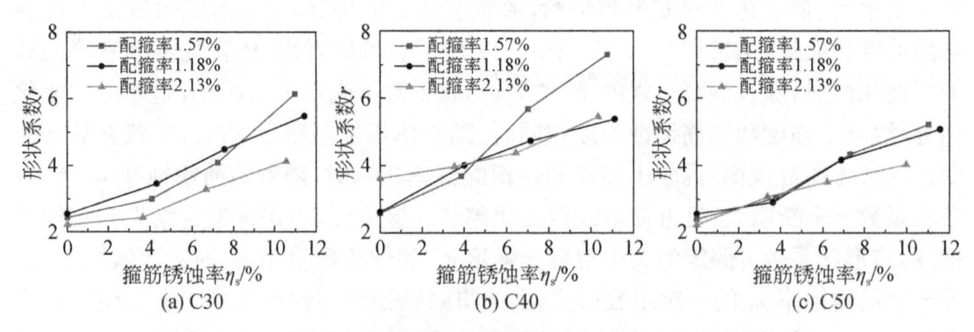

(a) C30　(b) C40　(c) C50

图 2.17　不同体积配箍率下形状系数随箍筋锈蚀率的变化规律

2.4.2　峰值应力与峰值应变的确定

考虑箍筋锈蚀对约束混凝土峰值应力与峰值应变的影响，分别定义峰值应力折减函数 $f(\eta_s)$ 和峰值应变折减函数 $g(\eta_s)$，则锈蚀箍筋约束混凝土峰值应力及峰值应变计算公式为

$$f'_{cc}=f(\eta_s)f'_{cc0} \tag{2-9}$$

$$\varepsilon'_{cc}=g(\eta_s)\varepsilon'_{cc0} \tag{2-10}$$

式中，f'_{cc0}、ε'_{cc0} 分别为未锈蚀试件峰值应力与峰值应变，计算公式为

$$f'_{cc0}=f'_{c0}(-1.254+2.254\times\sqrt{1+7.94f'_1/f'_{c0}}-2f'_1/f'_{c0}) \tag{2-11}$$

$$\varepsilon'_{cc0}=(1+\lambda_t)\varepsilon'_{c0} \tag{2-12}$$

式中，f'_{c0} 为素混凝土抗压强度；f'_1 为有效侧向围压；λ_t 为配箍特征值；ε'_{c0} 为素混凝土峰值应变，可按经验取 0.002。

将各组试件的试验峰值应力与试验峰值应变分别除以各组试件中未锈蚀试件的峰值应力与峰值应变得到相应的修正系数。以箍筋锈蚀率 η_s 为横坐标，以修正系数为纵坐标，分别得到峰值应力与峰值应变修正系数随箍筋锈蚀率 η_s 的变化规律，如图 2.18 所示。

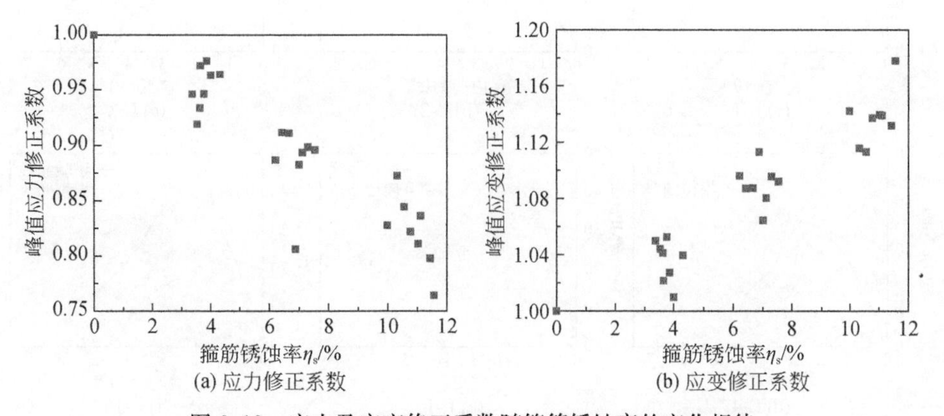

图 2.18　应力及应变修正系数随箍筋锈蚀率的变化规律

由图 2.18 可以看出，随着箍筋锈蚀率的增大，锈蚀箍筋约束混凝土本构模型峰值应力修正系数不断减小，峰值应变修正系数不断增大，且均近似呈线性变化趋势，为保证拟合结果具有较高精度且便于在数值模拟中应用，将峰值应力折减函数 $f(\eta_s)$ 与峰值应变折减函数 $g(\eta_s)$ 均假定为关于箍筋锈蚀率 η_s 的一次函数形式，并考虑边界条件，得到峰值应力与峰值应变修正函数的表达式如下：

$$f(\eta_s)=1+k_1\eta_s \tag{2-13}$$

$$g(\eta_s)=1+k_2\eta_s \tag{2-14}$$

式中，k_1、k_2 为拟合参数。通过 1stopt 软件对峰值应力与峰值应变修正函数进行拟合，得到其计算公式及其拟合优度 R^2，见式(2-15)和式(2-16)。

$$f(\eta_s)=1-0.017\eta_s,\quad R^2=0.88 \tag{2-15}$$

$$g(\eta_s)=1+0.01\eta_s,\quad R^2=0.92 \tag{2-16}$$

2.5 模型验证

为验证锈蚀箍筋约束混凝土本构模型的准确性，采用上述本构模型计算方法对部分试件进行模拟分析，所得计算骨架曲线与试验骨架曲线的对比结果如图 2.19 所示。同时，为量化表征所建立的锈蚀箍筋约束混凝土本构模型与试验应力-应变曲线符合程度，采用计算误差 E_f 计算各试件试验曲线与模拟曲线的相对误差，计算结果见表 2.4，相应的计算公式见式(2-17)。

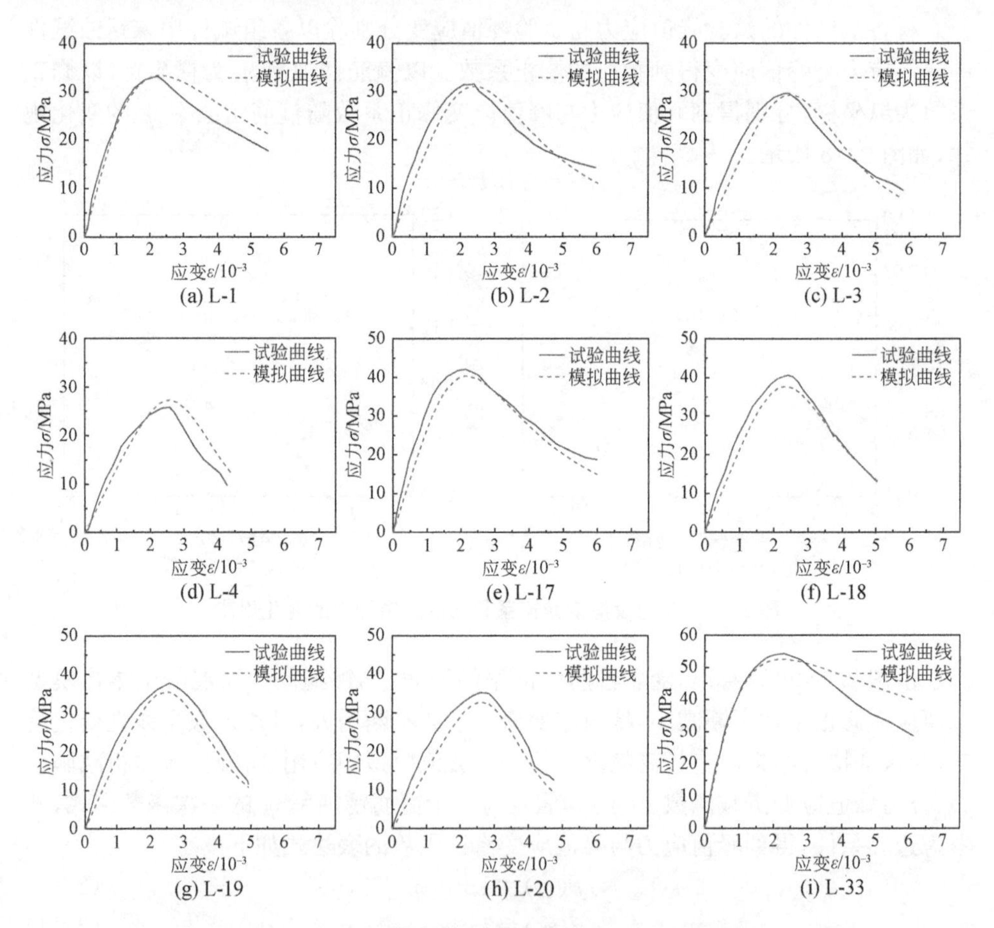

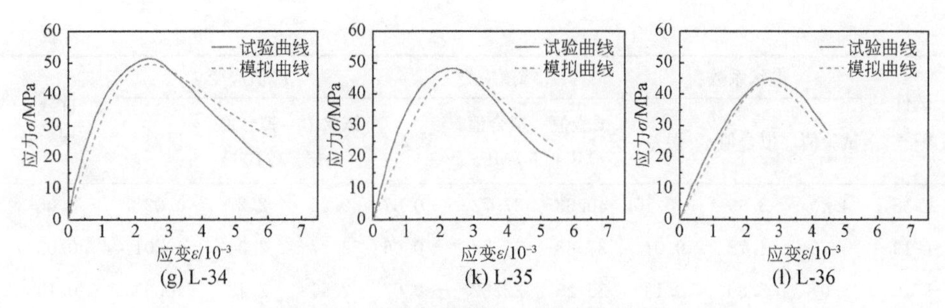

图2.19 计算与试验应力-应变曲线对比

$$E_{\mathrm{f}}=\frac{1}{\max\limits_{i=1,2,\cdots,N}(|\sigma_i|)}\sqrt{\frac{1}{N}\sum_{i=1}^{N}(\sigma_i-\sigma_i')^2} \tag{2-17}$$

式中，E_{f}为计算误差；下标i表示第i个数据点；N表示数据点总数；σ_i和σ_i'分别为第i个数据点的应力试验值与计算值。计算误差结果见表2.4。

表2.4 应力-应变曲线参数对比及误差分析

试件编号	形状系数			峰值应力			峰值应变			计算误差
	试验值	拟合值	误差	试验值/MPa	拟合值/MPa	误差	试验值/10^{-3}	拟合值/10^{-3}	误差	
L-1	2.43	2.29	−0.06	33.27	33.51	0.01	2.24	2.32	0.04	0.03
L-2	3.00	3.34	0.10	31.62	31.16	−0.01	2.40	2.41	0.00	0.08
L-3	4.08	4.13	0.01	29.69	29.39	−0.01	2.45	2.49	0.02	0.08
L-4	6.14	5.09	−0.21	25.74	27.25	0.06	2.59	2.57	−0.01	0.10
L-5	2.53	2.07	−0.22	30.82	31.45	0.02	2.19	2.20	0.00	0.07
L-6	3.44	3.17	−0.09	29.71	29.13	−0.02	2.28	2.30	0.01	0.08
L-7	4.47	4.00	−0.12	27.61	27.41	−0.01	2.40	2.37	−0.01	0.05
L-8	5.47	4.99	−0.10	24.59	25.34	0.03	2.48	2.45	−0.01	0.15
L-9	2.21	1.64	−0.35	35.29	34.44	−0.02	2.35	2.38	0.01	0.09
L-10	2.42	2.57	0.06	34.31	32.30	−0.06	2.40	2.47	0.03	0.08
L-11	3.27	3.34	0.02	32.16	30.54	−0.05	2.55	2.54	0.00	0.11
L-12	4.12	4.33	0.05	29.80	28.26	−0.05	2.61	2.64	0.01	0.06
L-13	2.59	3.18	0.19	45.93	44.58	−0.03	2.28	2.31	0.01	0.11
L-14	3.68	4.17	0.12	44.85	41.64	−0.07	2.34	2.40	0.03	0.11
L-15	5.87	4.97	−0.18	40.53	39.26	−0.03	2.43	2.47	0.02	0.07
L-16	7.29	5.93	−0.23	37.74	36.41	−0.04	2.59	2.56	−0.01	0.08
L-17	2.62	2.97	0.12	42.17	40.47	−0.04	2.19	2.19	0.00	0.08

续表

试件编号	形状系数			峰值应力			峰值应变			计算误差
	试验值	拟合值	误差	试验值/MPa	拟合值/MPa	误差	试验值/10^{-3}	拟合值/10^{-3}	误差	
L-18	4.40	3.99	−0.10	40.63	37.72	−0.07	2.22	2.27	0.02	0.06
L-19	4.73	4.78	0.01	37.68	35.57	−0.06	2.37	2.34	−0.01	0.08
L-20	5.07	5.80	0.13	35.25	32.82	−0.07	2.50	2.43	−0.03	0.10
L-21	3.62	2.53	−0.43	47.00	46.54	−0.01	2.34	2.36	0.01	0.10
L-22	3.97	3.44	−0.15	43.20	43.74	0.01	2.44	2.45	0.00	0.06
L-23	3.97	4.17	0.05	42.84	41.45	−0.03	2.55	2.51	−0.02	0.06
L-24	5.45	5.17	−0.05	41.02	38.37	−0.06	2.61	2.61	0.00	0.07
L-25	2.40	2.33	−0.03	52.08	50.69	−0.03	2.24	2.24	0.00	0.10
L-26	3.04	3.29	0.08	49.29	47.43	−0.04	2.36	2.33	−0.01	0.07
L-27	4.33	4.19	−0.03	46.80	44.39	−0.05	2.46	2.41	−0.02	0.06
L-28	5.21	5.14	−0.01	42.23	41.19	−0.02	2.55	2.49	−0.02	0.03
L-29	2.56	2.11	−0.21	46.13	48.55	0.05	2.12	2.15	0.01	0.10
L-30	2.71	3.04	0.11	43.07	45.54	0.06	2.21	2.22	0.00	0.06
L-31	4.46	3.87	−0.15	37.19	42.87	0.15	2.36	2.29	−0.03	0.13
L-32	5.07	5.06	0.00	35.25	39.01	0.11	2.50	2.39	−0.04	0.07
L-33	2.23	1.68	−0.33	54.38	52.68	−0.03	2.27	2.29	0.01	0.07
L-34	3.07	2.54	−0.21	51.45	49.65	−0.03	2.39	2.36	−0.01	0.09
L-35	3.51	3.26	−0.08	48.22	47.12	−0.02	2.49	2.43	−0.02	0.10
L-36	4.03	4.22	0.05	44.99	43.74	−0.03	2.60	2.51	−0.03	0.05

注：误差$=\frac{|拟合值-试验值|}{试验值}$。

由图 2.19 以及表 2.4 可知，试件的计算骨架曲线与试验骨架曲线在形状、峰值应力和峰值应变方面均较为吻合，本章所建立的锈蚀箍筋约束混凝土应力-应变曲线特性参数拟合值与试验值符合较好，各参数误差大都小于 20%，模型精确度较高，表明所建立的锈蚀箍筋约束混凝土本构模型具有一定合理性和准确性，可为近海大气环境下 RC 构件抗震性能试验研究提供理论基础。

2.6 本章小结

为研究近海大气环境下箍筋锈蚀对约束混凝土力学性能的影响规律，建立锈蚀箍筋约束混凝土本构模型，本章对 36 组 RC 棱柱体试件进行了人工气候加速腐蚀试验，进而对其进行轴压试验，得到如下结论：

(1)随着箍筋锈蚀程度的增加，RC 棱柱体试件峰值应力下降明显，峰值应变略有增加，应力-应变曲线初始段弹性模量逐渐变小，破坏较为突然，表明试件延性逐渐变差；随着体积配箍率的减小，RC 棱柱体试件的承载能力逐渐降低，破坏时变形能力亦逐渐降低；随着混凝土强度的提高，RC 棱柱体试件的承载能力逐渐提高，但破坏时变形能力逐渐降低。

(2)通过对试验数据的分析拟合，建立了锈蚀 RC 棱柱体本构曲线特征点应力与应变修正系数计算公式。基于 Mander 模型，提出了考虑箍筋锈蚀程度影响的不同混凝土强度及配箍率下约束混凝土形状系数 r 的拟合公式，最终建立了考虑氯离子侵蚀作用的锈蚀箍筋约束混凝土本构模型。

参 考 文 献

[1] Higgins C, Farrow W C. Tests of reinforced concrete beams with corrosion-damaged stirrups [J]. ACI Structural Journal, 2006,103(1): 133-141.

[2] Suffern C S , Elsayed A E , Soudki K S . Shear strength of disturbed regions with corroded stirrups in reinforce [J]. Canadian Journal of Civil Engineering, 2010, 37(8): 1045-1056.

[3] Li Q , Niu D T , Xiao Q H , et al. Experimental study on seismic behaviors of concrete columns confined by corroded stirrups and lateral strength prediction[J]. Construction and Building Materials, 2018, 162: 704-713.

[4] Lu Z H , Ou Y B , Zhao Y G , et al. Investigation of corrosion of steel stirrups in reinforced concrete structures[J]. Construction and Building Materials, 2016, 127: 293-305.

[5] 李强，牛荻涛，刘磊，等. 箍筋锈蚀混凝土棱柱体试件轴心受压试验研究[J]. 建筑结构，2013，43(1)：65-68.

[6] 郑山锁，关永莹，王萌，等. 人工盐雾环境下锈蚀箍筋约束混凝土本构关系[J]. 建筑材料学报，2016，19(4)：737-741.

[7] Vu N S, Yu B, Li B. Stress-strain model for confined concrete with corroded transverse reinforcement[J]. Engineering Structures, 2017, 151(15): 472-487.

[8] 刘磊，牛荻涛，李强，等. 锈蚀箍筋约束混凝土应力-应变本构关系模型[J]. 建筑材料学报，2018，21(5)：811-816.

[9] 袁迎曙，章鑫森，姬永生. 人工气候与恒电流通电法加速锈蚀钢筋混凝土梁的结构性能比较研究[J]. 土木工程学报，2006，39(3)：42-46.

[10] 张伟平，王晓刚，顾祥林，等. 加速锈蚀与自然锈蚀钢筋混凝土梁受力性能比较分析[J]. 东南大学学报(自然科学版)，2006，36(增刊Ⅱ)：139-144.

[11] 中华人民共和国建设部，国家质量监督检验检疫总局. 普通混凝土力学性能试验方法标准(GB/T 50081—2002)[S]. 北京：中国建筑工业出版社，2002.

[12] 中华人民共和国国家质量监督检验检疫总局. 金属材料 拉伸试验 第 1 部分：室温试验方法

(GB/T 228. 1—2010)[S]. 北京：中国建筑工业出版社，2010.
[13] 曾严红，顾祥林，张伟平，等. 混凝土中钢筋加速锈蚀方法探讨[J]. 结构工程师，2009，25(1)：101-105.
[14] 于伟忠，金伟良，高明赞. 混凝土中钢筋加速锈蚀试验适用性研究[J]. 建筑结构学报，2011，32(2)：41-47.
[15] Li C Q. Initation chloride-induced reinforcement corrosion concrete structural members-experimentation[J]. ACI Structural Journal，2001，98(4)：502-510.
[16] 金伟良，袁迎曙，卫军，等. 氯盐环境下混凝土结构耐久性理论与设计方法[M]. 北京：科学出版社，2011.
[17] 蒋连接，袁迎曙. 反复荷载下锈蚀钢筋混凝土柱力学性能的试验研究[J]. 工业建筑，2012，42(2)：66-69.
[18] 吕营. 型钢高强高性能混凝土框架节点的恢复力特性试验研究及分析[D]. 西安：西安建筑科技大学，2008.
[19] Mander J B，Priestly M J N，Park R. Theoretical stressstrain model for confined concrete [J]. Journal of Structural Division，ASCE，1988，114(8)：1804-1826.
[20] 周文峰，黄宗明，白绍良. 约束混凝土几种有代表性应力-应变模型及其比较[J]. 重庆建筑大学学报，2003，25(4)：121-127.

第3章　锈蚀 RC 框架梁抗震性能试验研究

3.1　引　　言

RC 框架梁是框架结构的主要受力构件，受氯离子侵蚀后其力学性能退化将直接影响整体框架结构的抗震性能。国内外学者对锈蚀 RC 框架梁的抗震性能开展了部分研究。例如，Torres-Acosta 等[1]和 Du 等[2]通过锈蚀 RC 框架梁静力试验发现，钢筋最大坑蚀深度是造成框架梁抗弯承载力降低的最主要因素；钢筋锈蚀不仅降低了 RC 框架梁的抗弯承载力与变形能力，还改变了其破坏模式。Rodriguez 等[3]对锈蚀 RC 梁的力学性能退化机理进行了系统的总结与分析。Val[4]采用两种方法进行钢筋锈蚀，进而研究了钢筋锈蚀对钢筋混凝土梁抗弯承载力和抗剪承载力的影响规律。Tachibana 等[5]通过试验和有限元分析，研究了钢筋锈蚀对 RC 框架梁力学性能的影响规律；袁迎曙等[6]通过锈蚀钢筋混凝土梁的试验研究，提出了锈蚀 RC 梁性能退化数值分析模型。然而，上述学者大都采用外接电源或在内掺 $CaCl_2$ 两种方法加速混凝土内部钢筋锈蚀，并据此研究 RC 梁力学与抗震性能退化规律，但 Otieno[7]、袁迎曙等[8]、张伟平等[9]通过试验研究指出，上述钢筋加速锈蚀方法的锈蚀机理和锈蚀产物均与自然环境下钢筋锈蚀存在明显不同，难以准确量化表征 RC 框架梁的力学与抗震性能退化规律，而人工气候环境中掺加氯化物的钢筋加速腐蚀效果与自然环境中钢筋锈蚀机理和锈蚀效果较为相似。

鉴于此，为科学评估近海大气环境下多龄期 RC 框架结构抗震性能，本章采用人工气候环境加速腐蚀技术模拟近海大气环境，对 RC 框架梁试件进行加速腐蚀试验，进而对其进行拟静力加载试验，系统研究钢筋锈蚀退化对 RC 框架梁破坏形态及力学与抗震性能的影响规律。研究成果将为近海大气环境下 RC 框架结构数值建模分析提供重要的理论依据。

3.2　试验内容及过程

3.2.1　试件设计

地震作用下，RC 框架梁端部易发生损伤破坏，形成塑性铰，且其跨中存在反弯点,因此可取框架节点至梁反弯点间的梁段为对象,研究 RC 框架梁的抗震性能。鉴于此,本书参考《建筑抗震试验规程》(JGJ/T 101—2015)[10]、《混凝土结构设计规范(2015 年版)》(GB 50010—2010)[11]及《建筑抗震设计规范(2016 年版)》(GB 50011—2010)[12]等,按照“强剪弱弯”设计准则,分别设计制作 5 榀剪跨比 $\lambda=5$ 和 11 榀剪跨比 $\lambda=2.6$ 的 RC 框架梁试件,对其锈蚀后抗震性能开展深入系统的研究。各试件的具体设计参数:柱截面尺寸为 150mm×250mm,混凝土保护层厚度 10mm,截面采用对称配筋,每边配置 3Φ16,箍筋采用Φ6@60/80/100 三种配筋形式;各试件详细尺寸和截面配筋形式如图 3.1 所示,具体设计参数见表 3.1。

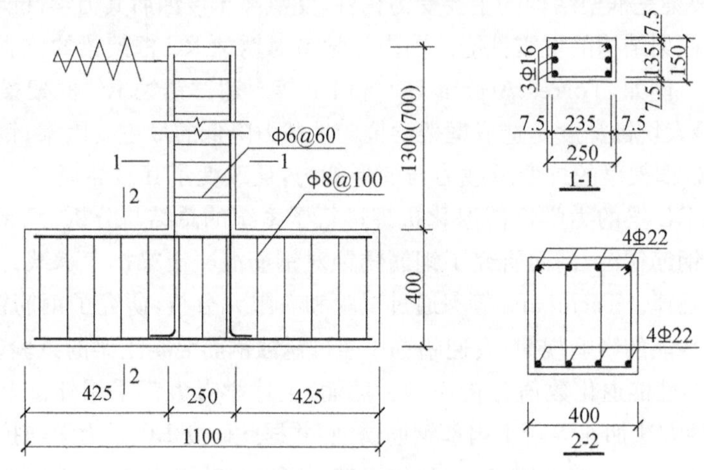

图 3.1　试件截面尺寸及配筋图(单位:mm)

表 3.1　锈蚀 RC 框架梁试件设计参数

试件编号	剪跨比 λ	试件高度/mm	配箍形式	配箍率/%	纵筋配筋率/%	锈胀裂缝宽度 w/mm
CL-1	5	1300	Φ6@60	0.63	1.75	0
CL-2	5	1300	Φ6@60	0.63	1.75	0.5
CL-3	5	1300	Φ6@60	0.63	1.75	1.0
CL-4	5	1300	Φ6@60	0.63	1.75	1.2
CL-5	5	1300	Φ6@60	0.63	1.75	1.5
DL-1	2.6	700	Φ6@60	0.63	1.75	0
DL-2	2.6	700	Φ6@60	0.63	1.75	0.5
DL-3	2.6	700	Φ6@60	0.63	1.75	1.0
DL-4	2.6	700	Φ6@60	0.63	1.75	1.2
DL-5	2.6	700	Φ6@60	0.63	1.75	1.5

续表

试件编号	剪跨比 λ	试件高度/mm	配箍形式	配箍率/%	纵筋配筋率/%	锈胀裂缝宽度 w/mm
DL-6	2.6	700	Φ6@80	0.48	1.75	0.5
DL-7	2.6	700	Φ6@80	0.48	1.75	1.0
DL-8	2.6	700	Φ6@80	0.48	1.75	1.5
DL-9	2.6	700	Φ6@100	0.38	1.75	0.5
DL-10	2.6	700	Φ6@100	0.38	1.75	1.0
DL-11	2.6	700	Φ6@100	0.38	1.75	1.5

3.2.2　材料力学性能

试验中各试件的设计混凝土强度等级均为C30，试件制作的同时，浇筑尺寸为150mm×150mm×150mm的标准立方体试块，并按《普通混凝土力学性能试验方法标准》(GB/T 50081—2002)[12]测定混凝土28天抗压强度，根据材料性能试验结果，得到混凝土材料的力学性能参数，见表3.2。此外，为获得钢筋实际力学性能参数，按照《金属材料 拉伸试验 第1部分:室温试验方法》(GB/T 228.1—2010)[13]对试件所用纵向钢筋和箍筋进行材料力学性能试验，所得纵筋和箍筋的材料力学性能试验结果，见表3.3。

表3.2　混凝土材料力学性能

立方体抗压强度 f_{cu}/MPa	轴心抗压强度 f_c/MPa	弹性模量 E_c/MPa
27.05	20.56	3.0×10^4

表3.3　钢筋材料力学性能

钢材种类	型号	屈服强度 f_y/MPa	极限强度 f_u/MPa	弹性模量 E_s/MPa
HRB335	Φ16	350	455	2.0×10^5
HPB300	Φ6	305	420	2.1×10^5

3.2.3　加速腐蚀试验方案

常用的“通电法”钢筋加速锈蚀方法[14-19]虽可有效提升钢筋锈蚀速率，但其锈蚀机理与锈蚀效果与自然锈蚀不同，因此，采用人工气候加速腐蚀技术模拟近海大气环境，对各RC框架梁试件进行加速腐蚀试验，以得到与自然环境下相同的锈蚀效果。人工气候实验室的参数设定、试件加速腐蚀方案和钢筋锈蚀的测定均与第

2 章 RC 棱柱体试件相同,在此不再赘述。其中,各试件的设计锈胀裂缝宽度见表 3.1。

3.2.4 拟静力加载及量测方案

1)试验加载装置

为准确模拟 RC 框架梁在地震作用下的实际受力状况,采用悬臂梁式加载方式,对各榀锈蚀 RC 框架梁试件进行拟静力试验。加载过程中,框架梁加载端由槽道上的双压力杆固定,并通过 500kN 电液伺服作动器施加水平低周往复荷载,同时通过传感器控制梁顶水平推拉位移,整个加载过程由 MTS 电液伺服试验系统控制,加载装置示意图如图 3.2 所示。

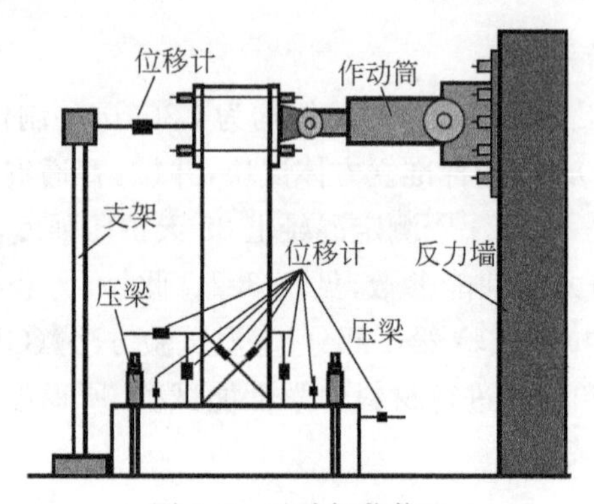

图 3.2 试验加载装置

2)试验加载程序

加速腐蚀试验完成后,将不同锈蚀程度的 RC 框架梁试件分批取出进行拟静力加载试验。正式加载前,参照《建筑抗震试验规程》(JGJ/T 101—2015)[10],对各试件进行预加载两次,以检验并校准加载装置及量测仪表。正式加载时,为准确控制加载历程,采用位移控制加载制度对各试件进行往复加载,具体加载方案为:试件屈服前,采用较小位移级差对试件往复加载 1 次;试件屈服后,以此时的梁顶水平位移为级差进行往复加载,每级循环 3 次,直至试件发生明显破坏或试件水平荷载降低至峰值荷载的 85%以下时停止加载,加载制度如图 3.3 所示。

3)测点布置及测试内容

为揭示并表征锈蚀 RC 框架梁的地震损伤破坏特征与机理,以及其抗震性能退化规律,拟静力加载过程中,通过布置于梁顶的水平拉压传感器和位移传感器,量测梁顶水平往复荷载与位移;通过外设于梁底部塑性铰区的竖向和交叉位移计,量测 RC 框架梁试件塑性铰区弯曲和剪切变形;通过梁底布置于梁底部一定范围内的纵筋和箍筋上的电阻应变片,量测整个受力过程中的试件塑性铰区应变发展

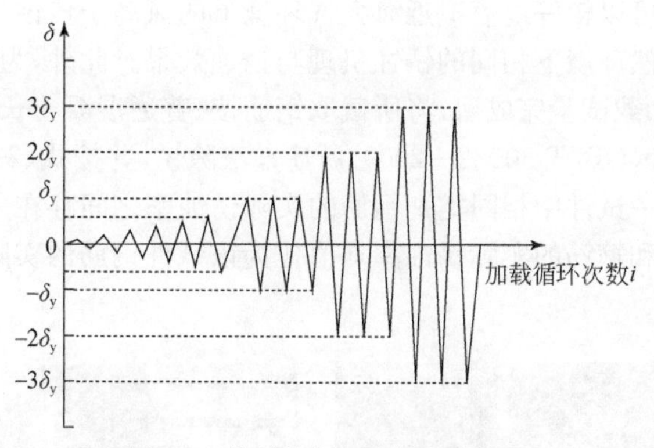

图 3.3 位移控制加载制度示意图

情况，并通过观测试件表面裂缝发展情况，考察试件地震损伤破坏过程。相应位移计布置情况如图 3.2 所示。

3.3 试验现象及结果分析

3.3.1 腐蚀效果及现象描述

1)试件表观现象

人工气候加速腐蚀试验完成后，观测不同锈蚀程度 RC 框架梁试件的表观现象如图 3.4 所示。可以看出，经加速腐蚀试验后，RC 框架梁试件表面出现不同程度的锈迹，且随着腐蚀时间延长，锈迹分布面积不断增大。观测试件表面锈胀裂缝可以发现，锈胀裂缝主要沿纵筋和箍筋轴线方向发展，其在试件表面的分布存在明显的差异性，试件角部沿纵筋方向的锈胀裂缝宽度较宽，长度较长，沿纵筋方向的平均锈胀裂缝宽度大于沿箍筋方向的，且数量较多，这是由于锈胀裂缝宽度不仅与钢筋锈蚀程度有关，还与混凝土保护层厚度和钢筋直径之比 c/d 有关，锈蚀 RC 框架梁试件中，虽然箍筋锈蚀程度大于纵筋锈蚀程度，但由于其 c/d 较大，因而其锈胀裂缝宽度较小。

2)内部钢筋锈蚀形态

拟静力加载试验完成后，敲除试件表面混凝土，截取试件塑性铰区全部箍筋及 3 根长度为 30cm 的纵筋，进行编号，并观察其表观锈蚀形态，图 3.4 为不同锈蚀程度试件中箍筋和纵筋的锈蚀形态。可以看出，人工气候环境加速腐蚀后钢筋表面锈蚀产物与电化学腐蚀钢筋的“黑色”锈蚀产物不同，其锈蚀产物颜色呈“红褐色”，且呈现单侧锈蚀严重的特征，这与自然环境下钢筋锈蚀特征相同，表明人工气候环境加速腐蚀技术可以较好地模拟近海大气环境下的氯离子侵蚀过程，使混凝土内部钢筋具有与自然环境下相同的锈蚀机理与锈蚀效果。此外，为表征钢筋实际锈蚀程度，拟静力加载试验完成后，将所截取钢筋按《普通混凝土长期性能和耐久性能试验方法标准》(GB/T 50082—2009)所述方法除锈，并按式(2-1)计算钢筋实际锈蚀率。由于同一试件中相同类别钢筋的实际锈蚀率之间存在一定的离散性，因此以所截取纵筋和箍筋的实际锈蚀率均值作为该试件钢筋的实际锈蚀率，其结果如表 3.4 所示。

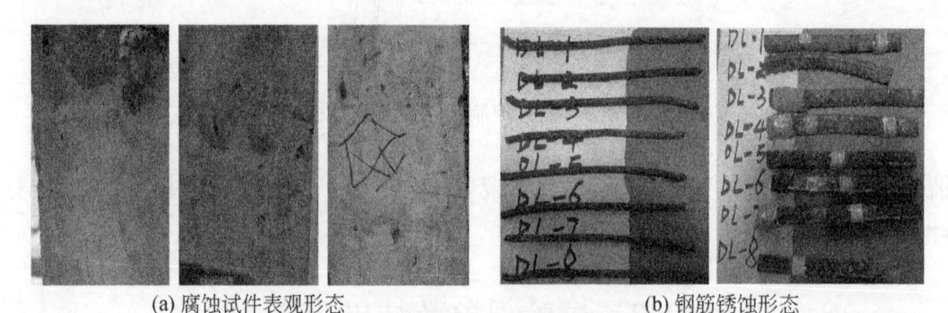

(a) 腐蚀试件表观形态　　(b) 钢筋锈蚀形态

图 3.4　腐蚀 RC 框架梁试件钢筋锈蚀效果

表 3.4　腐蚀 RC 框架梁试件钢筋实际锈蚀率

试件编号	纵筋平均锈蚀率 η_l/%	箍筋平均锈蚀率 η_s/%	试件编号	纵筋平均锈蚀率 η_l/%	箍筋平均锈蚀率 η_s/%
CL-1	0	0	DL-4	4.1	7.9
CL-2	3.2	6.2	DL-5	6.5	11.3
CL-3	3.4	6.5	DL-6	3.2	5.8
CL-4	4.5	7.8	DL-7	3.7	7.1
CL-5	6.8	11.4	DL-8	4.5	8.9
DL-1	0	0	DL-9	2.8	5.5
DL-2	3.2	6.3	DL-10	4.6	9.3
DL-3	3.4	6.5	DL-11	6.8	11.4

3.3.2　试件破坏特征分析

1. $\lambda=5$ 的 RC 框架梁破坏特征

拟静力加载试验过程中，观察试件的损伤破坏过程可以发现，剪跨比为 5 不同锈蚀程度的 RC 框架梁试件的损伤破坏过程具有一定的相似性，具体表现为：加载初期，梁顶水平位移较小，试件表面基本无裂缝产生；梁顶水平位移达到2mm时，梁底部100mm高度范围内出现第一条水平裂缝，此后，随着梁顶水平位移增大，梁底裂缝数量与宽度均不断增加；梁顶位移超过11mm后，梁底部基本不再出现新裂缝，但其长度不断增长，宽度不断加宽，此时梁底部水平裂缝较多、斜裂缝较少；梁顶位移超过22mm后，试件底部水平裂缝继续加宽，主水平裂缝呈贯通趋势，且角部受压区混凝土保护层开始压碎剥落；梁顶位移超过44mm后，梁底角部混凝土压碎并严重剥落，钢筋外露；加载后期，梁底塑性铰区混凝土保护层大面积脱落，纵筋屈曲，试件随即宣告破坏。最终破坏时，试件表面虽有斜裂缝产生，但其破坏形态仍为典型的弯曲破坏，各试件的最终破坏形态如图3.5所示。

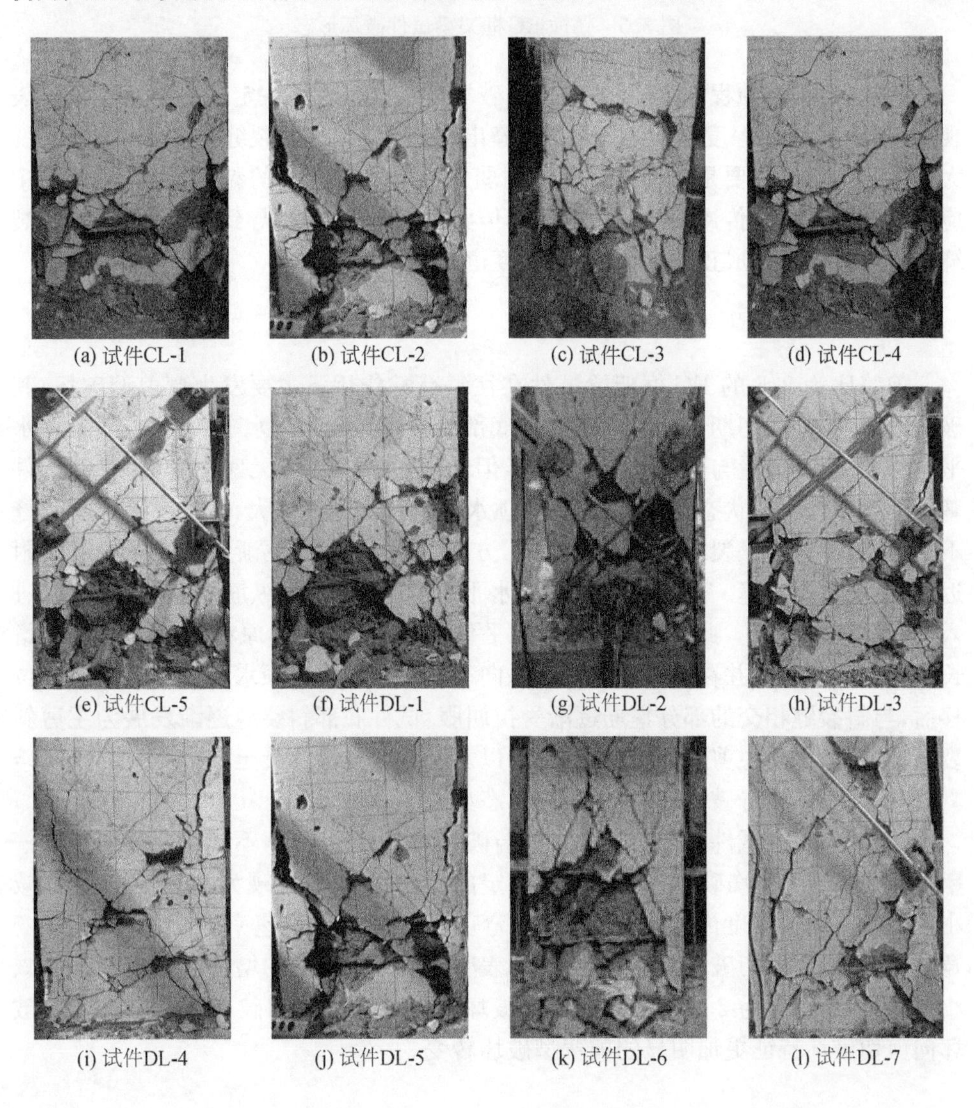

(a) 试件CL-1　(b) 试件CL-2　(c) 试件CL-3　(d) 试件CL-4

(e) 试件CL-5　(f) 试件DL-1　(g) 试件DL-2　(h) 试件DL-3

(i) 试件DL-4　(j) 试件DL-5　(k) 试件DL-6　(l) 试件DL-7

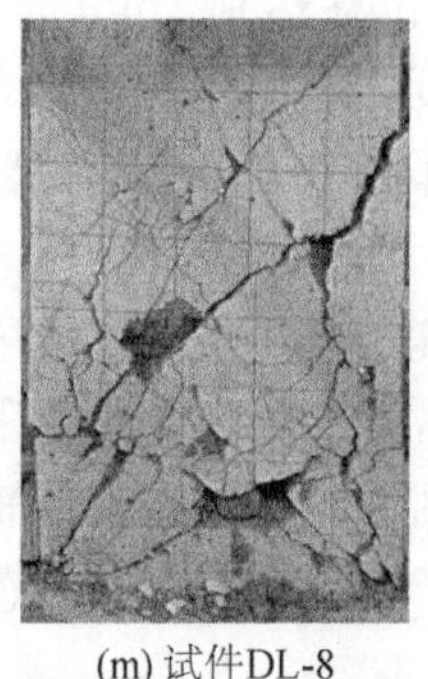
(m) 试件DL-8

(n) 试件DL-9

(o) 试件DL-10

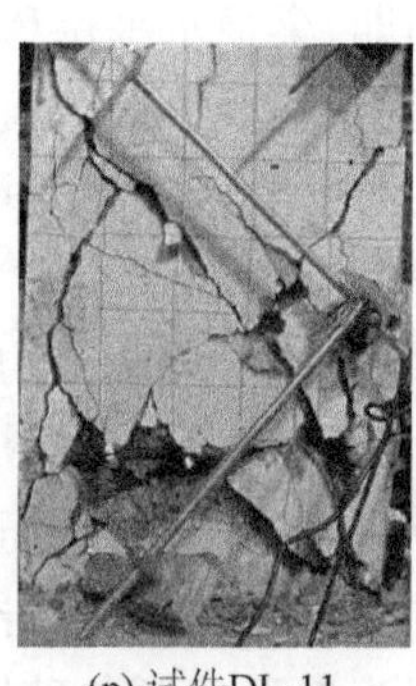
(p) 试件DL-11

图 3.5 锈蚀 RC 框架梁试件破坏形态

此外,由于锈蚀程度不同,各试件的破坏过程又呈现出一定的差异性。具体表现为:随钢筋锈蚀程度的增加,试件裂缝出现提前,且水平裂缝数量减少,间距变大,宽度变宽,这主要是由于纵筋锈蚀削弱了其与混凝土间的黏结性能,使钢筋中应力通过黏结应力传递给混凝土时所需传力长度增大,从而导致裂缝间距增大,裂缝宽度与裂缝间距成正比,因此裂缝宽度也相应增大。

2. λ=2.5 的 RC 框架梁破坏特征

剪跨比为 2.5 的 RC 框架梁试件在往复荷载作用下主要发生弯剪型破坏,其破坏过程为:加载初期,RC 框架梁试件底部受拉区首先出现水平裂缝,并随梁顶水平位移增大,其数量与长度均不断增加,但卸载后试件基本无残余变形,表明试件基本处于弹性工作状态。此后,随着梁顶水平位移的继续增大,试件底部水平裂缝不断伸长,部分水平裂缝开始沿大致 45°方向斜向发展,并逐渐延伸至梁中心线附近,形成交叉斜裂缝。进一步增大梁顶水平位移,试件底部纵筋受拉屈服,试件进入弹塑性工作阶段。此后,随着梁顶水平位移的继续增大,原有裂缝长度不断增长,宽度不断加宽,并在试件底部伴有纵向裂缝产生。当梁顶水平位移超过峰值位移后,与斜裂缝相交的部分箍筋逐渐受拉屈服,试件底部斜裂缝逐渐发展为主剪斜裂缝。最终,由于主剪斜裂缝持续扩展,以及底部剪压区混凝土外鼓并大面积压碎剥落,试件随即宣告破坏,其最终破坏形态如图 3.5 所示。

此外,对比各试件的损伤破坏过程与破坏特征可以发现,不同锈蚀程度与配箍率 RC 框架梁的损伤破坏特征亦具有一定的差异性,具体表现为:随着配箍率的减小以及钢筋锈蚀程度的增加,试件底部弯剪斜裂缝的发展速率不断加快,宽度变宽,最终破坏时剪切破坏特征更加明显,表明箍筋锈蚀程度的增加以及配箍率的减小,将导致剪跨比为 2.5 的 RC 框架梁破坏模式逐渐由弯曲破坏为主的弯剪型破坏向剪切破坏特征更加明显的剪弯型破坏转变。

3.3.3　滞回曲线

根据拟静力加载试验中量测的梁顶水平荷载与位移，绘制不同设计参数与锈蚀程度下各 RC 框架梁试件的滞回曲线，其结果如图 3.6 所示。对比各试件的滞回曲线可知，试件屈服前，其加卸载刚度基本无退化，卸载后几乎无残余变形，滞回曲线近似呈直线，滞回耗能较小。试件屈服后，随着控制位移的增大，试件的加卸载刚度逐渐退化，卸载后残余变形增大，滞回环面积亦增大。此时，剪跨比为 5 的试件滞回曲线近似呈梭形，无明显的捏拢现象，表明试件具有良好的耗能能力；而剪跨比为 2.6 的试件滞回曲线形状近似呈弓形，捏拢现象明显，表明其耗能能力相对较差。达到峰值荷载后，随着控制位移的增大，试件加卸载刚度退化更加明显，卸载后残余变形继续增大，此时剪跨比为 5 的试件滞回曲线仍近似呈梭形，而剪跨比为 2.5 的试件捏拢程度逐渐增加，滞回环呈反 S 形，试件耗能能力减小。

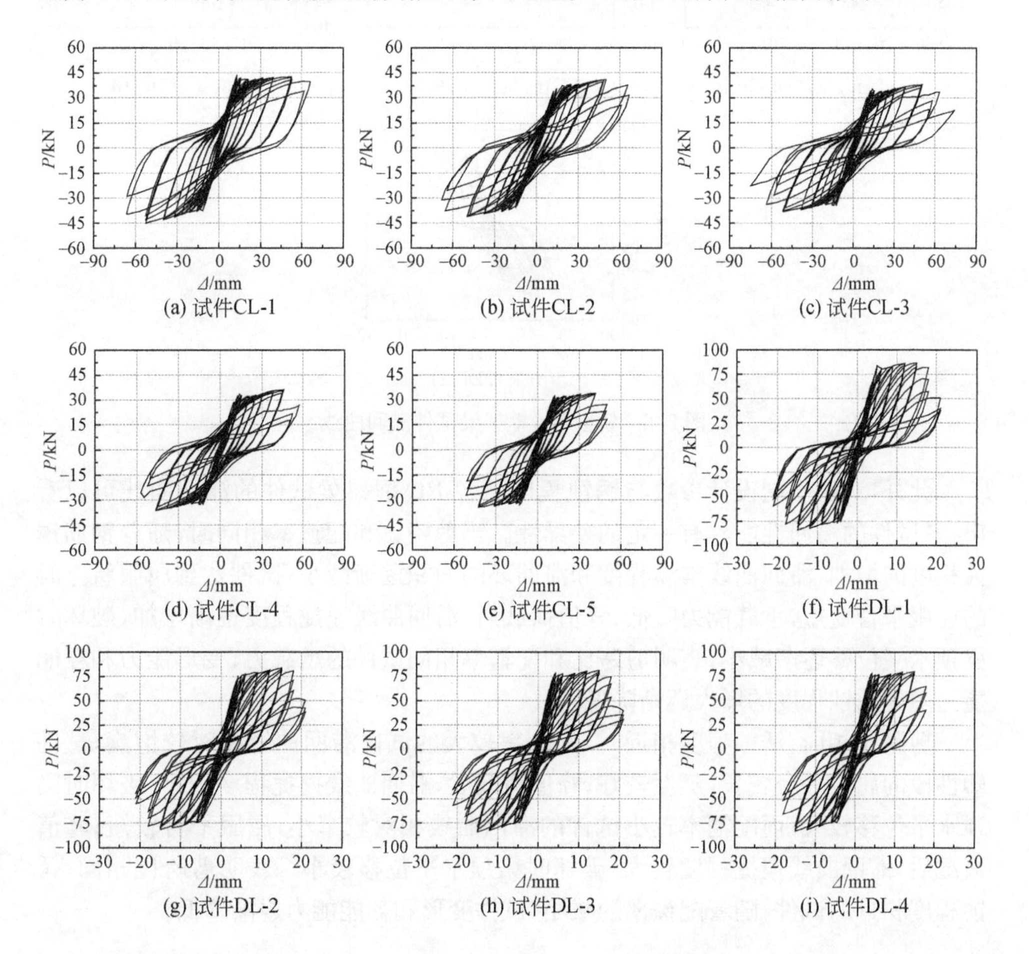

(a) 试件CL-1　(b) 试件CL-2　(c) 试件CL-3

(d) 试件CL-4　(e) 试件CL-5　(f) 试件DL-1

(g) 试件DL-2　(h) 试件DL-3　(i) 试件DL-4

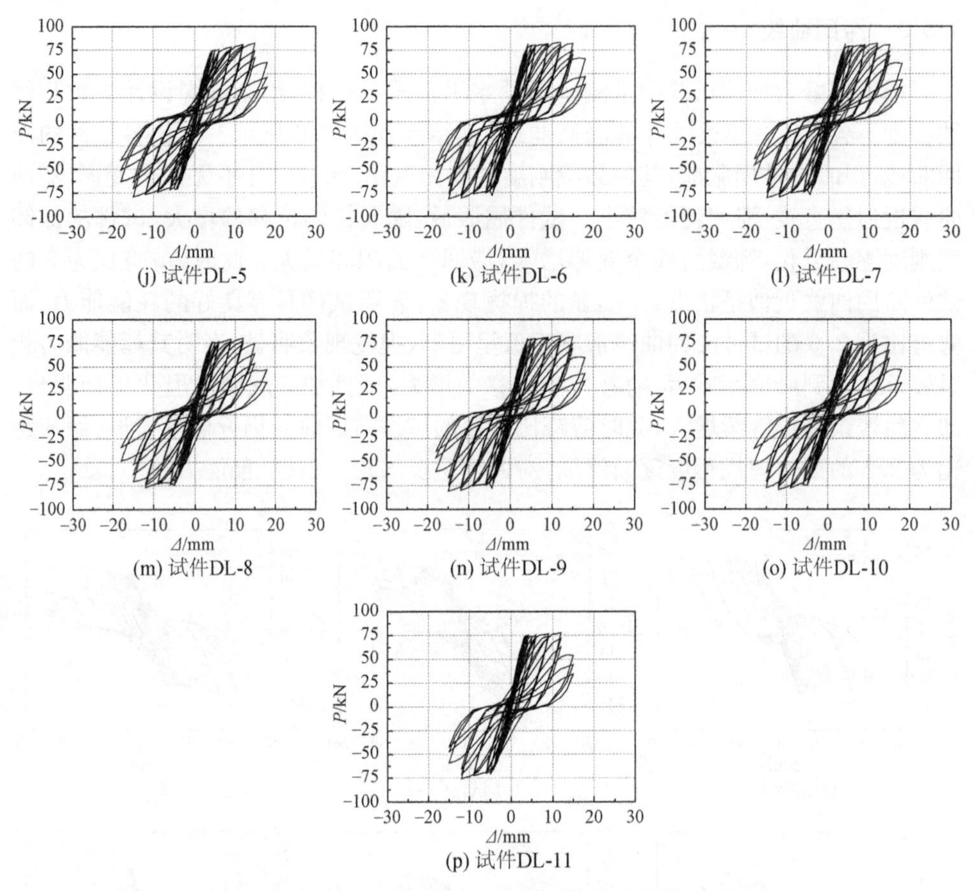

图 3.6　锈蚀 RC 框架梁试件滞回曲线

此外，对比不同设计参数与锈蚀程度下各 RC 框架梁试件的滞回曲线可以看出，各试件的滞回性能具有一定的差异性。当剪跨比和配箍率相同时，随着钢筋锈蚀程度的增加，滞回曲线丰满程度和滞回环的面积逐渐减小；试件达到屈服状态时的屈服平台变短，承载能力降低；峰值荷载后，滞回曲线捏拢程度逐渐增加，破坏时梁顶水平位移逐渐减小，表明剪跨比和配箍率相同试件的承载力、变形能力和耗能能力随着锈蚀程度的增大逐渐降低。

剪跨比相同、锈蚀程度相近时，配箍率较大的试件滞回曲线相对较饱满，试件塑性段的屈服平台较长，延性较好；峰值荷载后，滞回曲线捏拢程度较小，破坏时梁顶水平位移较大；而配箍率较小试件的滞回曲线相对较窄小，屈服平台较短；峰值荷载后，滞回曲线捏拢程度较大，破坏时梁顶水平位移较小。表明剪跨比相同、锈蚀程度相近的试件，随着配箍率的减小，试件变形和耗能能力逐渐降低。

锈蚀程度相近、配箍率相同时，剪跨比较大的试件承载力较小，但其滞回曲线相对饱满，基本无捏拢，且其屈服平台较长，最终破坏时的梁顶水平位移较大；而剪跨比较小的试件滞回曲线较窄小，屈服后捏拢现象明显，屈服平台较短，最终破坏时的梁顶水平位移较小，但其承载能力较高。表明锈蚀程度相近、配箍率相同时，随着剪跨比的减小，锈蚀RC框架梁试件的承载能力提高，但变形和耗能能力变差。

3.3.4　骨架曲线

将各试件梁顶水平荷载-位移滞回曲线各循环的峰值点相连，即可得到相应试件的骨架曲线。各试件骨架曲线具有一定的非对称性，因此取各试件同一循环下正负方向荷载和位移的平均值得到该试件的平均骨架曲线，并据此标定各试件骨架曲线特征点。其中，屈服点根据能量等值法[20]确定，即用包络面积相等的理想弹塑性二折线代替平均骨架曲线，并将其拐点位移作为构件屈服位移，在平均骨架曲线上对应屈服点(图3.7)；峰值点取平均骨架曲线上最大荷载所对应的点；极限点取试件水平承载力下降至0.85倍峰值荷载所对应的点。各试件的骨架曲线对比如图3.8所示，相应的骨架曲线特征点参数见表3.5。其中，位移延性系数μ按式(3-1)计算确定。

$$\mu=\Delta_u/\Delta_y \tag{3-1}$$

式中，Δ_u、Δ_y分别为试件的极限位移和屈服位移。其中，极限位移取平均骨架曲线上荷载下降至峰值荷载85%时对应的梁顶水平位移，屈服位移按能量等值法计算确定。

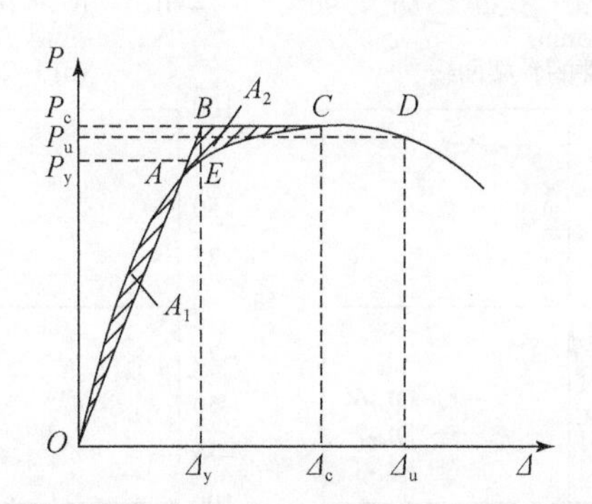

图3.7　骨架曲线特征点参数确定方法

由表3.5和图3.8可以看出：

(1)相同剪跨比和配箍率下，不同锈蚀程度各RC框架梁试件屈服前骨架曲线基本重合，刚度变化不大；屈服后，随着钢筋锈蚀程度的增加，试件承载力逐渐降低，骨架曲线平直段逐渐变短，下降段变陡，变形能力变差，极限位移减小，表明剪跨比和配箍率相同的试件承载能力和变形能力均随着锈蚀程度的增大而不断降低。

(2)剪跨比相同、锈蚀程度相近时，随着配箍率的减小，各试件的屈服荷载、峰值荷载和极限荷载均呈降低趋势；试件屈服前，骨架曲线基本重合，刚度变化不大；试件屈服后，随着配箍率的减小，其承载力逐渐降低，骨架曲线平直段逐渐变短，塑性变形能力变差；峰值荷载后，骨架曲线下降段变陡，极限位移减小，表明剪跨比相同、锈蚀程度相近试件的承载能力和变形能力均随配箍率的减小而不断降低。

(3)配箍率相同、锈蚀程度相近时，剪跨比较大的试件承载力较小，骨架曲线平台段较长，下降段较缓，极限位移较大，变形能力较好；而剪跨比较小的试件骨架曲线平台段较短，下降段较陡，极限位移较小，变形能力较差，但其承载能力较高；表明配箍率相同、锈蚀程度相近的试件，随着剪跨比的减小，试件的承载能力逐渐提高，但变形能力逐渐变差。

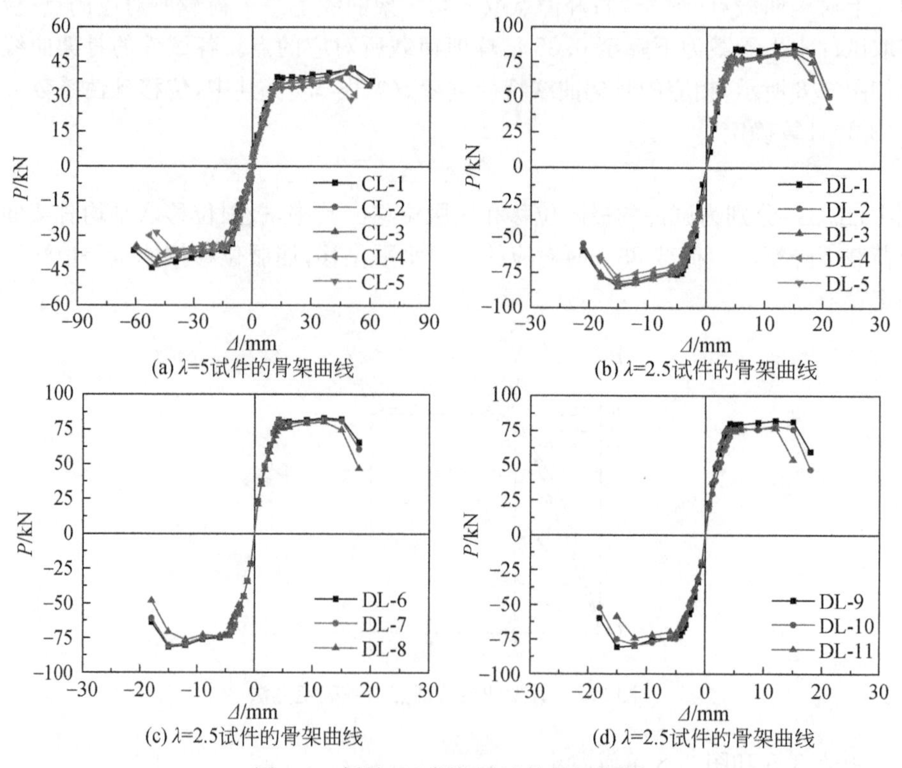

图 3.8　锈蚀 RC 框架梁试件骨架曲线

表 3.5　锈蚀 RC 框架梁试件骨架曲线特征点参数

试件编号	纵筋锈蚀率/%	屈服点		峰值点		极限点		位移延性系数 μ
		Δ_y/mm	P_y/kN	Δ_c/mm	P_c/kN	Δ_u/mm	P_u/kN	
CL-1	0	11.24	39.58	53.43	43.62	63.24	37.08	5.63
CL-2	3.2	11.03	38.89	52.12	42.43	62.31	36.07	5.64
CL-3	3.4	10.95	38.23	51.28	40.98	61.14	34.83	5.58
CL-4	4.5	10.45	37.32	46.65	39.56	55.43	33.63	5.30
CL-5	6.8	9.78	36.43	43.32	38.69	53.12	32.89	5.43
DL-1	0	3.80	78.60	15.02	85.40	18.89	72.59	4.97
DL-2	3.3	3.70	75.89	14.88	82.58	18.32	70.19	4.95
DL-3	3.4	3.65	75.15	14.20	83.52	18.40	70.99	5.04
DL-4	4.1	3.60	74.75	14.00	81.62	17.50	69.38	4.86
DL-5	6.5	3.56	73.96	14.02	79.70	17.04	67.75	4.78
DL-6	3.0	3.57	75.38	14.30	81.81	17.40	69.54	4.87
DL-7	3.7	3.45	74.49	13.00	80.70	16.83	68.60	4.84
DL-8	4.5	3.50	73.17	12.01	78.47	15.70	66.70	4.49
DL-9	2.8	3.53	73.88	12.40	80.96	17.01	68.82	4.82
DL-10	4.6	3.50	72.99	12.00	77.28	15.97	65.69	4.56
DL-11	6.8	3.20	70.88	11.50	75.68	13.88	64.33	4.33

3.3.5　刚度退化

为揭示锈蚀 RC 框架梁的刚度退化规律，取各试件每级往复荷载作用下正、反方向荷载绝对值之和除以相应的正、反方向位移绝对值之和作为该试件每级循环加载的等效刚度，以各试件的加载位移为横坐标，每级循环加载的等效刚度与初始刚度之比 K_i/K_0 为纵坐标，绘制各锈蚀 RC 框架梁试件的刚度退化曲线，如图 3.9 所示。其中，等效刚度计算公式如下：

$$K_i=\frac{|+P_i|+|-P_i|}{|+\Delta_i|+|-\Delta_i|} \tag{3-2}$$

式中，K_i 为 RC 框架梁试件每级循环加载的等效刚度；P_i 为试件第 i 次加载的峰值荷载；Δ_i 为试件第 i 次加载峰值荷载对应的位移。

由图 3.9 可知，加载初期，RC 框架梁试件的刚度较大，随着控制位移的不断增加，试件相继发生保护层混凝土开裂、钢筋屈服、混凝土压碎等现象，试件刚度逐渐发生退化；加载后期，由于损伤已充分发展，试件刚度基本趋于平稳。

然而，由于锈蚀程度、配箍率和剪跨比的不同，各 RC 框架梁试件又表现出不同的刚度退化规律,具体表现为:相同剪跨比和配箍率下,不同锈蚀程度RC框架梁试件的刚度退化速率均较未锈蚀试件快,且随着锈蚀程度的增加,刚度退化速率逐渐加快;剪跨比相同、锈蚀程度相近时,配箍率较小试件的刚度退化速率较快;配箍率相同、锈蚀程度相近时,剪跨比较小的试件刚度退化速率较快,表明钢筋锈蚀程度增加、配箍率减低、剪跨比减小,均将导致锈蚀RC框架梁地震损伤发展加剧。

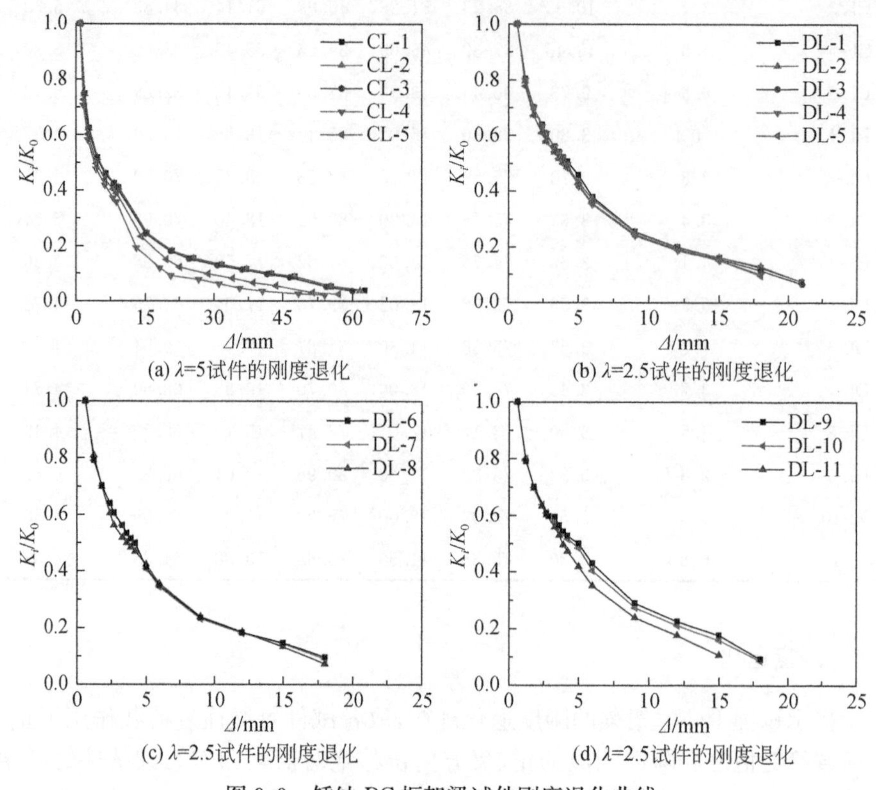

图 3.9 锈蚀RC框架梁试件刚度退化曲线

3.3.6 耗能能力

耗能能力是衡量RC构件与结构抗震性能优劣的重要参数。国内外学者提出了多种评价结构或构件耗能能力的指标,如功比指数、能量耗散系数、等效黏滞阻尼系数和累积耗能等,本章选取等效黏滞阻尼系数和累积耗能为指标,评价锈蚀RC框架梁在往复荷载作用下的耗能能力。

1. 等效黏滞阻尼系数

等效黏滞阻尼系数是表征构件一次往复荷载作用下耗能能力的重要指标,其

计算公式为[21]

$$h_e = \frac{1}{2\pi} \cdot \frac{S_{ABC} + S_{CDA}}{S_{OBE} + S_{ODF}} \tag{3-3}$$

式中，面积 $S_{ABC}+S_{CDA}$ 为荷载正反交变一周时构件所耗散的能量；S_{OBE} 和 S_{ODF} 为理想弹性结构在相同变形下所吸收的能量，如图 3.10 所示。据此计算得到了各锈蚀 RC 框架梁试件在峰值状态和极限状态下的等效黏滞阻尼系数 h_{ec} 和 h_{eu}，其结果见表 3.6。可以看出，剪跨比和配箍率相同时，不同锈蚀程度试件峰值状态和极限状态的等效黏滞阻尼系数均低于未锈蚀试件，且随着锈蚀程度增加，等效黏滞阻尼系数 h_{ec} 和 h_{eu} 均不断降低；锈蚀程度相近时，随着配箍率和剪跨比的减小，锈蚀 RC 框架梁试件峰值和极限状态下的等效黏滞阻尼系数均不断减小；表明随着锈蚀程度增加，以及配箍率和剪跨比的减小，锈蚀 RC 框架梁的耗能能力逐渐变差。

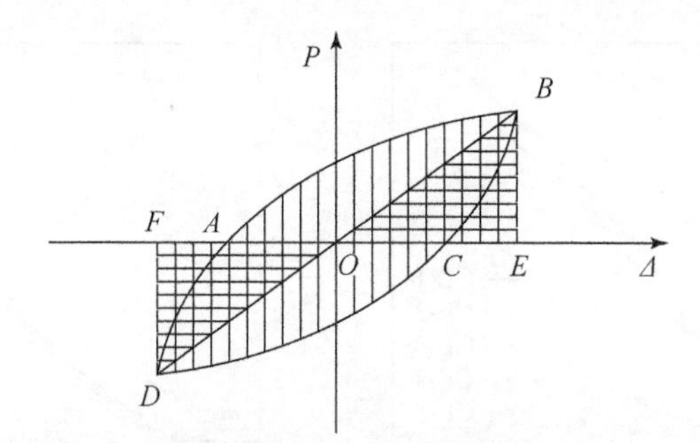

图 3.10　等效黏滞阻尼系数计算简图

表 3.6　锈蚀 RC 框架梁试件等效黏滞阻尼系数

试件编号	峰值等效黏滞阻尼系数 h_{ec}	极限等效黏滞阻尼系数 h_{eu}	试件编号	峰值等效黏滞阻尼系数 h_{ec}	极限等效黏滞阻尼系数 h_{eu}
CL-1	0.301	0.232	DL-4	0.152	0.130
CL-2	0.292	0.222	DL-5	0.149	0.127
CL-3	0.243	0.211	DL-6	0.174	0.125
CL-4	0.231	0.210	DL-7	0.150	0.122
CL-5	0.221	0.208	DL-8	0.148	0.123
DL-1	0.161	0.136	DL-9	0.178	0.111
DL-2	0.156	0.134	DL-10	0.161	0.107
DL-3	0.154	0.131	DL-11	0.155	0.102

2. 累积耗能

累积耗能是表征试件整个加载过程中总体耗能能力的重要参数，可表征为 $E=\sum E_i$，其中 E_i 为每一级加载滞回环的面积。根据各锈蚀 RC 框架梁试件的滞回曲线，得到其累积耗能与加载位移间的关系曲线如图 3.11 所示。可以看出，不同设计参数与锈蚀程度下，各锈蚀 RC 框架梁试件的累积耗能均随加载位移的增大而不断提升，且基本呈指数函数形式变化；剪跨比与配箍率相同时，随着锈蚀程度增加，各试件的累积耗能逐渐减小；锈蚀程度相近时，随着剪跨比与配箍率的减小，各试件的累积耗能亦逐渐减小；上述现象表明，随着锈蚀程度增加，以及配箍率和剪跨比的减小，锈蚀 RC 框架梁的耗能能力逐渐变差。

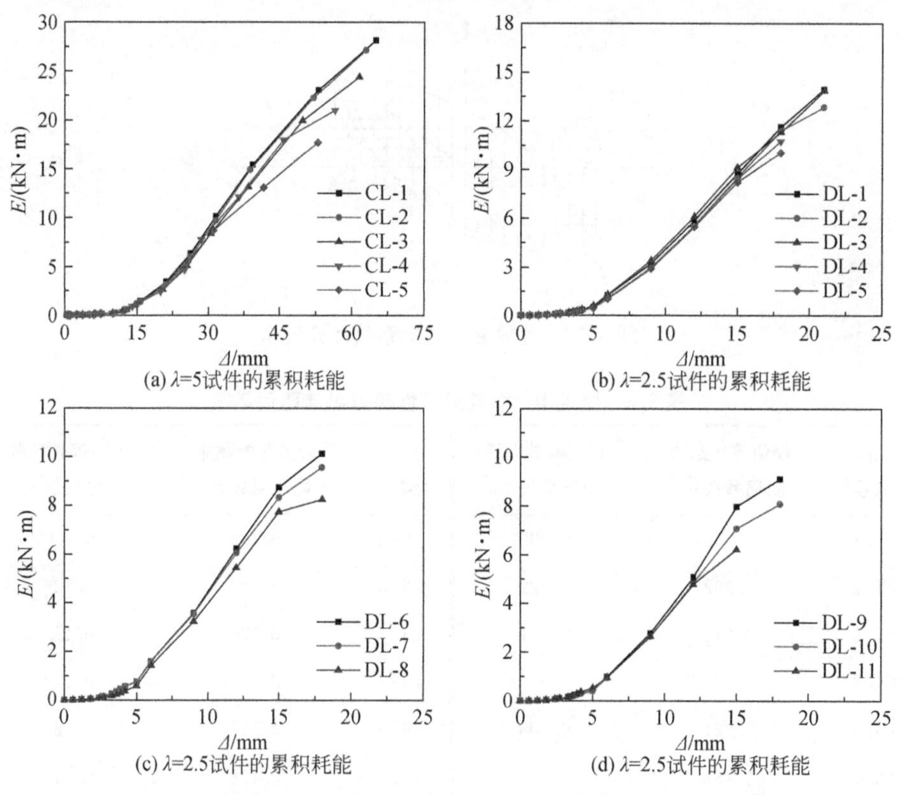

图 3.11 锈蚀 RC 框架梁试件累积耗能与加载位移间的关系曲线

3.4 锈蚀 RC 框架梁恢复力模型建立

3.4.1 恢复力模型选取

恢复力模型是实现构件与结构弹塑性地震反应分析的重要基础。国内外学者在试验研究与理论分析基础上,建立了多种 RC 框架梁恢复力模型,但其大都是梁端力与位移形式的,无法直接用于结构数值模拟分析。而建立 RC 框架梁塑性铰区弯矩-转角恢复力模型,并将其用于梁柱单元的集中塑性铰模型中,则可实现结构的数值建模分析。Haselton 等[22]和 Lignos 等[23]在研究 RC 框架结构和钢框架结构的地震易损性时,采用了基于梁柱塑性铰区弯矩-转角恢复力模型的集中塑性铰模型,并实现了上述结构地震灾变过程的准确高效模拟。鉴于此,为便于结构数值模型的建立,本节基于上述试验结果,借鉴 Haselton 等[22]的研究思路,建立可直接用于结构数值建模分析的 RC 框架梁塑性铰区弯矩-转角恢复力模型。

为准确反映 RC 框架梁加载过程中的强度衰减、刚度退化以及捏拢效应等滞回特性,选取 Lignos 等[23]提出的修正 I-K 模型和修正 I-K-Pinch 模型建立 RC 框架梁塑性铰区弯矩-转角恢复力模型。该模型是 Lignos 等[23]在 Ibarra 等[24]提出的 I-K 滞回模型基础上进行修正所建立的一种具有峰值指向型滞回特性的三折线滞回模型,其骨架曲线如图 3.12 所示。

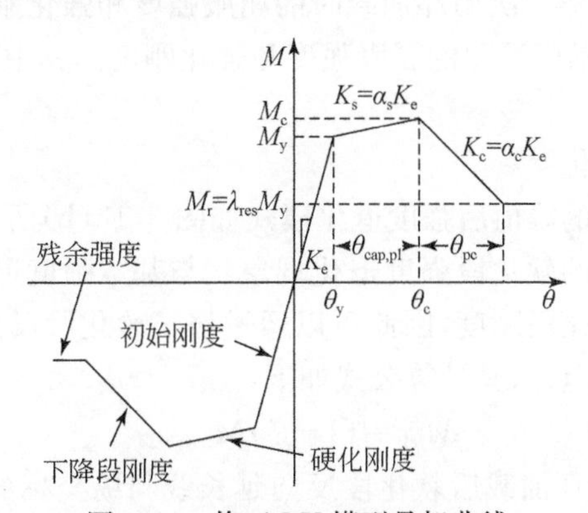

图 3.12　修正 I-K 模型骨架曲线

K_e 初始刚度;M_y 屈服弯矩;M_c 峰值弯矩;$\theta_{cap,pl}$ 塑形转角;θ_{pc} 峰值后转角;λ_{res} 残余强度比

修正 I-K 模型和修正 I-K-Pinch 模型除可反映构件的承载能力、变形能力等主要力学特性外,还可通过循环退化指数 β_i 控制构件受力过程中表现出的基本强度退化、峰值后强度退化、卸载刚度退化以及再加载刚度退化等滞回特性。Ibarra 和 Krawinkler 基于构件加载过程中的滞回耗能能力一定且与加载路径无关这一假

定，定义构件在往复荷载作用下第 i 个循环的循环退化指数 β_i 为

$$\beta_i = \left(\frac{E_i}{E_t - \sum_{j=1}^{i} E_j} \right)^c \tag{3-4}$$

式中，E_i 为构件在第 i 次正向或负向循环时的滞回耗能；$\sum_{j=1}^{i} E_j$ 为构件在第 i 次及第 i 次前所有循环下的累积滞回耗能；c 为循环退化速率控制参数，其合理取值范围为[1,2]；E_t 为构件本身的滞回耗能能力，Lignos 等[23]将其表示为屈服强度 M_y 与累积转动能力 $\Lambda=\lambda\theta_{cap,pl}$ 的乘积，其计算公式如下：

$$E_t = \Lambda M_y = \lambda\theta_{cap,pl} M_y \tag{3-5}$$

式中，$\theta_{cap,pl}$ 为构件的塑性转角，如图 3.12 所示；λ 为构件滞回耗能能力系数。

基于循环退化指数 β_i，构件加载过程表现出的基本强度退化、峰值后强度退化、卸载刚度退化以及再加载刚度退化等滞回特性可分别表述如下。

1)基本强度退化

构件加载过程中的基本强度退化模式如图 3.13(a)所示。该退化模式用于表征构件屈服后，在往复荷载作用下的屈服强度和强化段刚度降低现象。屈服强度和强化段刚度的退化规则如下：

$$M_{yi}^{\pm} = (1-\beta_i) M_{y(i-1)}^{\pm} \tag{3-6}$$

$$K_{si}^{\pm} = (1-\beta_i) K_{s(i-1)}^{\pm} \tag{3-7}$$

式中，$M_{yi}^{\pm}$、$K_{si}^{\pm}$ 分别为第 i 次循环加载时的屈服强度和强化刚度；$M_{y(i-1)}^{\pm}$、$K_{s(i-1)}^{\pm}$ 分别为第 i 次循环加载前已退化的屈服强度和强化刚度。其中，“+”代表正向加载，“−”代表反向加载。

2)峰值后强度退化

构件加载过程中的峰值后强度退化模式如图 3.13(b)所示。该退化模式用于表征构件加载过程中的软化段强度退化现象。与基本强度退化不同的是，峰值后强度退化并未改变软化段刚度，因此可以通过修正软化段反向延长线与纵坐标的交点控制峰值后强度退化，其计算公式如下：

$$M_{refi}^{\pm} = (1-\beta_i) M_{ref(i-1)}^{\pm} \tag{3-8}$$

式中，$M_{refi}^{\pm}$ 为第 i 次循环加载后软化段反向延长线与纵坐标的交点；$M_{ref(i-1)}^{\pm}$ 为第 i 次循环加载前已退化的软化段反向延长线与纵坐标的交点。其中，“+”代表正向加载，“−”代表反向加载。

3)卸载刚度退化

构件加载过程中的卸载刚度退化模式如图 3.13(c)所示。该退化模式表征构件屈服后，在往复荷载作用下的卸载刚度减小现象，其退化规则如下：

$$K_{ui} = (1-\beta_i) K_{u(i-1)} \tag{3-9}$$

式中，K_{ui}为第i次循环加载后发生性能退化的卸载刚度；$K_{u(i-1)}$为第i次循环加载前已退化的卸载刚度。与基本强度退化和软化段强度退化不同的是，卸载刚度在两个加载方向是同步退化的，即任一方向出现卸载时，两个方向的卸载刚度均发生退化；而基本强度退化和软化段强度退化在两个加载方向互相独立，即每次构件在一个方向卸载至0时，只有另一个方向发生退化。

4）再加载刚度退化

构件加载过程中的再加载刚度退化模式如图3.13(d)所示。以往的滞回模型大多为顶点指向型模型，即当构件在某一方向卸载后，再加载曲线指向了另一方向的历史最大位移点。这种顶点指向型模型无法考虑再加载刚度的退化现象，因此，Ibarra和Krawinkler在I-K滞回模型中引入了目标位移，以考虑试件再加载刚度的加速退化现象。Lignos等提出的修正I-K模型中也采用了该方法，其目标位移计算公式如下：

$$\theta_{ti}^{\pm}=(1+\beta_i)\theta_{t(i-1)}^{\pm} \tag{3-10}$$

式中，$\theta_{ti}^{\pm}$、$\theta_{t(i-1)}^{\pm}$分别为第i和$i-1$次循环时的目标位移。其中，“+”和“−”分别代表正向和反向加载。

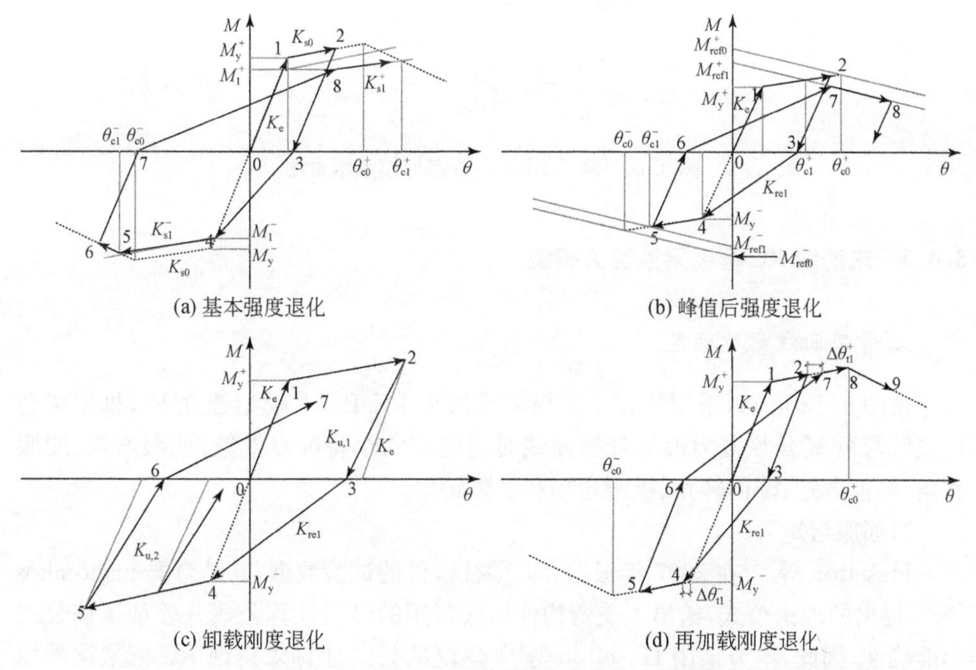

图3.13　修正I-K模型的退化模式示意图

RC构件加载过程中，由于弯曲裂缝的张合、钢筋与混凝土之间的黏结滑移以及剪切斜裂缝的开展，试件的滞回曲线可能存在明显的捏拢现象。为反映试件滞回曲线的捏拢现象，Ibarra 和 Krawinkler 等提出了考虑捏拢效应的 I-K 滞回模型，Lignos 等通过对该模型进行修正，提出了考虑捏拢效应的修正 I-K 滞回模型，即修正 I-K-Pinch 滞回模型。

修正 I-K-Pinch 滞回模型的骨架曲线和退化规则均与修正 I-K 模型一致，唯一不同之处在于：修正 I-K-Pinch 滞回模型为考虑捏拢效应，将再加载曲线由修正 I-K 模型的直线改为双折线，并通过三个参数 $\$F_{prPos}$、$\$F_{prNeg}$ 和 $A_Pinch 控制再加载曲线的转折点。该滞回模型示意如图 3.14 所示。其中，$\$F_{prPos}$ 和 $\$F_{prNeg}$ 分别用于确定正负向捏拢段的刚度；$A_Pinch 用于确定转折点的横坐标，确定规则为 $X_{pinch}=(1-\$A\_Pinch)\theta_{per}^{\pm}$。其中，$\theta_{per}^{\pm}$ 为正向或负向卸载后的残余变形。

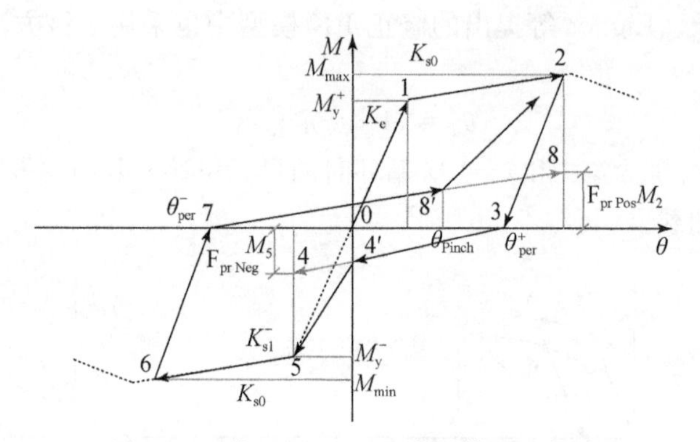

图 3.14 修正 I-K-Pinch 滞回模型示意图

3.4.2 未锈蚀 RC 框架梁恢复力模型

1. 骨架曲线参数确定

由图 3.12 可知，采用修正 I-K 模型或修正 I-K-Pinch 模型建立 RC 框架梁塑性铰区弯矩-转角恢复力模型骨架曲线时需确定六个特征点参数：屈服弯矩、屈服转角、峰值弯矩、峰值转角、极限弯矩和极限转角。

1)屈服弯矩

Haselton 等[25]在 2007 年根据 255 梁柱试件的试验数据，并结合 Panagiotakos 等[26]提出的理论公式，给出了受弯构件屈服弯矩的经验计算公式并验证了该公式的准确性，因此，本节采用 Haselton 等[25]建议的公式计算未锈蚀 RC 框架梁的屈服弯矩：

$$M_y=0.97M_{y(fardis)} \tag{3-11}$$

式中，$M_{y(fardis)}$ 为 Panagiotakos 等[26]提出的屈服弯矩理论计算公式，其表征如下：

$$M_{y(\text{fardis})}=bd^3\varphi_y\left\{E_c\frac{k_y^2}{2}\left(0.5(1+\delta')-\frac{k_y}{3}\right)+\frac{E_s}{2}\left[(1-k_y)\rho+(k_y-\delta')\rho'\right](1-\delta')\right\} \tag{3-12a}$$

$$\varphi_y=\frac{f_y}{E_s(1-k_y)d} \tag{3-12b}$$

$$k_y=(n^2A^2+2nB)^{\frac{1}{2}}-nA \tag{3-12c}$$

$$A=\rho+\rho'+\frac{N}{bdf_y} \tag{3-12d}$$

$$B=\rho+\rho'\delta'+0.5\rho_v(1+\delta') \tag{3-12e}$$

式中，φ_y 为截面的屈服曲率；f_y 为受拉钢筋屈服强度；N 为构件的轴向压力，对于框架梁，可取为 0；b 和 d 分别为框架梁横截面的宽度和高度；ρ 和 ρ' 分别为框架梁受拉和受压钢筋的配筋率；d' 为受压区边缘到受压钢筋中心的距离，$\delta'=d/d'$；$n=E_s/E_c$，E_s 和 E_c 分别为钢筋和混凝土的弹性模量。

2)屈服转角

Panagiotakos 等[26]在理论分析基础上，结合 963 个试件的试验研究结果，经过统计回归，建立了压弯构件的屈服转角预测公式，本节采用该公式计算未锈蚀 RC 框架梁的屈服转角，即

$$\theta_y=L\varphi_{by}/3+0.0025 \tag{3-13}$$

式中，L 为 RC 框架梁试件的高度；φ_{by} 为框架梁截面的屈服曲率，可按式(3-12b)计算确定。

3)峰值弯矩

Haselton 等[25]通过 255 榀梁柱试件试验结果统计分析，得到压弯构件的峰值弯矩与屈服弯矩的比值均值为 1.13，鉴于此，未锈蚀 RC 框架梁的峰值弯矩可取为

$$M_c=1.13M_y \tag{3-14}$$

式中，M_y 为按照式(3-11)计算的 RC 框架梁的屈服弯矩。

4)峰值转角

根据基本力学原理可以得到：塑性铰区的转角 θ 等于该区段内截面曲率 φ 在塑性铰长度 L_p 上的积分。本节近似取 RC 框架梁塑性铰区曲率分布模式为矩形，因此，RC 框架梁达到峰值状态时塑性铰区的转角为

$$\theta_c=L_p\varphi_c \tag{3-15}$$

式中，L_p 为塑性铰长度，采用式(3-16)[27]计算确定；φ_c 为峰值状态时截面曲率，按式(3-17)计算确定。

$$L_p=0.08L+0.022f_yd_b \tag{3-16}$$

$$\varphi_c=\frac{\varepsilon_c}{\xi_{bc}h_{b0}} \tag{3-17}$$

其中，ξ_{bc}为峰值状态下RC框架梁截面相对受压区高度，根据文献[28]，取$\xi_{bc}=0.12$；h_{b0}为整个梁截面的有效高度；ε_c为峰值状态下混凝土受压侧边缘最外层混凝土的压应变，文献[29]给出不同剪跨比λ下ε_c的计算公式如下：

$$\varepsilon_c=0.003k,\quad \lambda\leqslant 4 \tag{3-18}$$

$$\varepsilon_c=0.004k,\quad \lambda>4 \tag{3-19}$$

式中，k为箍筋约束系数，

$$k=2.254\sqrt{1+3.97k_e\lambda_{bv}}-k_e\lambda_{bv}-1.254 \tag{3-20}$$

式中，k_e为截面的有效约束系数，矩形截面取$k_e=0.75$；λ_{bv}为梁的配箍特征值。

5)极限弯矩

极限弯曲M_u取峰值弯矩的0.85，即

$$M_u=0.85M_c \tag{3-21}$$

6)极限转角

与峰值转角计算方法相同，极限状态下RC框架梁塑性铰区转角为

$$\theta_u=L_p\varphi_u \tag{3-22}$$

式中，L_p为塑性铰长度，按公式(3-16)计算确定；φ_u为极限状态下RC框架梁塑性铰区截面曲率，

$$\varphi_u=\frac{\varepsilon_u}{\xi_{bu}h_{b0}} \tag{3-23}$$

式中：ξ_{bu}为极限状态下RC框架梁塑性铰区截面受压区高度，参考文献[28]，取$\xi_{bu}=0.12$；h_{b0}为整个梁截面的有效高度；ε_u为极限状态下混凝土受压侧边缘最外层混凝土的压应变，参考文献[28]，对剪跨比λ小于4的RC框架梁，取$\varepsilon_u=0.004k$，其中k按式(3-20)计算确定；对于剪跨比λ大于4的RC框架梁，

$$\varepsilon_u=0.023+0.0572K_e^2\,(s/d)^{-\frac{1}{4}} \tag{3-24}$$

式中，K_e为约束箍筋有效约束系数[30]，

$$K_e=\frac{\left[1-\sum_{i=1}^{n}\frac{(w_i')^2}{6b_{cor}h_{cor}}\right]\left(1-\frac{s'}{2b_{cor}}\right)\left(1-\frac{s'}{2h_{cor}}\right)}{1-\rho_{cc}} \tag{3-25}$$

其中，b_{cor}和h_{cor}分别为箍筋约束混凝土的宽度和高度；s'为箍筋间距；w_i'为相邻纵筋的净间距；ρ_{cc}为纵筋相对于核心区截面的配筋率。

2. 滞回规则参数确定

由式(3-7)和式(3-8)可以看出，修正I-K和修正I-K-Pinch滞回模型的滞回规则控制参数主要有循环退化速率c和累积转动能力Λ。本节参考Haselton等[25]的建议，取循环退化速率$c=1.0$；对于累积转动能力Λ则通过以下推导得到。

Haselton等[25]将构件的滞回耗能能力E_t表示为$E_t=\lambda M_y\theta_{cap,pl}$，并通过对255

榀梁柱试件的试验结果进行统计回归，得到 $\lambda=30\times0.3^{n}$。结合 Lignos 等[23]给出的累积耗能能力计算公式(3-7)，可得到

$$\Lambda=30\times0.3^{n}\theta_{\mathrm{cap,pl}} \tag{3-26}$$

式中，n 为试件轴压比，RC 框架梁可取 $n=0$；$\theta_{\mathrm{cap,pl}}$ 为 RC 框架梁的塑性转动能力，可根据峰值转角 θ_{c} 和屈服转角 θ_{y} 计算得到，即 $\theta_{\mathrm{cap,pl}}=\theta_{\mathrm{c}}-\theta_{\mathrm{y}}$。

对于剪跨比大于 3 的 RC 框架梁，其滞回捏拢效应并不明显，因此本节采用修正 I-K 模型建立其恢复力模型，即不考虑捏拢效应。而对于剪跨比小于 3 的 RC 框架梁，由于剪切斜裂缝的开展，其加载过程中出现明显的捏拢现象，本节采用修正 I-K-Pinch 模型建立其恢复力模型，其中捏拢控制参数 $\$F_{\mathrm{prPos}}$、$\$F_{\mathrm{prNeg}}$ 和 $A_Pinch 均取为 0.25。

3.4.3　锈蚀 RC 框架梁恢复力模型

1. 骨架曲线参数确定

锈蚀 RC 框架梁的拟静力试验结果表明，纵向钢筋锈蚀率 η_{l}、配箍率 ρ 和剪跨比 λ 均对 RC 框架梁的力学与抗震性能产生了一定影响。然而，将相同配箍率和锈蚀程度下 RC 框架梁试件各特征点弯矩和转角分别除以该配箍率和锈蚀程度下未锈蚀试件相应特征点的弯矩和转角，得到相关修正系数，并以此为纵坐标，以剪跨比为横坐标，得到骨架曲线各特征点修正系数随剪跨比的变化规律如图 3.15 和图 3.16 所示。可以看出，剪跨比对锈蚀 RC 框架梁塑性铰区弯曲承载能力和变形能力的影响并不显著。因此，本节取纵向钢筋锈蚀率 η_{l} 和配箍率 ρ 为参数，结合试验结果，通过多参数回归分析，对未锈蚀 RC 框架梁恢复力模型的骨架曲线各特征点进行修正，建立锈蚀 RC 框架梁恢复力模型参数计算公式如下。

屈服弯矩 M_{y} 和屈服转角 θ_{y}：

$$M_{\mathrm{y}}=(0.938-1.088\eta_{\mathrm{l}}+10.04\rho)M_{\mathrm{y}}' \tag{3-27}$$

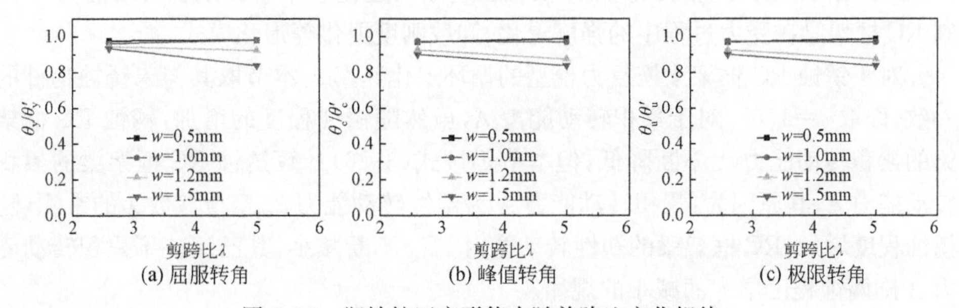

(a) 屈服转角　(b) 峰值转角　(c) 极限转角

图 3.15　塑性铰区变形能力随剪跨比变化规律

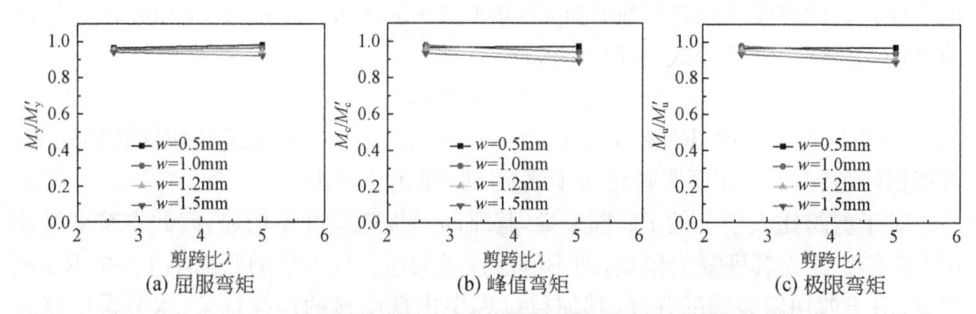

(a) 屈服弯矩 (b) 峰值弯矩 (c) 极限弯矩

图 3.16 塑性铰区弯曲承载力随剪跨比变化规律

$$\theta_y=(0.897-1.901\eta_l+19.574\rho)\theta'_y \tag{3-28}$$

峰值弯矩 M_c 和峰值转角 θ_c：

$$M_c=(0.964-1.483\eta_l+6.679\rho)M'_c \tag{3-29}$$

$$\theta_c=(0.704-2.243\eta_l+50.291\rho)\theta'_c \tag{3-30}$$

极限弯矩 M_u 和极限转角 θ_u：

$$M_u=0.85M_c \tag{3-31}$$

$$\theta_u=(0.799-2.538\eta_l+38.089\rho)\theta'_u \tag{3-32}$$

式中，η_l、ρ 分别为锈蚀 RC 框架梁的纵筋锈蚀率和配箍率；M_y、θ_y、M_c、θ_c、M_u 和 θ_u 依次为锈蚀 RC 框架梁的屈服弯矩、屈服转角、峰值弯矩、峰值转角、极限弯矩和极限转角；M'_y、θ'_y、M'_c、θ'_c、θ'_u 依次为未锈蚀 RC 框架梁的屈服弯矩、屈服转角、峰值弯矩、峰值转角和极限转角，按 3.4.2 节中相关公式计算确定。

2. 滞回规则参数确定

与未锈蚀 RC 框架梁一致，基于修正 I-K 或修正 I-K-Pinch 滞回模型建立锈蚀 RC 框架梁的恢复力模型。该滞回模型通过循环退化速率 c 和累积转动能力 Λ 控制 RC 框架梁在受力过程中的强度退化、卸载刚度退化等退化模式。

对于锈蚀 RC 框架梁恢复力模型的循环退化速率 c，本节取其与未锈蚀构件的一致，即取 $c=1.0$。对于累积转动能力 Λ，虽然随锈蚀程度的增加，锈蚀 RC 框架梁的累积转动能力 Λ 不断降低，但本节仍按式(3-26)计算锈蚀 RC 框架梁的累积转动能力 Λ，其原因为：累积转动能力 Λ 为塑性转动能力 $\theta_{cap,pl}$ 与参数 λ 的乘积，随锈蚀程度增加，RC 框架梁的塑性转动能力 $\theta_{cap,pl}$ 不断减小，其已反映了累积转动能力 Λ 随腐蚀程度增大而减小的规律。

与未锈蚀 RC 框架梁相同，剪跨比小于 3 的锈蚀 RC 框架梁滞回曲线亦存在明显的捏拢现象，因此，采用修正 I-K-Pinch 模型建立其滞回模型以考虑其捏拢效应，其捏拢控制参数按照未锈蚀试件，取 $\$F_{pr\,Pos}$、$\$F_{pr\,Neg}$和 $A_Pinch 均为 0.25。

3.4.4　恢复力模型验证

基于 OpenSees 有限元分析软件，采用上述弯矩-转角恢复力模型，建立锈蚀 RC 框架梁集中塑性铰模型。其中，梁中部弹性杆单元通过弹性梁柱单元（element elastic beam column）模拟，相关输入参数可通过构件几何尺寸及其材料力学性能参数计算得到，此处不再赘述；梁端部非线性弹簧单元通过零长度单元（element zero length）模拟，并通过修正 I-K 模型或修正 I-K-Pinch 模型模拟梁端部塑性铰区弯曲变形性能。据此，采用上述模型，分别对本章涉及的各锈蚀 RC 框架梁进行数值建模，进而对其进行拟静力模拟加载，并通过与试验结果对比，验证所建立的恢复力模型的准确性，验证结果如图 3.17 所示。

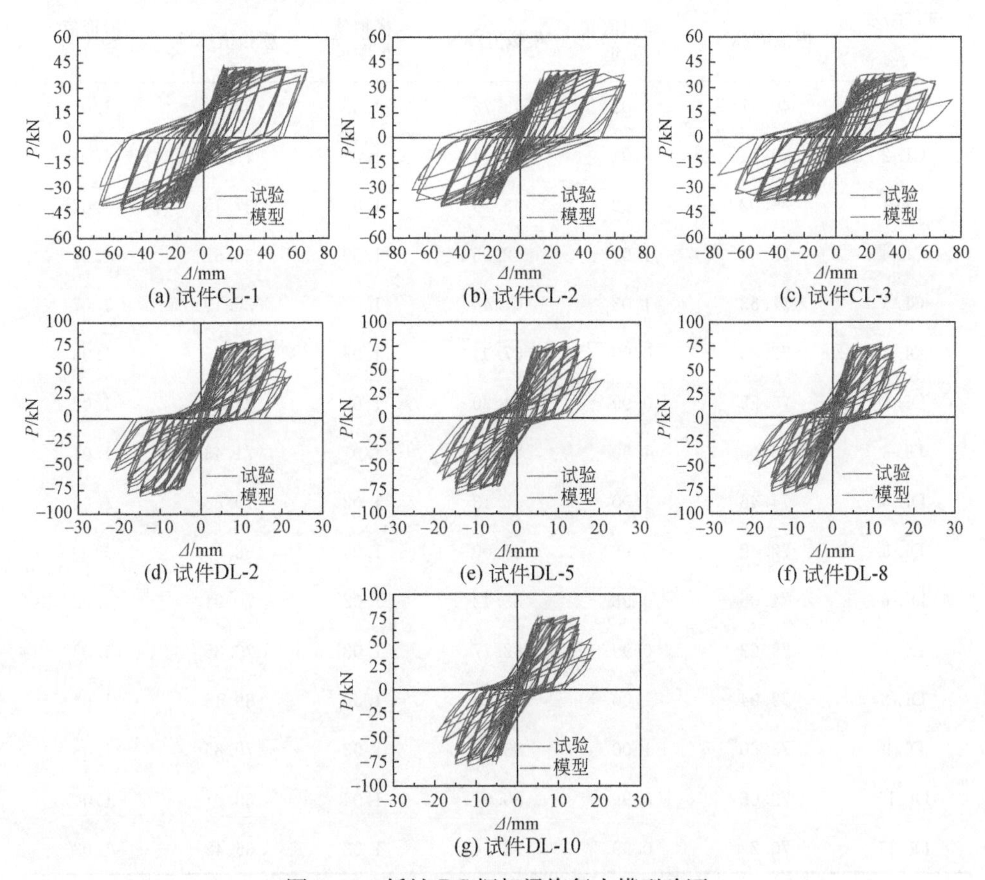

图 3.17　锈蚀 RC 框架梁恢复力模型验证

由图 3.17 可以看出，基于所建立的锈蚀 RC 框架梁恢复力模型，模拟所得各试件的滞回曲线与试验滞回曲线，在承载能力、变形能力、强度衰减、刚度退化和耗能等方面均符合较好，说明所建立的恢复力模型能够较准确地反映近海大气环境下锈蚀 RC 框架梁的力学性能与抗震性能，可应用于多龄期 RC 结构的数值建模与分析。

数值模拟结果的骨架曲线与试验结果相同、滞回环面积与试验结果相等是判别模拟结果优劣的两个重要条件。表 3.7 和表 3.8 分别为依据本书建议的数值模拟方法分析得到的锈蚀 RC 框架梁骨架曲线上各特征点模拟值与试验值对比结果，图 3.18 为各试件最终破坏时的累积耗能模拟值与试验值的对比结果。

表 3.7 锈蚀 RC 框架梁骨架曲线各特征点荷载模拟值及其与试验值之比

试件编号	屈服荷载		峰值荷载		极限荷载	
	模拟值/kN	模拟值/试验值	模拟值/kN	模拟值/试验值	模拟值/kN	模拟值/试验值
CL-1	40.47	1.02	45.73	1.05	38.87	1.05
CL-2	39.11	1.01	43.84	1.03	37.26	1.03
CL-3	39.02	1.02	43.70	1.07	37.15	1.07
CL-4	38.54	1.03	42.96	1.09	36.52	1.09
CL-5	37.53	1.03	41.40	1.07	35.19	1.07
DL-1	77.83	0.99	87.94	1.03	74.75	1.03
DL-2	75.22	0.99	84.30	1.02	71.66	1.02
DL-3	75.05	1.00	84.04	1.01	71.43	1.01
DL-4	74.46	1.00	83.13	1.02	70.66	1.02
DL-5	72.42	0.98	80.00	1.00	68.00	1.00
DL-6	74.05	0.98	83.42	1.02	70.91	1.02
DL-7	73.62	0.99	82.77	1.03	70.35	1.03
DL-8	72.94	1.00	81.72	1.04	69.46	1.04
DL-9	73.60	1.00	83.35	1.03	70.85	1.03
DL-10	72.08	0.99	80.01	1.04	68.01	1.04
DL-11	70.22	0.99	78.14	1.03	66.42	1.03

表 3.8　锈蚀 RC 框架梁骨架曲线各特征点位移模拟值及其与试验值之比

试件编号	屈服荷载		峰值荷载		极限荷载	
	模拟值/kN	模拟值/试验值	模拟值/kN	模拟值/试验值	模拟值/kN	模拟值/试验值
CL-1	12.08	1.07	50.72	0.95	65.26	1.03
CL-2	11.62	1.05	48.18	0.92	62.50	1.00
CL-3	11.59	1.06	47.97	0.94	62.18	1.02
CL-4	11.37	1.09	46.76	1.00	60.41	1.09
CL-5	10.93	1.12	44.23	1.02	56.70	1.07
DL-1	3.84	1.01	14.84	0.99	19.12	1.01
DL-2	3.69	1.00	14.10	0.95	18.31	1.00
DL-3	3.68	1.01	14.03	0.99	18.22	0.99
DL-4	3.63	1.01	13.81	0.99	17.89	1.02
DL-5	3.48	0.98	13.03	0.93	16.75	0.98
DL-6	3.59	1.01	13.07	0.91	17.28	0.99
DL-7	3.56	1.03	12.91	0.99	17.04	1.01
DL-8	3.51	1.00	12.65	1.05	16.66	1.06
DL-9	3.56	1.01	12.51	1.01	16.77	0.99
DL-10	3.44	0.98	11.93	0.99	15.92	1.00
DL-11	3.30	1.03	11.22	0.98	14.88	1.07

由表 3.7、表 3.8 和图 3.18 可以得出，各锈蚀 RC 框架柱试件屈服荷载、峰值荷载和极限荷载的模拟值与试验值之比的均值分别为 1.001、1.035、1.035，标准

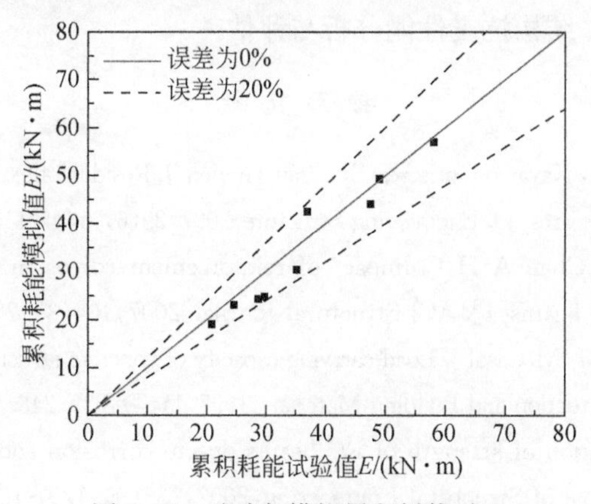

图 3.18　试验与模拟累积耗能对比

差分别为0.016、0.022、0.022；屈服位移、峰值位移、极限位移的模拟值与试验值之比的均值分别为1.029、0.976、1.021，标准差分别为0.038、0.038、0.033；各试件最终破坏时的累积耗能模拟值大都小于试验值，但误差基本不超过20%。表明基于本章建立的锈蚀RC框架梁恢复力模型，模拟所得各试件的骨架曲线以及耗能能力均与试验结果符合较好，能够较准确地反映锈蚀RC框架梁的滞回性能。

3.5 本章小结

为揭示近海大气环境下锈蚀RC框架梁的抗震性能退化规律，采用人工气候环境模拟技术，模拟近海大气环境对16榀RC框架梁试件进行加速腐蚀试验，进而进行拟静力加载试验，探讨了钢筋锈蚀程度、配箍率及剪跨比对RC框架梁各抗震性能指标的影响规律，得到如下结论：

(1)随着钢筋锈蚀程度增加，RC框架梁不同受力状态下的承载能力、变形能力和耗能能力不断降低，强度衰减和刚度退化逐渐加快；加载过程中，裂缝出现提前，水平裂缝数量减少，斜裂缝数量增多，裂缝间距变大，宽度变宽；试件破坏时剪切变形占比增大，变形能力逐渐变差。

(2)剪跨比相同、锈蚀程度相近时，随着配箍率的增加，锈蚀RC框架梁的承载能力、变形能力和耗能能力逐渐提高；配箍率相同、锈蚀程度相近时，随剪跨比增大，锈蚀RC框架梁的承载能力逐渐降低，但变形能力和耗能能力逐渐提高。

(3)结合试验结果与理论分析，建立了锈蚀RC框架梁塑性铰区弯矩-转角恢复力模型，并通过与试验结果对比发现：模拟所得各试件的滞回曲线、骨架曲线以及耗能能力均能与试验结果符合较好，表明所建立的锈蚀RC框架梁恢复力模型能够较准确地反映近海大气环境下锈蚀RC框架梁的力学与抗震性能，可用于近海大气环境下在役RC结构抗震性能分析与评估。

参考文献

[1] Torres-Acosta A A, Navarro-Gutierrez S, Terán-Guillén J. Residual flexure capacity of corroded reinforced concrete beams[J]. Engineering Structure, 2007, 29(6): 1145-1152.

[2] Du Y, Clark L A, Chan A H C. Impact of reinforcement corrosion on ductile behavior of reinforced concrete beams[J]. ACI Structural Journal, 2007, 104(3): 285-293.

[3] Rodriguez J, Ortega L M, Casal J. Load carrying capacity of concrete structures with corroded reinforcement[J]. Construction and Building Materials, 1997, 11(4): 239-248.

[4] Val D V. Deterioration of strength of RC beams due to corrosion and its influence on beam reliability[J]. Journal of Structural Engineering, 2007, 133(9): 1297-1306.

[5] Tachibana Y, Kajikawa Y, Kawamura M. The behaviour of RC beams damaged by corrosion

of reinforcement[J]. Proceedings of the Japan Society of Civil Engineers, 1989, 402: 105-114.

[6] 袁迎曙，贾福萍，蔡跃．锈蚀钢筋混凝土梁的结构性能退化模型[J]．土木工程学报，2001，34(3)：47-52.

[7] Otieno M, Beushausen H, Alexander M. Prediction of corrosion rate in reinforced concrete structures—A critical review and preliminary results[J]. Materials and Corrosion, 2012, 63(9): 777-790.

[8] 袁迎曙，章鑫森，姬永生．人工气候与恒电流通电法加速锈蚀钢筋混凝土梁的结构性能比较研究[J]．土木工程学报，2006，39(3)：42-46.

[9] 张伟平，王晓刚，顾祥林，等．加速锈蚀与自然锈蚀钢筋混凝土梁受力性能比较分析[J]．东南大学学报(自然科学版)，2006，36.

[10] 中华人民共和国住房和城乡建设部. 建筑抗震试验规程(JGJ/T 101—2015)[S]. 北京：中国建筑工业出版社，2015.

[11] 中华人民共和国住房和城乡建设部. 混凝土结构设计规范(2015 年版)(GB 50010—2010)[S]. 北京：中国建筑工业出版社，2015.

[12] 中华人民共和国住房和城乡建设部，中华人民共和国国家质量监督检验检疫总局. 建筑抗震设计规范(2016 年版)(GB 50011—2010)[S]. 北京：中国建筑工业出版社，2016.

[13] 中华人民共和国国家质量监督检验检疫总局，中国国家标准化管理委员会．金属材料 拉伸试验 第 1 部分：室温试验方法(GB/T 228. 1—2010)[S]. 北京：中国标准出版社，2010.

[14] 曾严红，顾祥林，张伟平，等．混凝土中钢筋加速锈蚀方法探讨[J]．结构工程师，2009，25(1)：101-105.

[15] 于伟忠，金伟良，高明赞．混凝土中钢筋加速锈蚀试验适用性研究[J]．建筑结构学报，2011，32(2)：41-47.

[16] 蒋连接，袁迎曙．反复荷载下锈蚀钢筋混凝土柱力学性能的试验研究[J]．工业建筑，2012，42(2)：66-69.

[17] 金伟良，袁迎曙，卫军，等．氯盐环境下混凝土结构耐久性理论与设计方法[M]．北京：科学出版社，2011.

[18] 吕营．型钢高强高性能混凝土框架节点的恢复力特性试验研究及分析[D]．西安：西安建筑科技大学，2008.

[19] Uomoto T, Misra S. Behavior of concrete beam and column in marine environment when corrosion of reinforcing bars takes place[J]. ACI Special Publication, 1988, 109: 127-145.

[20] 胡聿贤．地震工程学[M]．北京：地震出版社，2003.

[21] 姚谦峰，陈平．土木工程结构试验[M]．北京：中国建筑工业出版社，2007.

[22] Haselton C B, Goulet C A, Mitrani-Reiser J, et al. An assessment to benchmark the seismic performance of a code-conforming reinforced-concrete moment-frame building [R]. Berkeley: Pacific Earthquake Engineering Research Center, 2008.

[23] Lignos D G, Krawinkler H. Development and utilization of structural component databases for performance-based earthquake engineering[J]. Journal of Structural Engineering, ASCE, 2013, 139(8): 1382-1394.

[24] Ibarra L F, Krawinkler H. Global collapse of frame structures under seismic excitations[R]. Stanford:Stanford University,2005.

[25] Haselton C B, Liel A B, Lange S T, et al. Beam-column element model calibrated for predicting flexual response leading to global collapse of RC frame buildings[R]. Berkeley: University of California,PEER 2007/03,2008.

[26] Panagiotakos T B,Fardis M N. Deformation of reinforced concrete members at yielding and ultimate[J]. ACI Structural Journal,2010,98(2):135-148.

[27] Priestley M J N. Brief comments on elastic flexibility of reinforcement concrete frames and significance to seismic bdesign [J]. Bulletin of the New Zealand National Society for Earthquake Engineering,1998,31(4):246-259.

[28] 蒋欢军,吕西林. 钢筋混凝土梁对应于各地震损伤状态的侧向变形计算[J]. 结构工程师,2008,24(3):87-92.

[29] 朱志达,沈参璜. 在低周反复循环荷载作用下钢筋混凝土框架梁端抗震性能的试验研究(1)[J]. 北京工业大学学报,1985,(1):81-93.

[30] Mander J A B,Priestley M J N . Theoretical stress-strain model for confined concrete[J]. Journal of Structural Engineering,1988,114(8):1804-1826.

第4章 锈蚀RC框架柱抗震性能试验研究

4.1 引　　言

RC框架柱作为框架结构中的主要承重与抗侧力构件,受氯离子侵蚀后其力学性能退化将会直接影响整体结构的抗震性能。近年来,国内外学者对氯离子侵蚀下锈蚀RC框架柱的抗震性能已进行了一些研究[1-7]。例如,Lee等[2]通过6根不同锈蚀程度RC柱的拟静力试验,发现锈蚀RC柱性能退化的主要原因是锈蚀钢筋力学性能以及钢筋与混凝土黏结性能的退化;史庆轩等[1]、贡金鑫等[4]对锈蚀压弯RC试件进行拟静力试验,研究了钢筋锈蚀对试件抗震性能的影响。然而,以上试验均采用电化学方法对混凝土内部钢筋进行加速锈蚀。袁迎曙等[8]、张伟平等[9]通过试验发现,通电条件下与自然条件下的钢筋锈蚀机理以及锈蚀后钢筋表面特征明显不同,同等质量锈蚀率下,自然锈蚀条件下的钢筋力学性能退化更严重,而采用人工气候环境加速腐蚀,混凝土内钢筋锈蚀机理以及锈蚀后钢筋表面特征均与自然环境下基本相同。

鉴于此,本章依托西安建筑科技大学人工气候实验室,采用人工气候加速腐蚀技术模拟近海大气环境,对30榀RC框架柱进行了加速腐蚀试验,并对腐蚀后试件进行拟静力试验,系统地研究近海大气环境下钢筋锈蚀程度、轴压比以及配箍率变化对RC框架柱抗震性能的影响,并通过对试验研究结果进行回归分析,建立近海大气环境下锈蚀RC框架柱的宏观恢复力模型。研究成果将为近海大气环境下锈蚀RC框架结构的数值建模分析与抗震性能评估提供理论支撑。

4.2 试验内容及过程

4.2.1 试件设计

RC框架结构在地震作用下产生侧向变形,此时框架节点上、下柱段的反弯点可看作沿水平方向移动的铰,因此取框架节点至柱反弯点之间的柱段为研究对象,参考《建筑抗震试验规程》(JGJ/T 101—2015)[10]、《混凝土结构设计规范(2015年版)》(GB 50010—2010)[11]及《建筑抗震设计规范(2016年版)》(GB 50011—

2010)[12]，设计制作了 15 榀剪跨比 $\lambda=5$ 和 15 榀剪跨比 $\lambda=2.5$ 的框架柱试件，并对其锈蚀后抗震性能开展深入系统的研究。各试件的设计原型如图 4.1 所示，相应缩尺试件的设计参数为：柱截面尺寸 200mm×200mm，混凝土保护层厚度 10mm，截面采用对称配筋，每边配置 3Φ16，全部纵向钢筋配筋率为 3.02%；各试件具体尺寸和截面配筋形式如图 4.2 所示，具体设计参数见表 4.1 和表 4.2。

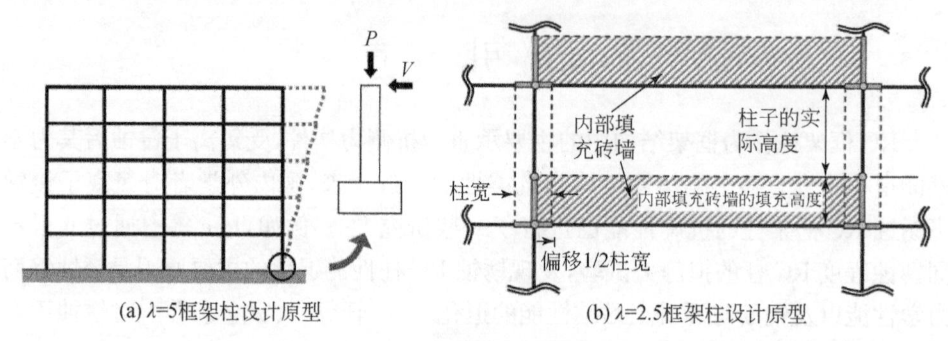

(a) λ=5框架柱设计原型　(b) λ=2.5框架柱设计原型

图 4.1　RC 框架柱设计原型

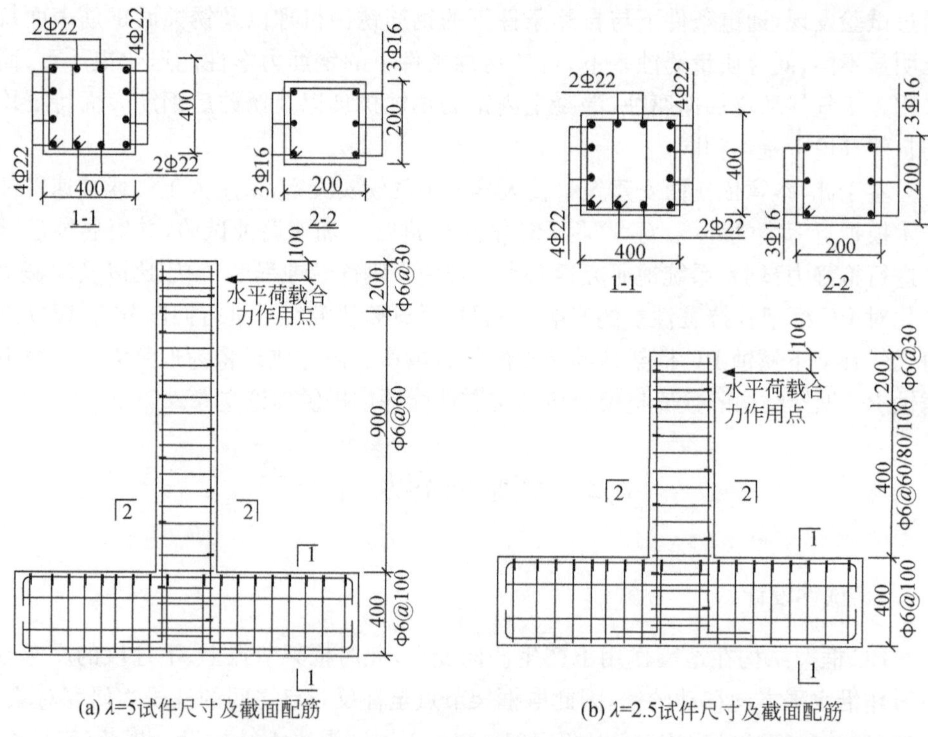

(a) λ=5试件尺寸及截面配筋　(b) λ=2.5试件尺寸及截面配筋

图 4.2　试件尺寸及截面配筋(单位：mm)

表 4.1　λ=5 框架柱试件设计参数

试件编号	轴压比 N/N_0	剪跨比 λ	箍筋形式	纵筋配筋率/%	锈胀裂缝宽度/mm
C-1	0.2	5	φ6@60	1.51	0.0
C-2	0.2	5	φ6@60	1.51	0.5
C-3	0.2	5	φ6@60	1.51	1.0
C-4	0.2	5	φ6@60	1.51	1.2
C-5	0.2	5	φ6@60	1.51	1.5
C-6	0.4	5	φ6@60	1.51	0.0
C-7	0.4	5	φ6@60	1.51	0.5
C-8	0.4	5	φ6@60	1.51	1.0
C-9	0.4	5	φ6@60	1.51	1.2
C-10	0.4	5	φ6@60	1.51	1.5
C-11	0.6	5	φ6@60	1.51	0.0
C-12	0.6	5	φ6@60	1.51	0.5
C-13	0.6	5	φ6@60	1.51	1.0
C-14	0.6	5	φ6@60	1.51	1.2
C-15	0.6	5	φ6@60	1.51	1.5

表 4.2　λ=2.5 框架柱试件设计参数

试件编号	轴压比 N/N_0	剪跨比 λ	配箍形式	纵筋配筋率/%	锈胀裂缝宽度/mm
DZ-1	0.2	2.5	φ6@60	1.51	0.0
DZ-2	0.2	2.5	φ6@60	1.51	0.5
DZ-3	0.2	2.5	φ6@60	1.51	1.0
DZ-4	0.2	2.5	φ6@60	1.51	1.2
DZ-5	0.2	2.5	φ6@60	1.51	1.5
DZ-6	0.2	2.5	φ6@80	1.51	0.0
DZ-7	0.2	2.5	φ6@80	1.51	0.5
DZ-8	0.2	2.5	φ6@80	1.51	1.0
DZ-9	0.2	2.5	φ6@80	1.51	1.2
DZ-10	0.2	2.5	φ6@80	1.51	1.5
DZ-11	0.2	2.5	φ6@100	1.51	0.0
DZ-12	0.2	2.5	φ6@100	1.51	0.5
DZ-13	0.2	2.5	φ6@100	1.51	1.0
DZ-14	0.2	2.5	φ6@100	1.51	1.2
DZ-15	0.2	2.5	φ6@100	1.51	1.5

4.2.2 材料力学性能

试验中各试件混凝土设计强度等级为C30,采用P. O 32.5R水泥配制。试件制作同时,浇筑尺寸为150mm×150mm×150mm的标准立方体试块,用于量测混凝土28天的抗压强度。根据标准立方体试块的材性试验,得到混凝土的力学性能为:立方体抗压强度 f_{cu}=24.6MPa,轴心抗压强度 f_c=18.0MPa,弹性模量 E_c=2.85×10^4MPa。各试件纵筋均采用HRB335钢筋,箍筋均采用HPB300钢筋。按照《金属材料 拉伸试验 第1部分:室温试验方法》(GB/T 228.1—2010)[13]对其进行材性试验,测得纵筋及箍筋的力学性能参数如表4.3所示。

表4.3 钢筋的力学性能参数

钢材种类	型号	屈服强度 f_y/MPa	极限强度 f_u/MPa	弹性模量 E_s/MPa
梁纵筋	Φ16	373	486	2.0×10^5
梁箍筋	ϕ6	305	420	2.1×10^5

4.2.3 加速腐蚀试验方案

人工气候环境试验技术能够模拟自然环境的气候作用过程,使混凝土内钢筋锈蚀具有与自然环境相同的电化学机理及锈蚀后表面特征,且能够达到加速锈蚀的目的,因此,本试验通过人工气候实验室对试件进行腐蚀试验,并通过设定实验室内的环境参数以模拟近海大气环境,并达到加速腐蚀试件的效果。RC框架柱与第3章RC框架梁属于同一批次试验,其人工气候实验室参数设置与RC框架梁腐蚀试验相同,故在此不再赘述。

在RC框架柱加速腐蚀试验过程中,本节通过试件沿纵筋方向的平均锈胀裂缝宽度控制钢筋锈蚀程度。相对于钢筋锈蚀率,试件表面的锈胀裂缝更易观测,且钢筋锈蚀率与锈胀裂缝近似呈线性关系[4-14],因此,采用纵筋的平均锈胀裂缝宽度能够较直观地反映纵筋锈蚀程度。

4.2.4 拟静力加载及量测方案

1. 试验加载装置

为尽可能真实模拟RC框架柱在地震作用下的实际受力状况,采用悬臂柱式加载方法对各腐蚀试件进行拟静力加载试验。在加载过程中,通过地脚螺栓将试件固定于地面,竖向荷载通过100t液压千斤顶施加,水平低周往复荷载通过固定于反力墙上的500kN电液伺服作动器施加,并通过传感器控制水平推拉位移,整个低周反复加载过程由MTS电液伺服试验系统控制。试件加载装置示意图如图4.3所示。

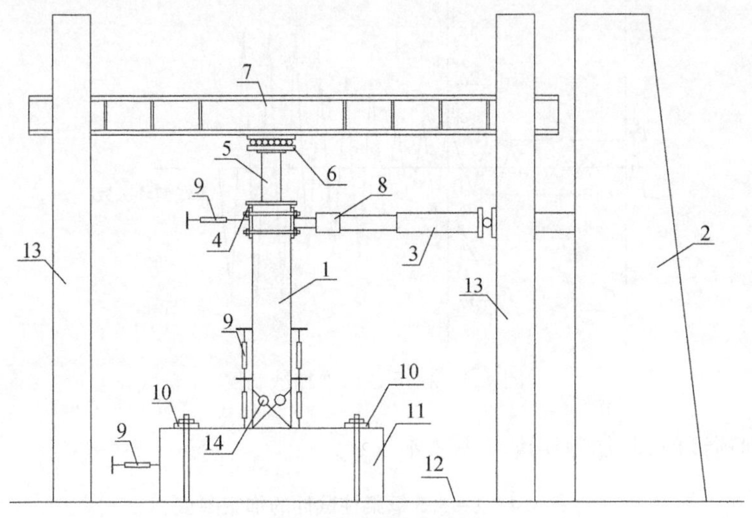

图4.3 试验装置图

1. 试件;2. 反力墙;3. 作动器;4. 垫板;5. 千斤顶+传感器;6. 平面滚轴系统;7. 反力梁;8. 传感器;9. 位移计;10. 螺栓;11. 底座;12. 地面;13. 门架;14. 百分表

2. 试验加载程序

根据《建筑抗震试验规程》(JGJ/T 101—2015)[10]的规定,正式加载前,分别对各试件进行两次预加反复荷载,以检验并校准加载装置及量测仪表;正式进行低周反复加载时,根据试验目的和试件特征,对剪跨比为5和2.5的框架柱试件,分别采用不同的水平加载制度,其具体加载制度如下。

(1)$\lambda=5$框架柱加载制度。

对于剪跨比为5的框架柱试件,采用荷载、位移混合加载制度。加载时,首先施加柱顶轴压力至设定轴压比,并使柱顶轴向力N在试验过程中保持不变,然后在柱上端施加水平往复荷载P,试件屈服以前,采用荷载控制并分级加载,荷载增量为5kN,每级控制荷载往复循环1次;加载至柱底纵向钢筋屈服后,以纵向钢筋屈服时对应的柱顶位移为级差进行位移控制加载,每级控制位移循环3次;当加载到试件明显失效或试件破坏明显时停止加载,试验加载制度如图4.4所示。

(2)$\lambda=2.5$的框架柱加载制度。

对于剪跨比为2.5的框架柱试件,由于其破坏模式为弯剪或剪弯型,具有明显的脆性破坏特征且加载过程中没有明确的屈服点,故采用位移控制的变幅加载制度对其进行往复加载。加载时,首先施加柱顶轴压力至设定轴压比,并使柱顶轴向力N在试验过程中保持不变,然后在柱上端施加水平往复荷载P,使柱顶水平位

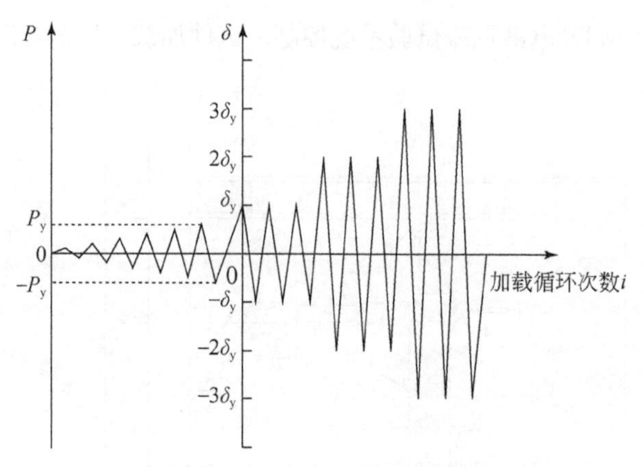

图 4.4 $\lambda=5$ 柱试件加载制度

移Δ达到预设值，其加载制度见表 4.4。

表 4.4 $\lambda=2.5$ 框架柱试件的加载制度

指标	Δ_1	Δ_2	Δ_3	Δ_4	Δ_5	Δ_6	Δ_7	Δ_8	Δ_9
位移/mm	0.3	0.9	1.5	1.8	2.1	2.4	2.7	3.0	4.5
加载循环次数	1	1	1	1	1	1	3	3	3
指标	Δ_{10}	Δ_{11}	Δ_{12}	Δ_{13}	Δ_{14}	Δ_{15}	Δ_{16}	Δ_{17}	
位移/mm	6.0	7.5	9.0	12.0	15.0	18.0	21.0	24.0	
加载循环次数	3	3	3	3	3	3	3	3	

3. 测点布置及测试内容

为获取揭示锈蚀 RC 框架柱地震损伤破坏特征与机理，以及其抗震性能退化规律的相关试验数据，拟静力加载过程中，在柱顶设置竖向压力传感器和水平拉压传感器，以测定作用在柱顶的轴向压力 N 及水平推力 P；在柱底一定范围内的纵筋及箍筋上布置电阻应变片，以考察试件控制截面上纵筋及箍筋在试件整个受力过程中的应变发展情况；通过设置的位移计和百分表量测柱底塑性铰区的剪切变形、弯曲变形以及柱顶、柱底水平位移，相应的位移计及百分表布置如图 4.3 所示。

4.3 试验现象及结果分析

4.3.1 腐蚀效果及现象描述

1. 试件锈蚀现象

试件放入人工气候实验室后，定期进入实验室内观测试件表面锈胀裂缝发展情况，加速锈蚀时间由试件表面锈胀裂缝宽度确定。试件加速锈蚀的过程中，采用精度为 0.01mm，量程为 0～10mm 的裂缝观测仪对试件表面沿纵筋方向的锈胀裂缝宽度进行量测，并取裂缝宽度平均值作为该试件的锈胀裂缝宽度，当其达到设计锈蚀程度所对应的裂缝宽度后(表 4.1 和表 4.2)，停止对相应试件进行腐蚀。

经过腐蚀试验后，不同设计锈蚀程度试件表面锈胀裂缝形态如图 4.5 所示。可以看出，试件表面锈胀裂缝主要沿纵筋和箍筋方向发展，锈胀裂缝在试件四周表面分布并不一致，试件角部沿纵筋方向的锈胀裂缝宽度较宽，长度较长。这主要是由于试验过程中，角部纵向钢筋受到来自试件相邻两个面的氯离子侵蚀，从而使角部纵向钢筋的锈蚀程度相对较大。同时，试验中还发现，沿纵筋方向的平均锈胀裂缝宽度大于沿箍筋方向的平均锈胀裂缝宽度，其原因为：锈胀裂缝宽度不仅与钢筋锈蚀程度有关，还和保护层厚度与钢筋直径之比 c/d 有关，锈蚀程度相近时，c/d 越小，锈胀裂缝宽度越大。

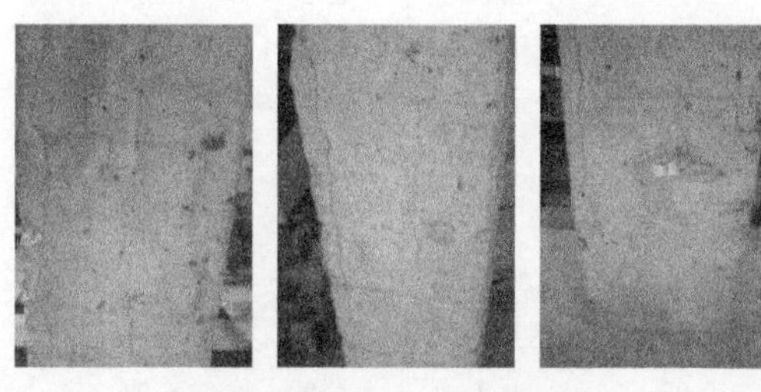

图 4.5　试件表观裂缝

拟静力试验结束后将试件破碎(图 4.6)，以观测钢筋的实际锈蚀现象。由图可以看出，同一试件中箍筋锈蚀程度较纵筋显著；钢筋骨架靠近保护层一侧钢筋锈蚀较严重，部分钢筋变形肋已严重损失；主筋和箍筋交接部位，箍筋内侧及对应面主筋锈蚀发展较轻，而交接部位箍筋外侧和主筋其他部位锈蚀发展较重。将锈蚀后钢筋取出，观察钢筋表面形态可以发现锈蚀钢筋表面出现一些小的凹坑，即钢筋表面发生坑蚀现象。这一现象表明，通过人工气候试验加速腐蚀的钢筋具有典型的氯离子侵蚀特征，能够得到与自然近海大气环境条件下相似的锈蚀效果。

图 4.6　破损后钢筋局部锈蚀情况

2. 钢筋锈蚀率

为获得各试件内部钢筋的实际锈蚀情况，拟静力加载试验完成后，将混凝土敲碎，取出各试件塑性铰区域内的箍筋及纵筋各 3 根，用稀释的盐酸溶液除去钢筋表面的锈蚀产物，再用清水洗净、擦干，待其完全干燥后用电子天平称重，同时量测其长度，并据此计算锈蚀后钢筋单位长度的重量，进而按照式(2-1)计算其实际锈蚀率。为减少量测结果的误差，分别取各试件内纵筋和箍筋的平均锈蚀率作为其实际锈蚀率，相应的量测结果见表 4.5。

表 4.5 锈蚀 RC 框架柱试件钢筋实际锈蚀率

试件编号	箍筋锈蚀率/%	纵筋锈蚀率/%	裂缝宽度/mm	试件编号	箍筋锈蚀率/%	纵筋锈蚀率/%	裂缝宽度/mm
DZ-1	0	0	0	C-1	0	0	0
DZ-2	3.51	2.13	0.5	C-2	3.94	2.36	0.5
DZ-3	5.82	3.56	1.0	C-3	5.62	3.73	1.0
DZ-4	7.72	4.83	1.2	C-4	7.72	5.23	1.2
DZ-5	9.03	5.61	1.5	C-5	9.43	5.97	1.5
DZ-6	0	0	0	C-6	0	0	0
DZ-7	3.23	2.17	0.5	C-7	4.21	2.44	0.5
DZ-8	5.94	3.43	1.0	C-8	5.68	3.81	1.0
DZ-9	7.51	4.92	1.2	C-9	6.94	5.02	1.2
DZ-10	9.68	5.81	1.5	C-10	9.60	6.20	1.5
DZ-11	0	0	0	C-11	0	0	0
DZ-12	3.19	2.16	0.5	C-12	4.09	2.18	0.5
DZ-13	5.71	3.46	1.0	C-13	5.66	3.58	1.0
DZ-14	7.63	5.10	1.2	C-14	7.26	5.33	1.2
DZ-15	9.73	6.26	1.5	C-15	10.8	6.43	1.5

由表 4.5 可以看出，不同设计锈胀裂缝宽度下，纵筋和箍筋的平均锈蚀率均随着设计裂缝宽度的增加而增大，且近似呈线性变化；相同设计锈胀裂缝宽度下，箍筋的平均锈蚀率明显高于纵筋，这是由于箍筋直径较小，且距混凝土外表面的距离较短，氯离子侵蚀深度达到箍筋表面，开始对箍筋锈蚀产生作用时，纵筋还未受到外界氯离子侵蚀作用影响。

4.3.2 试件破坏特征分析

1. $\lambda=5$ 框架柱破坏特征

整个加载过程中，$\lambda=5$ 框架柱试件的破坏过程相似，均经历了弹性、弹塑性和破坏三个阶段。加载初期，试件处于弹性工作状态，当柱顶水平荷载达到 20～30kN 时，柱底受拉区混凝土出现第一条水平裂缝。此后，随往复荷载的增大，在柱底约 300mm 范围内相继出现若干条水平裂缝，并沿水平方向不断延伸，裂缝宽度不断加宽。当柱顶水平荷载达到 40～60kN 时，柱底部纵向受拉钢筋屈服，试件进入弹塑性工作状态，此时加载方式由力控制改为位移控制。随着柱顶水平位移增大，柱底部水平裂缝数量不再增加，但裂缝宽度增加较快。当柱顶水平位移达到 15～25mm 时，水平荷载达到峰值，此后试件进入破坏阶段。随着柱顶水平位移继续增大，水平荷载逐渐下降，柱底部受压侧混凝土出现竖向裂缝，并逐渐向上延伸，受压区混凝土破碎面积逐渐增大。最终，由于试件底部混凝土受压破碎而剥落，纵筋压曲，柱顶水平荷载显著下降，试件宣告破坏。加载过程中，各试件均呈现典型的弯曲破坏特征，其最终破坏形态如图 4.7 所示。

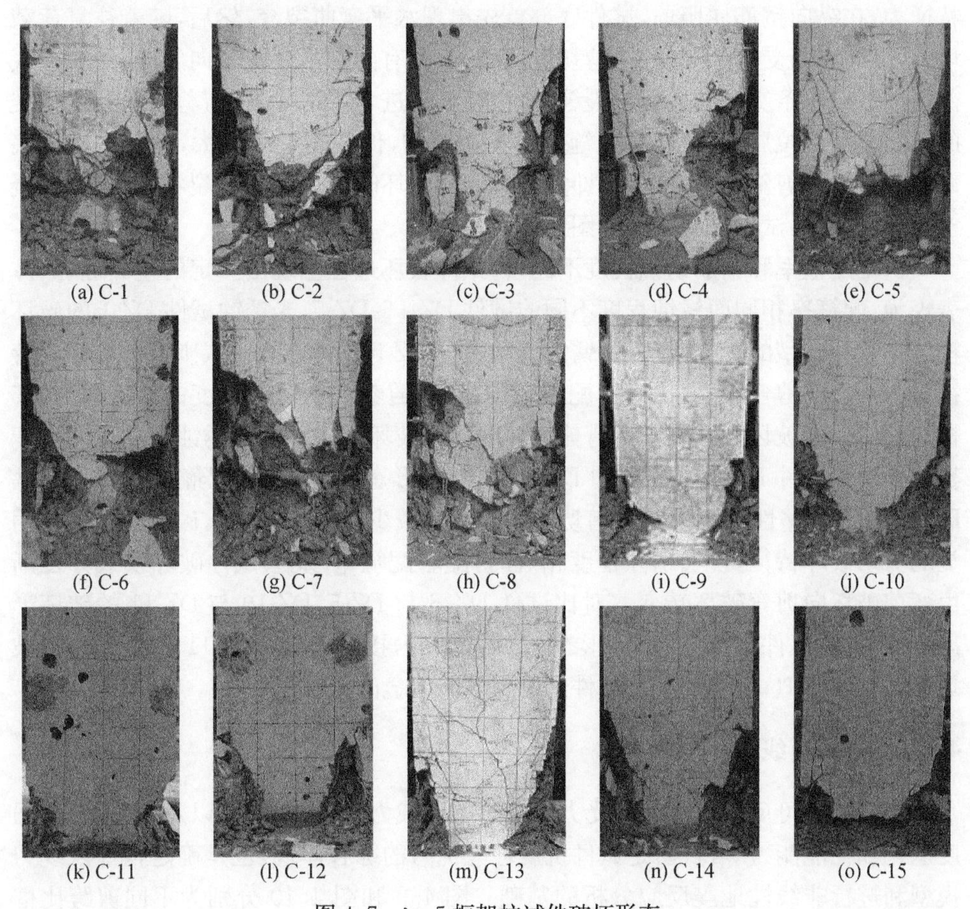

(a) C-1　(b) C-2　(c) C-3　(d) C-4　(e) C-5

(f) C-6　(g) C-7　(h) C-8　(i) C-9　(j) C-10

(k) C-11　(l) C-12　(m) C-13　(n) C-14　(o) C-15

图 4.7　$\lambda=5$ 框架柱试件破坏形态

此外，由于轴压比和锈蚀程度不同，各试件破坏过程又呈现出一定的差异，表现为：锈蚀程度相同，轴压比较大试件开裂时的柱顶水平荷载较大，且开裂后水平裂缝发展速率较慢，长度较短，表明轴压力能够推迟试件裂缝的产生并在一定程度减缓裂缝开展。轴压比相同时，锈蚀程度较小的试件开裂时其柱顶水平荷载相对较大，且随锈蚀程度的增大，开裂后柱底部水平裂缝的数量减少，水平裂缝之间的间距增大，裂缝宽度亦增大。这主要是由于纵向钢筋锈蚀削弱了钢筋与混凝土之间的黏结性能，使钢筋中应力通过黏结应力传递给混凝土时所需传力长度增大，从而导致裂缝间距的增大，裂缝宽度与裂缝间距成正比，因此裂缝宽度也增大。

2. $\lambda=2.5$ 框架柱破坏特征

剪跨比 $\lambda=2.5$ 框架柱试件在往复荷载作用下主要发生弯剪型破坏。其破坏特征为：在纵向钢筋屈服前，试件底部首先出现水平弯曲裂缝；然后，随着往复荷载增大，纵向钢筋受拉屈服，柱中剪切作用增强，已有的水平裂缝斜向发展，并在柱底部逐渐形成多条交叉的剪切斜裂缝；当往复荷载进一步增大后，与剪切斜裂缝相交的箍筋逐渐受拉屈服，剪切斜裂缝数量不再增加，但宽度继续增大，并最终在柱底部形成一条主剪斜裂缝，试件随即宣告破坏。破坏时柱表面呈龟裂状，保护层混凝土部分剥落，各试件破坏形态如图 4.8 所示。

由于配箍率和钢筋锈蚀程度不同，各试件破坏过程呈现出一定的差异性，具体表现为：配箍率相同而锈蚀程度不同的试件 DZ-1～DZ-5，未锈蚀试件 DZ-1 的破坏模式是较为典型的弯剪破坏，而锈蚀程度较重 DZ-5 试件破坏模式则为剪切破坏特征更为明显的剪弯破坏，这说明配箍率相同时，随着钢筋锈蚀程度的增加，$\lambda=2.5$ 框架柱试件的破坏模式逐渐由弯剪破坏向剪弯破坏转变。对比锈蚀程度相近而配箍率不同的试件 DZ-5、DZ-10 和 DZ-15 的破坏形态可以发现，配箍率较低的试件 DZ-15 柱底部塑性铰区“×型”剪切斜裂缝数量较少，但宽度较宽，破坏模式呈现明显的剪切破坏特征，说明锈蚀程度相近时，随着配箍率减小，试件破坏模式亦逐渐由弯剪破坏向剪弯破坏转变。对比试件 DZ-6 与 DZ-5、DZ-10 与 DZ-11 的破坏形态可以发现，试件 DZ-5 的破坏形态与 DZ-6 较为接近，试件 DZ-11 与 DZ-10 的破坏形态较为相似，表明锈蚀后试件的抗剪性能明显降低。

4.3.3 滞回曲线

滞回曲线可反映试件不同受力状态下的承载力与变形特性，以及刚度衰减、强度退化和耗能能力等特性，是试件抗震性能优劣的综合体现，也是确定构件恢复力模型和进行非线性地震反应分析的基础。图 4.9 和图 4.10 分别为不同剪跨比框架柱试件的滞回曲线。

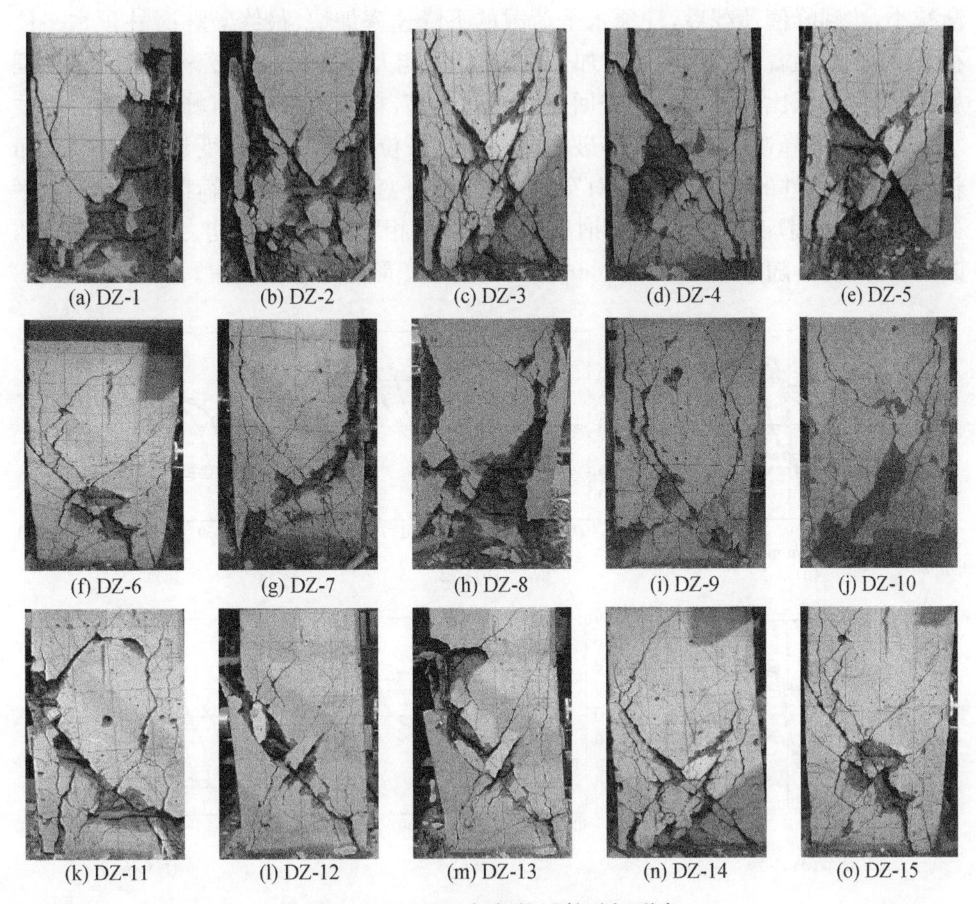

(a) DZ-1　(b) DZ-2　(c) DZ-3　(d) DZ-4　(e) DZ-5

(f) DZ-6　(g) DZ-7　(h) DZ-8　(i) DZ-9　(j) DZ-10

(k) DZ-11　(l) DZ-12　(m) DZ-13　(n) DZ-14　(o) DZ-15

图 4.8　$\lambda=2.5$ 框架柱试件破坏形态

1. $\lambda=5$ 框架柱滞回性能

剪跨比为5框架柱试件的滞回曲线如图4.9所示。可以看出，在整个加载过程中，各试件的滞回性能基本相同，试件屈服前，滞回曲线近似呈直线，加卸载刚度均无明显退化，卸载后基本无残余变形，滞回耗能较小；试件屈服后，随柱顶水平位移增加，试件的加卸载刚度逐渐减小，卸载后残余变形增大，滞回环面积亦增大，形状近似呈梭形，无明显的捏拢现象，表明试件具有较好的耗能能力；达到峰值荷载后，随着柱顶水平位移的增大，试件加卸载刚度退化更加明显，卸载后残余变形逐渐增大，但滞回环仍呈梭形，试件仍具有较好的耗能能力。

由于钢筋锈蚀程度和轴压比不同，各试件在加载过程中又表现出不同的滞回性能：相同轴压比下，随着锈蚀程度的增大，试件滞回环丰满程度和滞回环面积逐渐减小，达到峰值荷载后，柱顶水平荷载的下降速率加快，最终破坏时柱顶水平位移减小，表明随着锈蚀程度的增加，试件的耗能能力和变形能力逐渐变差。锈蚀程度相同时，轴压比较小试件的滞回曲线相对丰满，耗能能力较好，峰值荷载后柱顶水平荷载的下降速率较慢，最终破坏时柱顶水平位移相对较大，变形能力较好；而轴压比较大试件的滞回曲线相对窄小，耗能能力变差，达到峰值荷载后，柱顶水平荷载的下降速率较快，最终破坏时柱顶水平位移相对较小，变形能力较差。表明锈蚀程度相同时，随轴压比的增大，试件的耗能和变形能力逐渐变差。

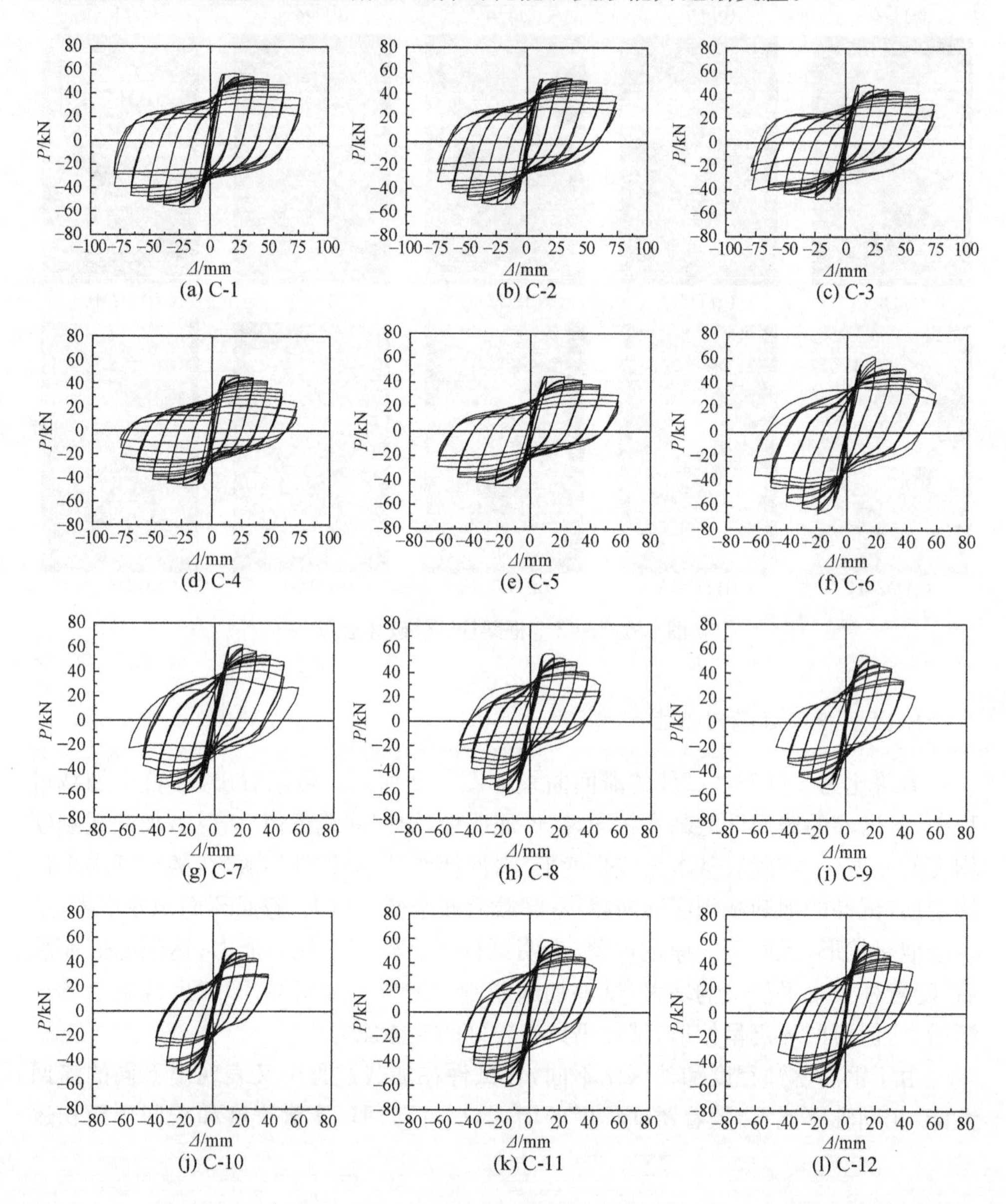

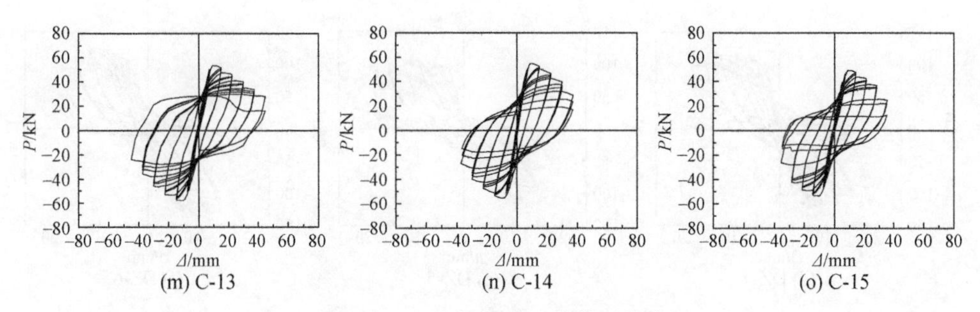

图 4.9　λ=5 框架柱试件滞回曲线

2. λ=2.5 框架柱滞回性能

剪跨比为 2.5 框架柱试件滞回曲线如图 4.10 所示。可以看出，加载初期，各试件的滞回曲线基本呈直线变化，刚度无明显退化，卸载后几乎无残余变形，滞回环面积较小；随着往复荷载增加试件屈服进入塑性阶段，各试件的滞回曲线由直线转变为梭形，加载刚度和卸载刚度逐渐减小，卸载后残余变形增大，滞回环面积增大；峰值位移之后，各试件的滞回曲线出现明显的捏拢现象，滞回环形状向反弓形发展，加载刚度和卸载刚度退化更加明显，滞回环包围的面积逐渐减小。

由于钢筋锈蚀程度和配箍率不同，剪跨比为 2.5 的各框架柱试件在加载过程中又表现出不同的滞回性能：配箍率相同时，随着钢筋锈蚀程度的增大，各试件屈服平台逐渐减小，滞回环的捏拢现象更加明显，并由此导致滞回环包围的面积逐渐减小，表明随着锈蚀程度的增大，试件的耗能能力和变形能力变差，剪切破坏特征更加明显。钢筋锈蚀程度相似时，配箍率较大试件的屈服平台较长，滞回环包围的面积也相对较大；而配箍率较小试件的屈服平台较短，滞回环捏拢现象更加明显且包围的面积相对较小。表明锈蚀程度相同时，随着配箍率的减小，剪跨比为 2.5 的各框架柱试件的耗能能力和变形能力亦逐渐变差，剪切破坏特征亦趋向明显。

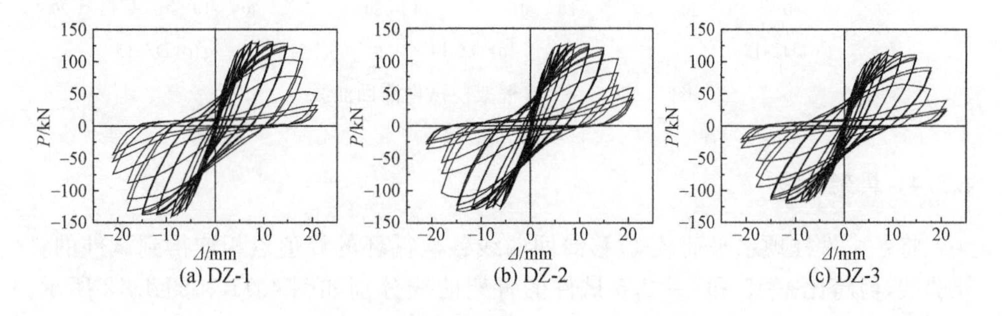

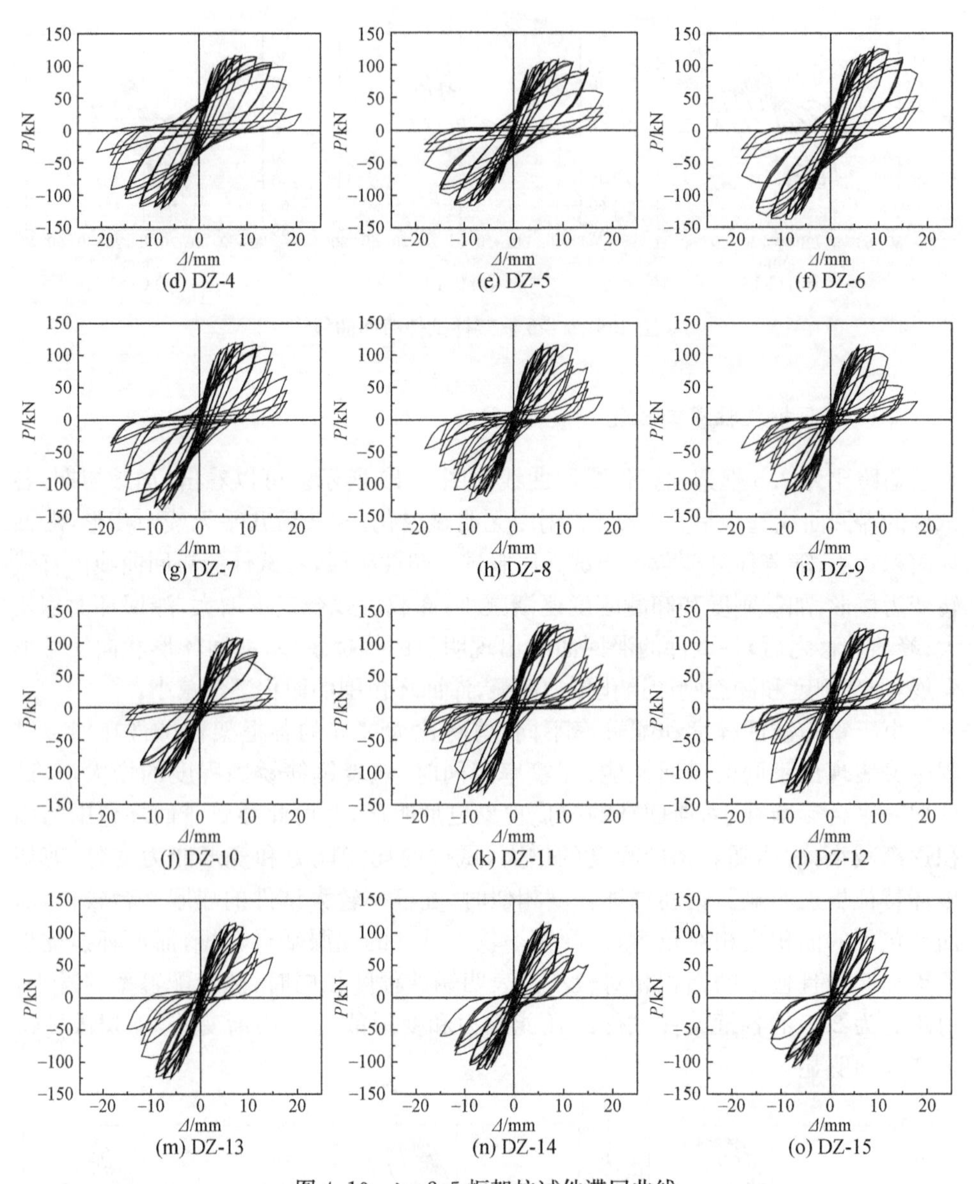

图 4.10　$\lambda=2.5$ 框架柱试件滞回曲线

4.3.4 骨架曲线

将各试件柱顶水平荷载-位移滞回曲线各次循环的峰值点相连得到试件的骨架曲线，剪跨比 $\lambda=5$ 和 $\lambda=2.5$ 试件的骨架曲线分别如图 4.11 和图 4.12 所示。取同一循环下正负方向荷载和位移的平均值得到试件的平均骨架曲线，并据此得到各试件骨架曲线的特征点。

1. $\lambda=5$ 框架柱骨架曲线

由图 4.11(a)～(c)可以看出，锈蚀后各试件的屈服荷载、峰值荷载和极限荷载均低于未锈蚀试件，且随锈蚀程度增加，试件各荷载特征值呈降低趋势，对于锈蚀程度较大的试件 C-10，其峰值荷载较未锈蚀试件 C-6 降低了约 18%；试件未屈服前，各试件的刚度相差不大；试件屈服后，锈蚀后各试件刚度及承载力退化明显；超过峰值荷载后，随锈蚀程度的增加，试件骨架曲线下降段逐渐变陡，最终破坏时的柱顶水平位移逐渐减小，表明试件的变形能力变差。

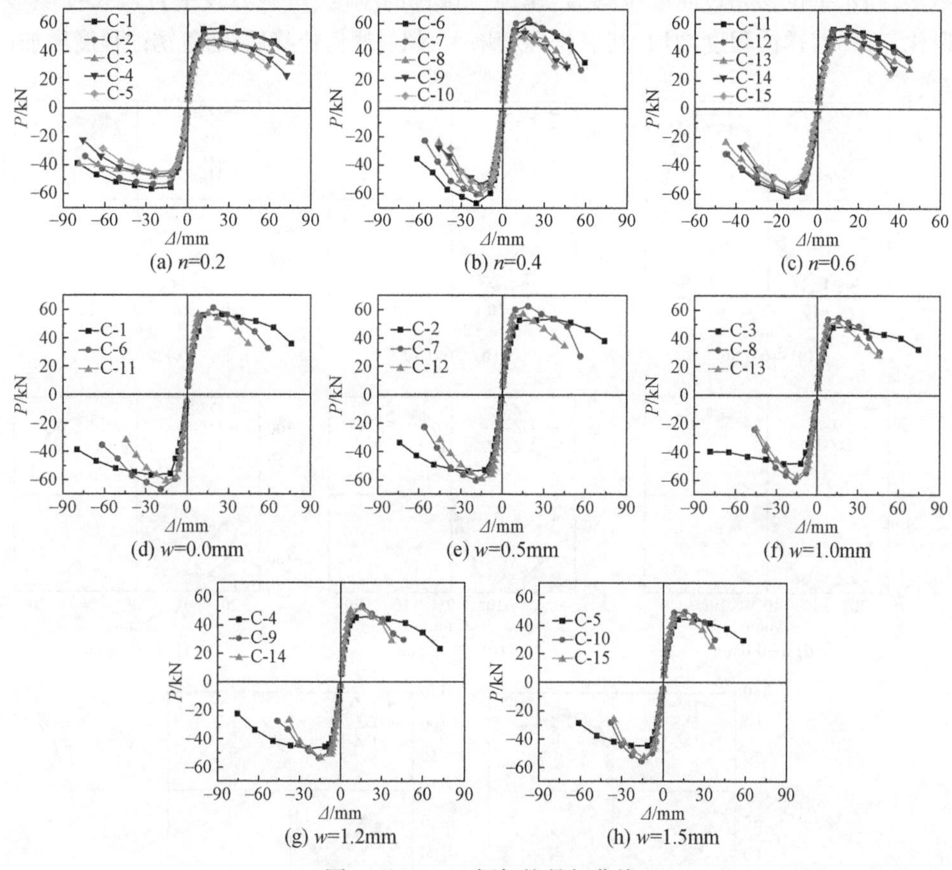

图 4.11　$\lambda=5$ 框架柱骨架曲线

由图 4.11(d)～(h)可以看出，当锈蚀程度相同时，随轴压比的增大，试件的初始刚度略有增大，但骨架曲线的平直段变短，下降段变陡，表明试件的变形能力逐渐变差。对比图 4.11(d)～(h)中各试件的峰值荷载发现，其峰值荷载并未随轴压比的增大而增大,轴压比为 0.6 试件的峰值荷载略低于轴压比为 0.4 的试件。这是由于轴压比较大的试件,其破坏形态属于小偏心受压破坏,在较大轴压比下,柱底部截面受弯承载力降低。

2. $\lambda=2.5$ 框架柱骨架曲线

对比图 4.12(a)~(c)中各试件的骨架曲线可以发现,相同配箍率下,锈蚀试件的骨架曲线基本被未锈蚀试件所包含,即锈蚀试件的屈服荷载、峰值荷载和极限荷载均低于未锈蚀试件,且随锈蚀程度增加,试件各荷载特征值逐渐降低,表明钢筋锈蚀导致了试件承载力退化;当柱顶水平位移小于屈服位移时,各试件的刚度相差不多;当水平位移超过屈服位移后,锈蚀后试件的刚度、承载力及平台段长度明显退化,且随着锈蚀程度增加,其退化程度增大;超过峰值位移后,随着锈蚀程度增加,

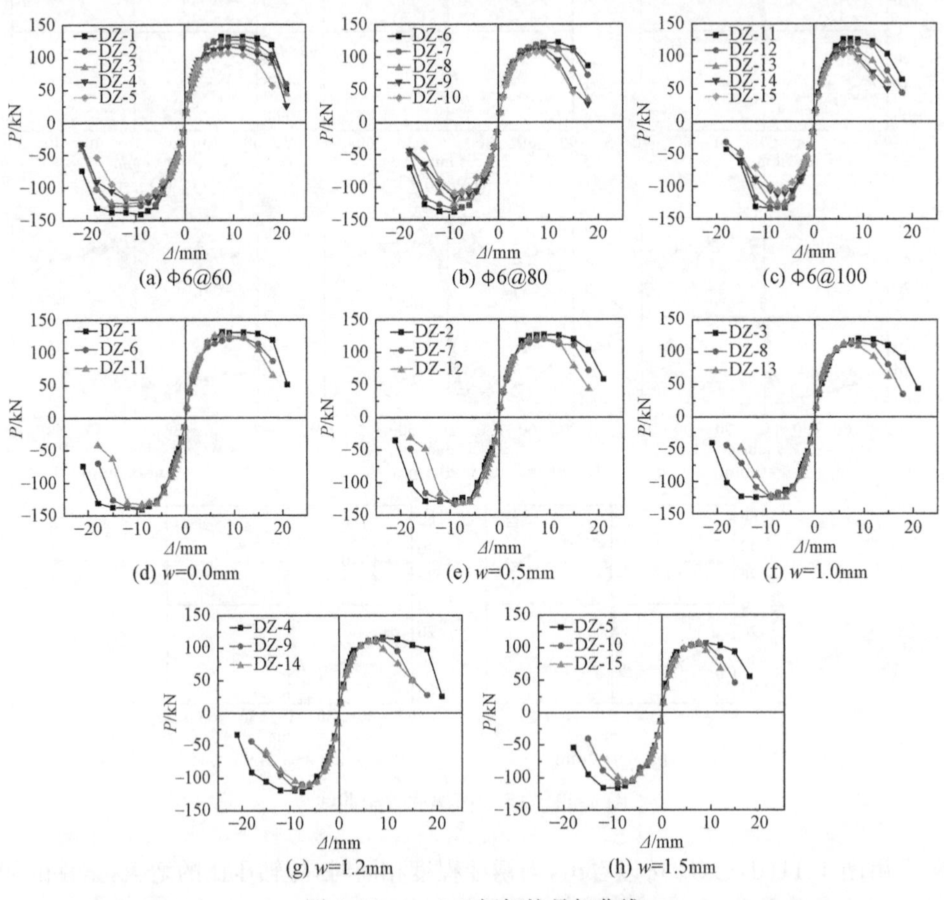

(a) Φ6@60　(b) Φ6@80　(c) Φ6@100

(d) w=0.0mm　(e) w=0.5mm　(f) w=1.0mm

(g) w=1.2mm　(h) w=1.5mm

图 4.12　$\lambda=2.5$ 框架柱骨架曲线

试件骨架曲线下降段逐渐变陡，表明钢筋锈蚀导致试件的变形能力及延性变差。此外，由图 4.12(d)～(h)可以看出，当钢筋的锈蚀程度相近时，配箍率较小试件的屈服荷载、峰值荷载及极限荷载均小于配箍率较大试件，且随着配箍率的减小，各试件骨架曲线的平直段逐渐减小，下降段逐渐变陡。

4.3.5　变形能力

RC 框架柱试件的变形能力可以通过屈服位移、峰值位移、极限位移以及位移延性系数等指标进行衡量，其中，位移延性系数 μ 可表示为

$$\mu=\Delta_u/\Delta_y \tag{4-1}$$

式中，Δ_u、Δ_y 分别为试件的极限位移和屈服位移。其中，极限位移取平均骨架曲线上荷载值下降至峰值荷载 85%时对应的柱顶水平位移，屈服位移按 3.3.4 节所述的能量等效法确定。表 4.6 和表 4.7 分别给出了不同剪跨比下各试件在不同受力状态下的柱顶水平位移以及位移延性系数。

表 4.6　$\lambda=5$ 框架柱试件的骨架曲线特征参数与耗能特性

试件编号	屈服点		峰值点		极限点		μ	ξ_c	ξ_u
	P_y/kN	Δ_y/mm	P_c/kN	Δ_c/mm	P_u/kN	Δ_u/mm			
C-1	49.72	9.18	56.50	25.59	48.03	63.77	6.95	1.65	2.63
C-2	46.91	9.09	53.38	24.69	45.37	62.70	6.89	1.58	2.51
C-3	41.10	8.70	48.12	24.24	40.91	59.53	6.84	1.54	2.41
C-4	42.65	8.14	46.54	23.36	39.56	51.93	6.38	1.51	2.37
C-5	39.37	7.54	44.83	22.81	38.11	46.46	6.16	1.43	2.02
C-6	57.39	9.14	63.86	19.07	54.28	39.27	4.30	1.28	1.97
C-7	56.40	9.07	61.41	18.80	52.20	37.81	4.17	1.23	1.89
C-8	54.25	8.50	57.45	15.92	48.83	31.38	3.69	1.22	1.87
C-9	49.32	8.11	53.93	15.72	45.84	29.55	3.64	1.19	1.84
C-10	49.48	8.04	52.52	15.60	44.64	28.48	3.54	1.18	1.81
C-11	57.16	7.84	59.08	15.28	50.22	31.15	3.97	1.27	2.02
C-12	55.94	7.57	58.15	14.82	49.42	27.71	3.66	1.18	1.96
C-13	50.56	7.47	54.65	14.82	46.45	25.86	3.46	1.17	1.85
C-14	50.27	7.41	52.86	14.78	44.93	25.30	3.41	1.17	1.82
C-15	46.79	7.38	50.28	14.08	42.74	24.57	3.33	1.15	1.78

表 4.7 $\lambda=2.5$ 框架柱试件的骨架曲线特征参数与耗能特性

试件编号	屈服点		峰值点		极限点		μ	ξ_c	ξ_u
	P_y /kN	Δ_y /mm	P_c /kN	Δ_c /mm	P_u /kN	Δ_u /mm			
DZ-1	118.38	5.13	135.68	14.99	115.32	18.47	3.60	0.38	0.74
DZ-2	114.03	4.95	127.25	15.00	108.16	17.71	3.58	0.37	0.70
DZ-3	107.02	4.89	122.35	12.00	103.99	16.90	3.46	0.32	0.66
DZ-4	102.31	4.73	117.65	12.00	100.01	15.70	3.32	0.31	0.61
DZ-5	94.00	4.55	111.47	11.99	94.75	14.96	3.29	0.30	0.56
DZ-6	111.09	4.93	129.30	12.03	109.90	15.70	3.18	0.36	0.68
DZ-7	110.39	4.85	126.69	12.01	107.69	15.32	3.16	0.34	0.64
DZ-8	105.13	4.27	120.33	9.00	102.28	12.67	2.97	0.32	0.60
DZ-9	99.53	4.01	114.80	8.99	97.58	11.55	2.88	0.30	0.55
DZ-10	88.73	3.96	106.26	7.45	90.32	11.23	2.83	0.26	0.51
DZ-11	110.44	4.18	129.23	9.01	109.84	13.15	3.15	0.34	0.61
DZ-12	107.95	4.10	125.93	9.01	107.04	12.57	3.07	0.33	0.53
DZ-13	101.07	3.86	120.16	7.49	102.14	10.69	2.77	0.29	0.46
DZ-14	96.15	3.67	111.71	7.50	94.95	10.00	2.73	0.28	0.42
DZ-15	87.63	3.62	106.53	7.50	90.55	9.70	2.68	0.24	0.34

由表 4.6 可以看出:相同轴压比下,随着锈蚀程度增加,剪跨比为 5 的框架柱试件的屈服位移、峰值位移、极限位移以及延性系数都呈降低趋势;相对于未锈蚀试件 C-6,锈蚀程度较轻的试件 C-7 不同受力状态下的柱顶水平位移及延性系数降低程度较小,而锈蚀程度较重试件 C-10 各受力状态下的位移及延性系数降低程度较大。对比锈蚀程度相同而轴压比不同的试件可以发现,随着轴压比的增大,试件不同受力状态下的柱顶位移及延性系数亦呈降低趋势。

由表 4.7 可以看出,在相同配箍率下,随着锈蚀程度增加,剪跨比为 2.5 的框架柱试件的屈服位移、峰值位移、极限位移以及延性系数均呈现出不同程度的降低趋势。锈蚀程度相近时,随着配箍率的减小,试件的屈服位移、峰值位移、极限位移以及延性系数亦呈降低趋势。

4.3.6 刚度退化

为揭示锈蚀 RC 框架柱的刚度退化规律,取各试件每级往复荷载作用下正、反方向荷载绝对值之和除以相应的正、反方向位移绝对值之和作为该试件每级循环加载的等效刚度,以各试件的加载位移为横坐标,每级循环加载的等效刚度为纵坐标,绘制不同剪跨比锈蚀 RC 框架柱试件的刚度退化曲线,如图 4.13 和图 4.14 所示。其中，等效刚度计算公式如下：

$$K_i=\frac{|+P_i|+|-P_i|}{|+\Delta_i|+|-\Delta_i|} \tag{4-2}$$

式中：K_i 为 RC 框架柱试件每级循环加载的等效刚度；P_i为该试件第 i 次加载的峰值荷载；Δ_i 为第 i 次加载峰值荷载对应的位移。

由图 4.13 和图 4.14 可以看出，不同设计参数下各 RC 框架柱试件的刚度退化曲线具有一定的相似性，即各试件的刚度均随加载位移的增大而不断减小；加载初期，试件位于弹性工作阶段，其刚度较大；出现裂缝后，试件刚度迅速退化；超过屈服位移后，各试件的刚度退化速率降低；达到峰值位移后，刚度退化速率趋于稳定，此时，试件裂缝已开展完成。此外，由于轴压比、配箍率以及钢筋锈蚀程度不同，各试件的刚度退化规律又表现出一定的差异性。

1. $\lambda=5$ 框架柱试件

由图 4.13 可以看出，当锈蚀程度相近而轴压比不同时，轴压比较大的 RC 框架柱试件的初始刚度较大且刚度退化速率较快，表现为其刚度退化曲线与轴压比较小试件的刚度退化曲线出现交点。当轴压比相同而锈蚀程度不同时，各试件的初始刚度相差不大，但随着加载位移的增大，锈蚀试件的刚度逐渐小于未锈蚀试件的刚度，且随锈蚀程度的增加，相同加载位移下各试件的刚度逐渐减小，表明钢筋锈蚀程度的增加会加剧 RC 框架柱的刚度退化。

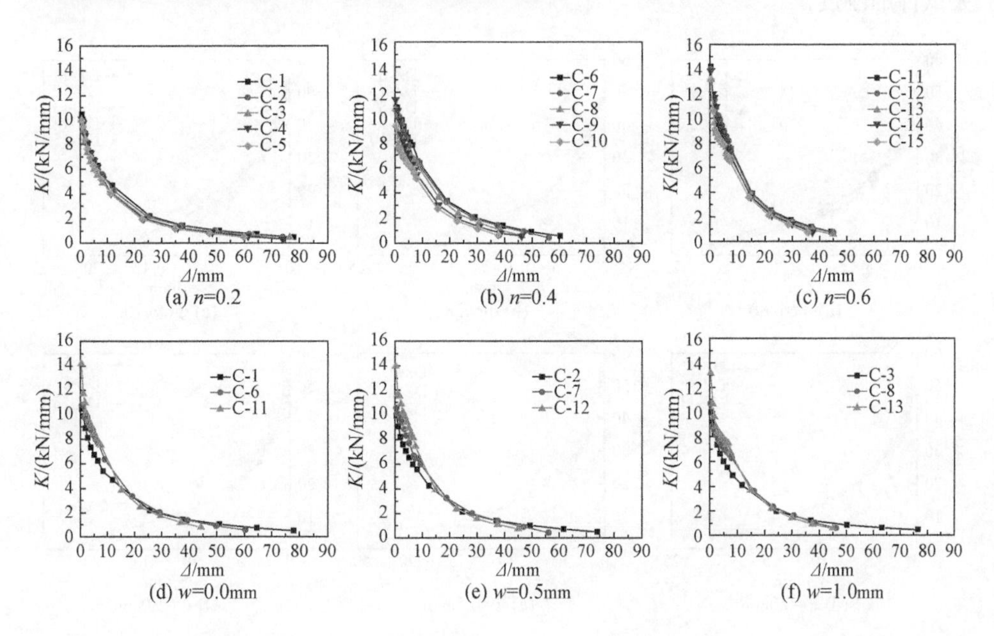

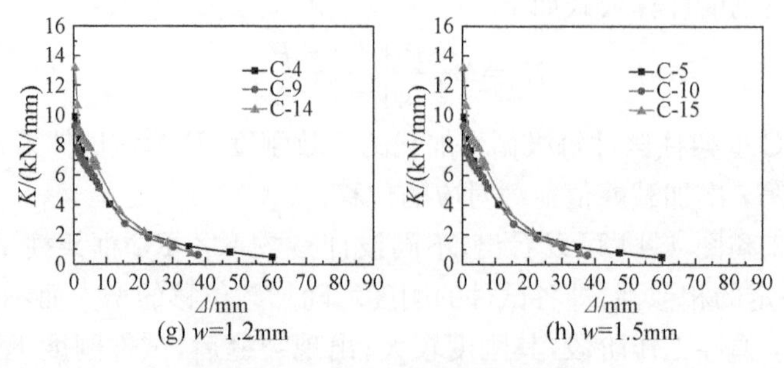

(g) w=1.2mm (h) w=1.5mm

图 4.13 λ=5 框架柱刚度退化

2. λ=2.5 框架柱试件

由图 4.14 可以看出，剪跨比为 2.5 的各试件，当配箍率相同而锈蚀程度不同时，其初始刚度相差不大，但随着柱顶水平位移的增大，锈蚀程度较大试件的刚度逐渐小于未锈蚀试件的刚度，且随着锈蚀程度的增加，相同加载位移下各试件的刚度逐渐减小，表明箍筋锈蚀将会导致 RC 框架柱损伤加剧。此外，由图 4.14(d)～(h)还可以看出，配箍率对 RC 框架柱试件初始刚度的影响不大，即不同配箍率下各试件的初始刚度相差不大；但当柱顶水平位移超过屈服位移后，配箍率较小试件的刚度退化程度增加，相同加载位移下，配箍率较小试件的刚度明显低于配箍率较大试件的刚度。

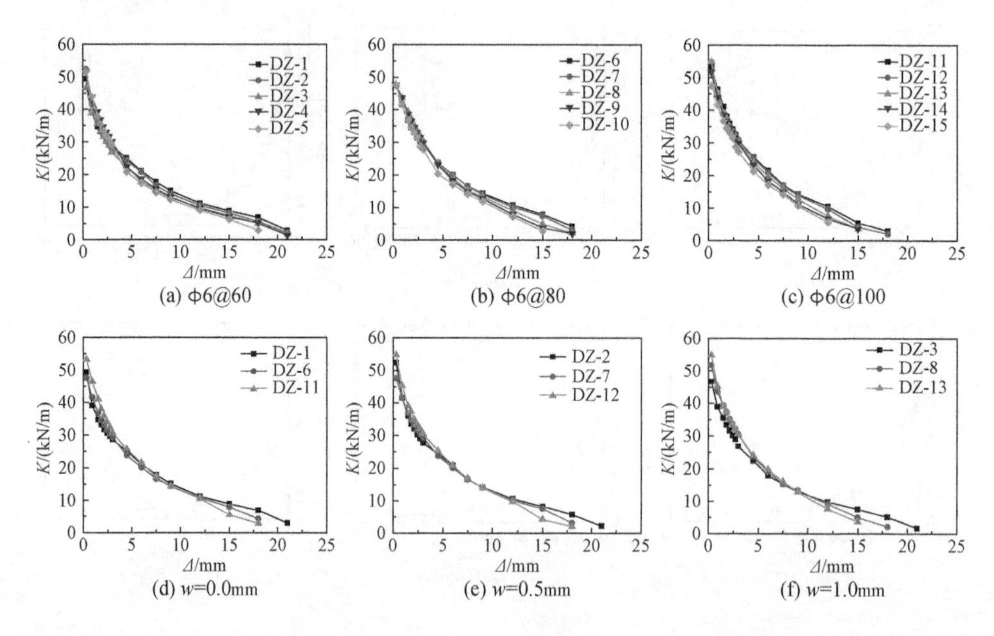

(a) ϕ6@60 (b) ϕ6@80 (c) ϕ6@100

(d) w=0.0mm (e) w=0.5mm (f) w=1.0mm

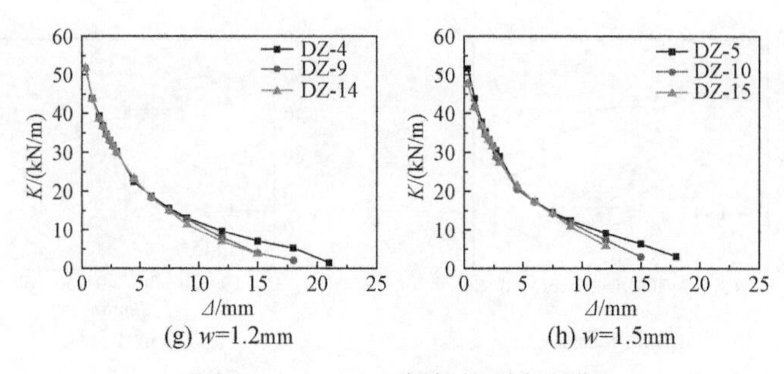

(g) w=1.2mm　(h) w=1.5mm

图 4.14　λ=2.5 框架柱刚度退化

4.3.7　强度衰减

在反复荷载下，随着循环次数的增加，RC 框架柱试件内部损伤不断发展，并由此导致其力学性能和抗震性能发生不同程度的退化。强度衰减是反映这一退化现象的重要宏观物理量之一，其退化速率越快，表明结构或构件丧失抵抗外载作用的能力越快。本节根据锈蚀 RC 框架柱的拟静力试验结果，得出不同剪跨比下各试件的强度衰减与加载位移的关系曲线，如图 4.15 和图 4.16 所示。

1. λ=5 框架柱试件

由图 4.15 可以看出，对于剪跨比为 5 的框架柱，当轴压比相同而锈蚀程度不同时，随着锈蚀程度的增加，同一级加载位移下，试件强度衰减程度逐渐增大。当

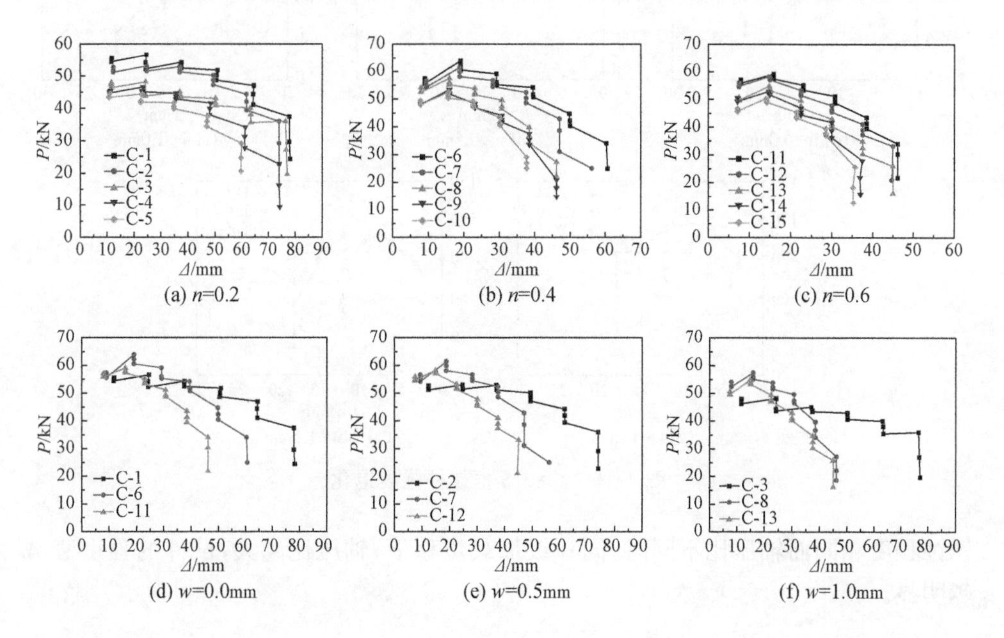

(a) n=0.2　(b) n=0.4　(c) n=0.6

(d) w=0.0mm　(e) w=0.5mm　(f) w=1.0mm

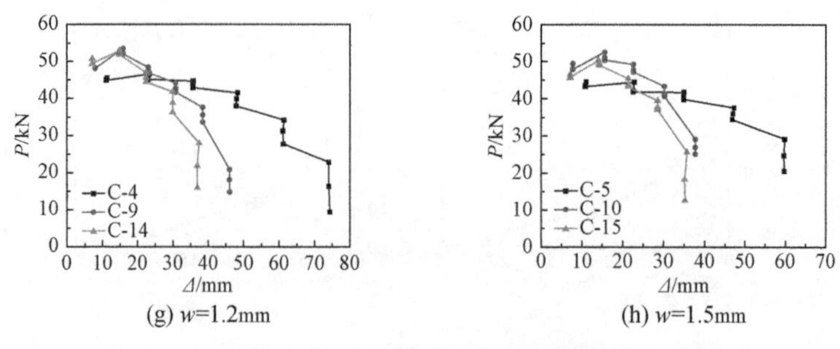

(g) w=1.2mm (h) w=1.5mm

图 4.15 λ=5 框架柱强度退化

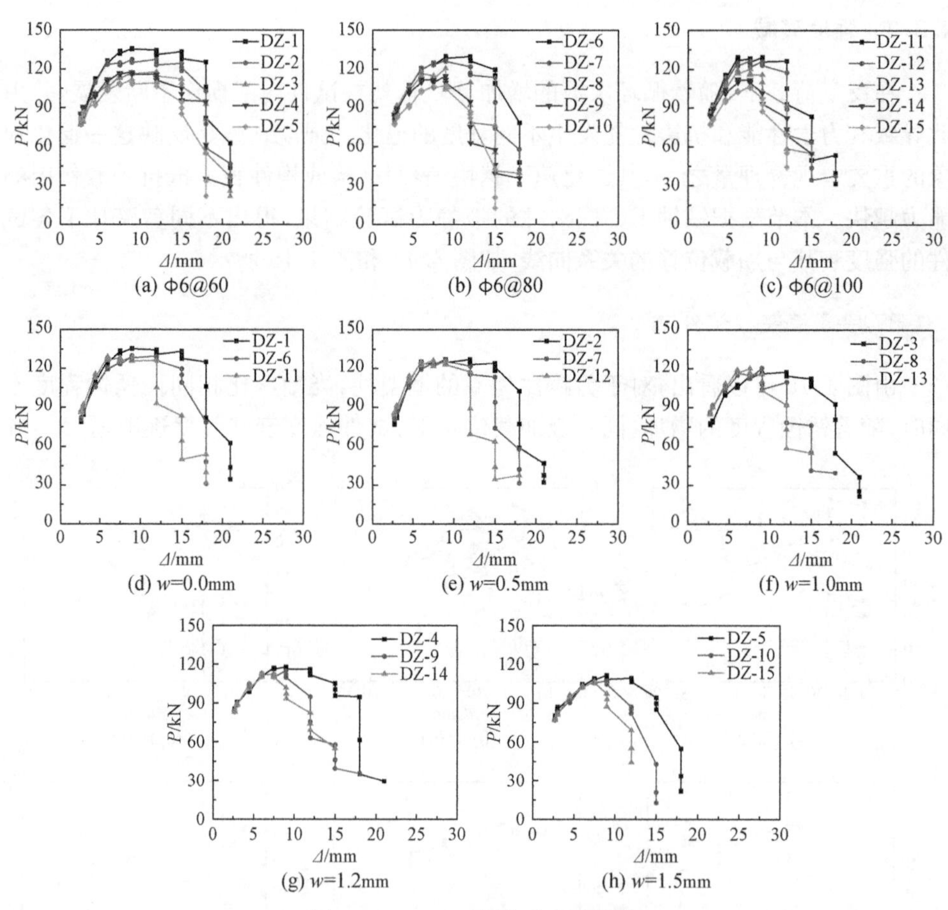

(a) Φ6@60 (b) Φ6@80 (c) Φ6@100

(d) w=0.0mm (e) w=0.5mm (f) w=1.0mm

(g) w=1.2mm (h) w=1.5mm

图 4.16 λ=2.5 框架柱强度退化

锈蚀程度相同而轴压比不同时，同一级加载位移下，轴压比越大，试件的强度衰减越明显。

2. $\lambda=2.5$ 框架柱试件

由图 4.16 可以看出，对于剪跨比为 2.5 的框架柱，当加载位移达到峰值位移前，各试件的强度退化现象并不明显；当加载位移超过峰值位移后，各试件的强度退化现象趋于显著，且随加载位移的增大，退化程度逐渐增大。由图 4.16 还可以看出，当配箍率相同而锈蚀程度不同时，随着锈蚀程度的增大，同一级加载位移下，各试件的强度退化程度逐渐增大；当锈蚀程度相同而配箍率不同时，配箍率越小，试件强度退化现象越明显。

4.3.8 耗能能力

RC 结构抗震设计时，要求结构及其内部构件具有一定的耗能能力，以便其在遭遇地震作用时能够消耗地震能量，避免立即破坏甚至倒塌。国内外学者提出了多种评价结构或构件耗能能力的指标，如功比指数、能量耗散系数和等效黏滞阻尼系数以及累积耗能等，本节选取能量耗散系数和累积耗能作为指标，以评价锈蚀 RC 框架柱在往复荷载作用下的耗能能力。

1. 能量耗散系数

试件在一次循环加载过程中，由非弹性变形产生的“耗失能量”一般以荷载-位移滞回曲线所包围的面积表示(图 4.17)，并采用能量耗散系数来对其进行评价。能量耗散系数 ξ 的计算公式为

$$\xi=\frac{S_{ABCD}}{S_{\triangle OBE}+S_{\triangle ODF}} \tag{4-3}$$

式中，S_{ABCD} 为一个滞回环所包围面积；$S_{\triangle OBE}$、$S_{\triangle ODF}$ 分别为三角形 OBE 及 ODF 的面积。

根据式(4-3)计算得到不同剪跨比下各试件在峰值状态和极限状态位移点的能量耗散系数 ξ_c 和 ξ_u，如表 4.6 和表 4.7 所示。由表 4.6 可以看出，对于剪跨比为 5 的框架柱试件，随轴压比和锈蚀程度的增加，试件能量耗散系数 ξ_c 和 ξ_u 逐渐减小，表明试件的耗能能力随轴压比的增大和锈蚀程度的增加逐渐变差。由表 4.7 可以看出，对于剪跨比为 2.5 的各试件，随着配箍率的减小和锈蚀程度的增大，试件能量耗散系数 ξ_c 和 ξ_u 逐渐减小，表明试件的耗能能力随着配箍率的减小和锈蚀程度的增加而逐渐变差。

2. 累积耗能

累积耗能为试件加载过程中所累积的耗散能量，可表示为 $E=\sum E_i$，其中 E_i

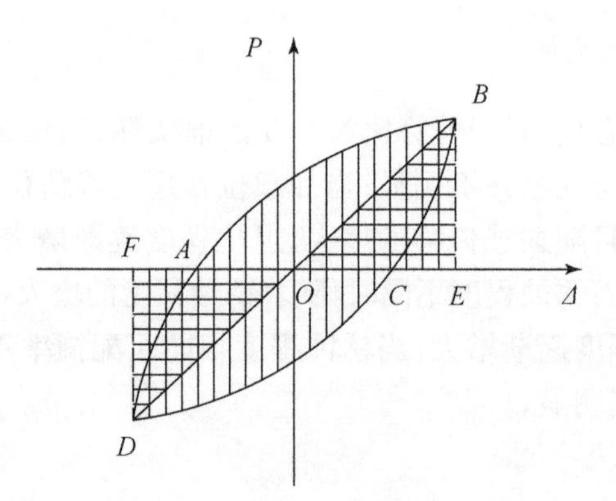

图 4.17　能量耗散系数计算简图

为每一级加载滞回环的面积。不同剪跨比下各试件累积耗能与加载循环次数的关系曲线分别如图 4.18 和图 4.19 所示。由此可以看出，锈蚀 RC 框架柱试件的累积耗能与加载循环次数、钢筋锈蚀程度、配箍率以及轴压比均有一定的相关性，具体表现为：随加载循环次数的增大，各试件的累积耗能逐渐增大；轴压比相同时，锈蚀试件的累积耗能 E 总是小于未锈蚀试件的，且随着锈蚀程度增加，累积耗能 E 逐渐减小；锈蚀程度相同时，随着轴压比的增大和配箍率的减小，累积耗能 E 亦逐渐减小。

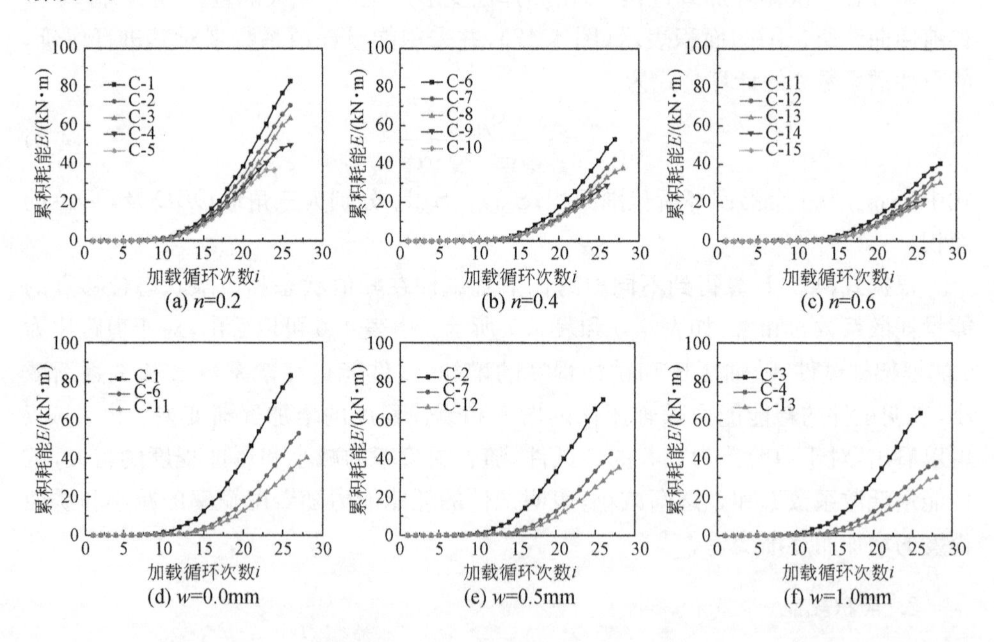

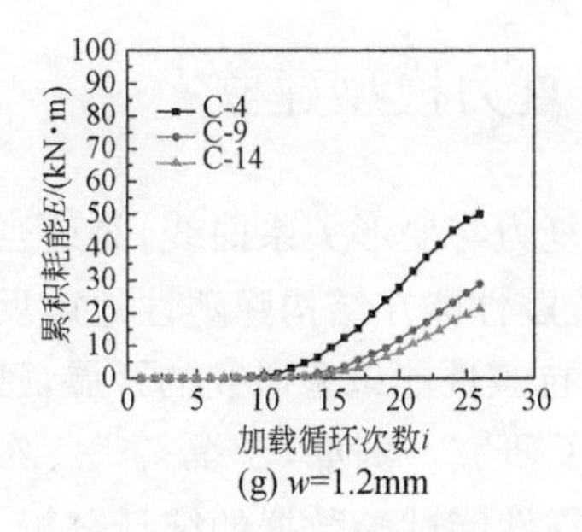

(g) w=1.2mm

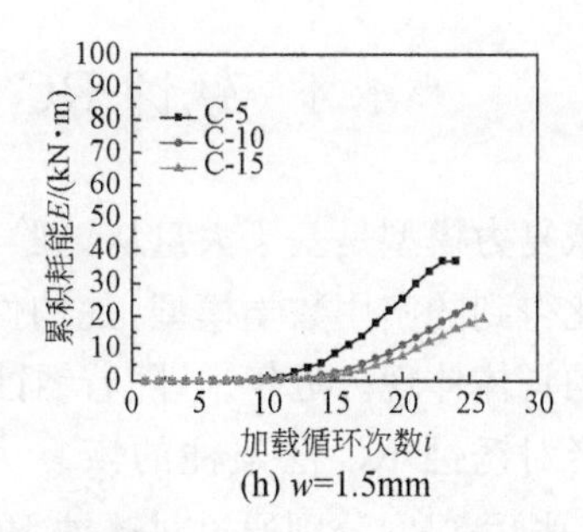

(h) w=1.5mm

图 4.18　$\lambda=5$ 的框架柱累积耗能

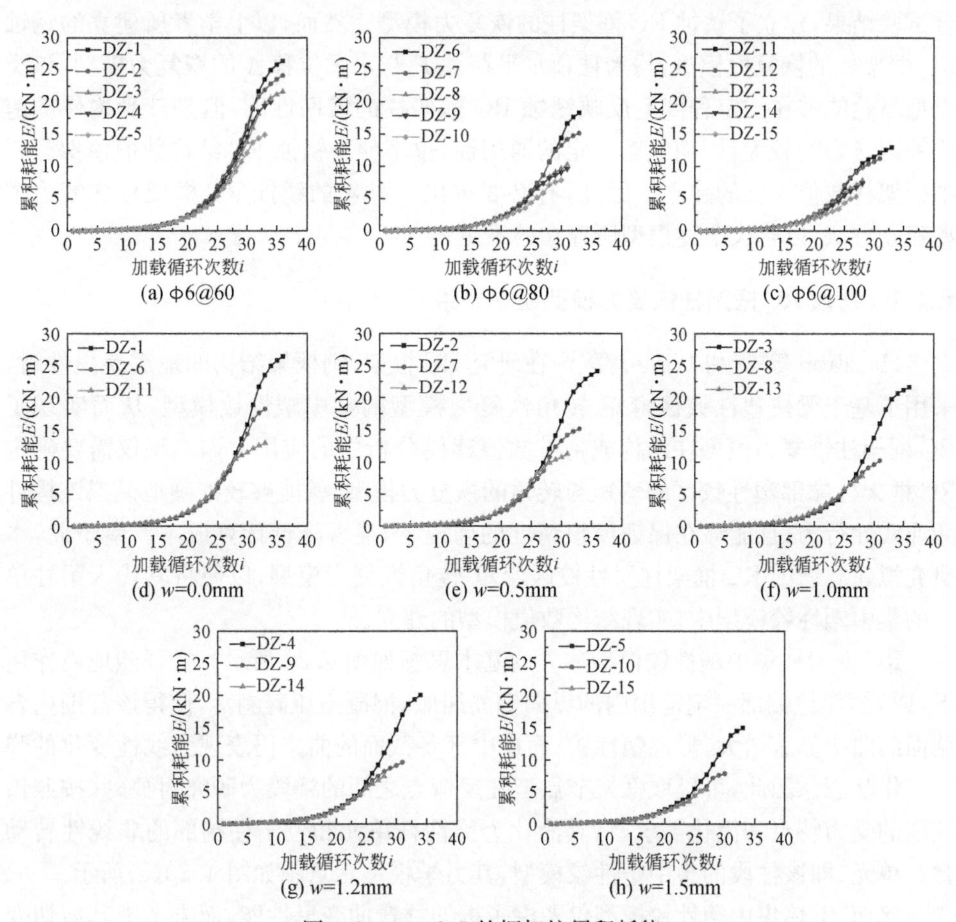

图 4.19　$\lambda=2.5$ 的框架柱累积耗能

4.4　锈蚀 RC 框架柱恢复力模型建立

恢复力模型是基于大量从试验中获得的恢复力与变形关系曲线，经适当抽象和简化得到的实用数学模型，是构件与结构的抗震性能在结构弹塑性地震反应分析中的具体体现。近年来，随着锈蚀 RC 框架柱抗震性能试验研究的开展，已有部分学者对锈蚀 RC 框架柱的恢复力模型展开了研究。例如，李磊等[15]、陈新孝等[16]、张猛等[17]分别通过对锈蚀 RC 框架柱抗震性能试验数据的统计分析，建立了锈蚀 RC 框架柱的恢复力模型；贡金鑫等[18]在对截面弯矩与曲率分析基础上，结合试验结果，建立了锈蚀 RC 框架柱的恢复力模型。然而，以上学者所建立的锈蚀 RC 框架柱的恢复力模型，均为柱顶水平荷载 P 与水平位移 Δ 的恢复力模型，该类模型虽然能够在一定程度上反映锈蚀 RC 框架柱的滞回性能，但是其受构件剪跨比等因素影响较大，因而缺乏一定的通用性，也不便于锈蚀 RC 结构数值模拟分析中框架柱数值模型的建立。因此，有必要提出一种新的锈蚀 RC 框架柱恢复力模型建立方法，以解决上述模型所存在的不足。

4.4.1　锈蚀 RC 框架柱恢复力模型建立思路

Haselton 等[19]和 Lignos 等[20]在研究 RC 框架、钢框架结构的地震易损性时，采用了基于梁柱塑性铰区弯矩-转角恢复力模型的集中塑性铰模型，从而实现了 RC 框架柱恢复力模型在结构或构件数值建模分析中的应用。该模型仅需要确定 RC 框架柱端部塑性铰区的弯矩与转角的恢复力模型，就能够较准确地模拟该构件的非线性行为，且能够在保证模拟精度的前提下，显著降低计算成本。鉴于此，本研究拟建立锈蚀 RC 框架柱塑性铰区弯矩-转角恢复力模型，以便将其代入梁柱单元的集中塑性铰模型中，实现结构数值模型的建立。

RC 框架柱集中塑性铰模型建立的基本思想如图 4.20 所示。在强烈地震作用下，RC 框架柱端部一定范围内的纵向钢筋屈服，混凝土压碎剥落，使得该范围内各截面的曲率显著增大，形成塑性铰；而柱中部各截面的曲率仍表现为线性变化的弹性工作状态。因此，可以取框架节点至柱反弯点之间的柱段为研究对象，并按照该柱段的受力特点和简化需求，将其简化为弹性杆单元和位于柱端部的非线性转动弹簧单元，即该柱段的集中塑性铰模型，其力学模型示意图如图 4.20(e)所示。

然而，上述集中塑性铰模型仅考虑了框架柱弯曲变形性能，而未考虑其剪切变形性能。既往研究表明，RC 框架柱在地震作用下将会发生弯曲型破坏、弯剪型破坏和剪切型破坏三种破坏模式。对于弯曲型破坏的 RC 框架柱，剪切变形在构件整体变形中所占比例较小，因此可以忽略剪切变形的影响。但是，对于弯剪型和剪

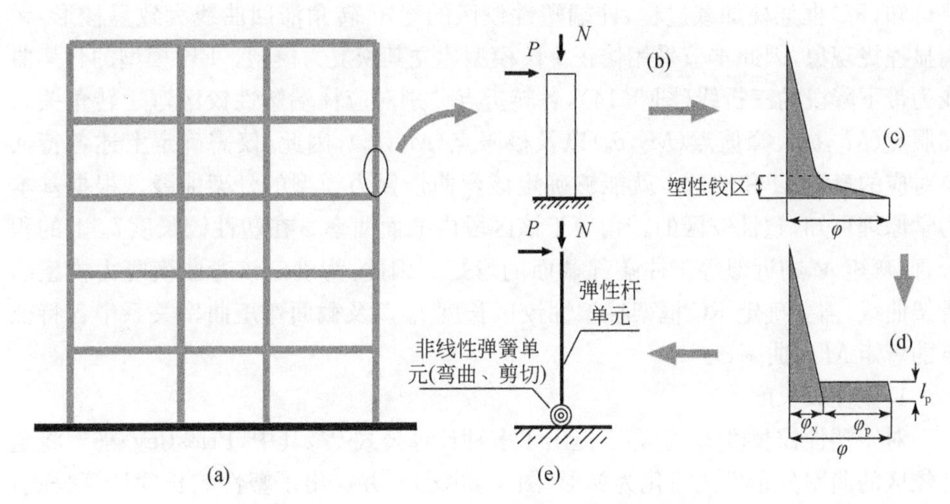

图 4.20　RC 框架柱集中塑性铰模型建立思想

切型破坏柱，剪切变形在构件整体变形中所占的比例已不能忽略，因此本书在建立 RC 框架柱塑性铰区弯矩-转角恢复力模型的同时，也建立了 RC 框架柱的剪切恢复力模型，并将其引入塑性铰模型的非线性弹簧单元中(图 4.20(e))，使其与弯曲弹簧单元串联，以考虑剪切变形对构件与结构抗震性能的影响。现分别就锈蚀 RC 框架柱的弯曲和剪切恢复力模型的建立方法予以叙述。

4.4.2　RC 框架柱的弯曲恢复力模型

建立恢复力模型的方法有理论方法和试验拟合方法等。对于未锈蚀 RC 框架柱，通过理论方法建立其柱底塑性铰区弯曲恢复力模型是可行的，但是对于锈蚀 RC 框架柱，由于其塑性铰区抗弯性能的退化不仅受钢筋截面面积减小和力学性能退化影响，还受到钢筋与混凝土间黏结性能退化、锈蚀箍筋约束混凝土作用减小等诸多因素影响，通过理论方法建立其弯曲恢复力模型较为困难。而试验拟合方法能够在保证一定精度条件下，综合考虑上述各因素对锈蚀 RC 框架柱抗震性能的影响。因此，首先通过理论方法建立未锈蚀 RC 框架柱塑性铰区弯曲恢复力模型，进而根据锈蚀 RC 框架柱试验结果，拟合得到考虑钢筋锈蚀影响骨架曲线特征点修正函数，并据此对未锈蚀 RC 框架柱的弯曲恢复力模型骨架曲线进行修正，得到考虑钢筋锈蚀影响的 RC 框架柱弯曲恢复力模型。

1. 未锈蚀 RC 框架柱的弯曲恢复力模型

RC 框架柱集中塑性铰模型中的弯曲恢复力模型是描述柱端塑性铰区弯矩与转角滞回关系的数学模型，主要包括骨架曲线和滞回规则两部分。由试验研究结果可知，RC 框架柱加载过程，柱端塑性铰区的弯矩-转角滞回曲线大致呈梭形，无明显捏拢现象，因此本节采用修正 I-K 模型建立其恢复力模型。I-K 模型的骨架曲线为带下降段的三折线(图 3.14)，各转折点分别对应柱端塑性铰区弯矩转角关系屈服点(M_y,θ_y)、峰值点(M_c,θ_c)以及极限点(M_u,θ_u)，因此，仅需确定上述各特征点对应的弯矩 M 和转角 θ 就能够确定该弯曲恢复力模型的骨架曲线。根据基本力学原理可知，塑性铰区的转角等于该区段内截面曲率 φ 在塑性铰长度 l_p 上的积分，而弯矩 M 则近似等于柱端部截面的弯矩。因此，为确定该弯曲恢复力模型的骨架曲线，需要确定 RC 框架柱塑性铰区长度 l_p 以及截面弯矩曲率关系中各特征点的弯矩 M 与曲率 φ。

1)塑性铰长度

对于塑性铰长度 l_p，学界已提出了多种计算公式[21]，其中，Priestley 等[22]将塑性铰区的曲率分布模式简化为梯形(图 4.20(d))，并给出了塑性铰长度计算公式，由于该分布模式便于塑性区转角 θ 计算且塑性铰长度计算公式简便，因此，本文采用 Priestley 等提出的塑性铰长度计算公式，即

$$l_p = 0.08L + 0.022 f_y d_b \tag{4-4}$$

式中，l_p 为塑性铰长度；L 为构件高度，对于 RC 框架柱可取柱反弯点到柱端的距离；f_y 为纵筋屈服强度；d_b 为纵筋直径。

2)各特征点的弯矩与曲率

根据已有研究成果[23]，分别取截面受拉区纵筋应变达到屈服应变 ε_y、受压区非约束混凝土应变达到极限压应变 ε_{cu} 和受压区约束混凝土应变达到极限压应变 ε_{ccu} 时的曲率作为截面屈服曲率 φ_y、峰值曲率 φ_c 以及极限曲率 φ_u。在此基础上，以截面曲率 φ 为未知量，结合平截面假定(几何关系)以及钢筋、混凝土材料的单轴本构关系，可得到以曲率 φ 表示的截面轴力平衡方程，如式(4-5)所示。通过求解该平衡方程可以得到各特征点的曲率 φ，进而由式(4-6)得到各特征点所对应的弯矩 M。

$$N = \int_A \sigma_c(\varphi)\mathrm{d}A + \sum_i^n \sigma_{si}(\varphi) A_{si} \tag{4-5}$$

$$M = \int_A \sigma_c(\varphi) y\mathrm{d}A + \sum_i^n \sigma_{si}(\varphi) A_{si} y_i \tag{4-6}$$

式中，A、A_{si} 分别为混凝土和纵筋截面面积；$\sigma_c(\varphi)$、$\sigma_{si}(\varphi)$ 分别为以曲率 φ 表示的混凝土和纵筋应力；y、y_i 分别为混凝土纤维和纵筋到截面形心轴的距离；N 为截面上作用的轴向压力。

然而，由于钢筋和混凝土本构关系的非线性以及纵向钢筋布置的非确定性，由式(4-5)直接得到截面各特征曲率的解析解较为困难。因此，参考文献[24]，编制

MATLAB 程序，通过数值分析方法对各特征点弯矩曲率进行求解，具体求解步骤如图 4.21 所示。其中，混凝土本构关系采用 Mander 等的模型[25]，且不考虑混凝土受拉作用；钢筋本构关系采用 Dhakal 等的模型[26]，以考虑钢筋受压屈曲对截面力学性能的影响，其本构关系如图 4.22 所示。

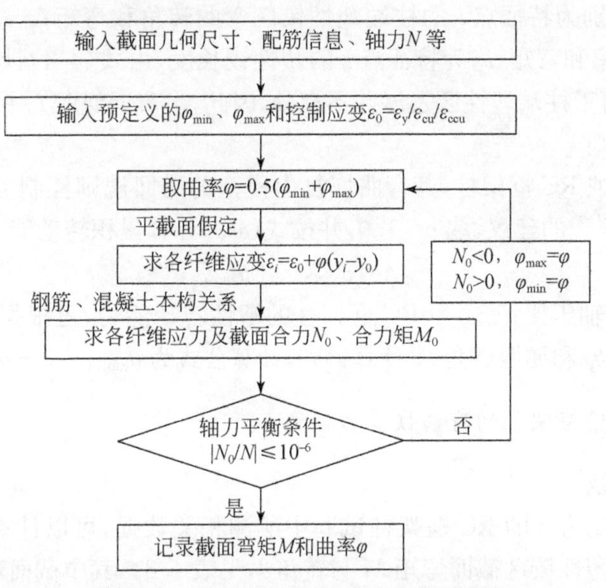

图 4.21　各特征点弯矩-曲率分析流程图

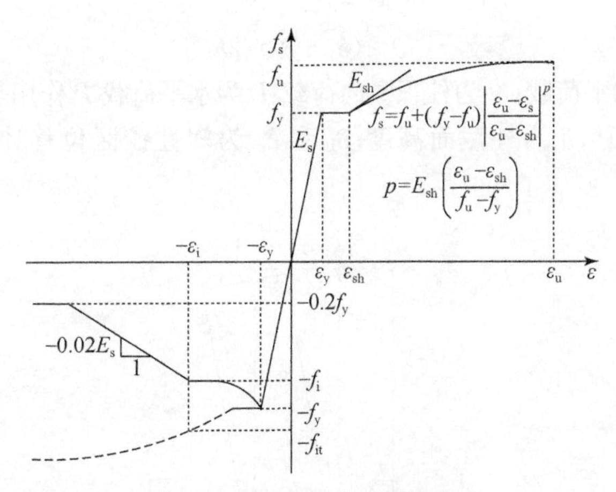

图 4.22　Dhakal 钢筋本构模型

3)骨架曲线各特征点计算

根据塑性铰长度 l_p 以及截面弯矩曲率关系中各特征点的弯矩 M 与曲率 φ，并近似取塑性铰区曲率分布模式为矩形，则由式(4-7)和式(4-8)可计算得到柱端塑性铰区弯曲恢复力模型骨架曲线中各特征点的弯矩 M 和转角 θ。

$$\theta_i = l_{pi}\varphi_i \tag{4-7}$$

$$M_i = M_{\varphi i} \tag{4-8}$$

式中，θ_i、M_i 分别为特征点 i 的柱端塑性铰区弯曲转角和弯矩；φ_i、$M_{\varphi i}$ 分别为特征点 i 的截面曲率和弯矩；l_{pi} 为特征点 i 的塑性铰长度，由式(4-4)计算得到，当计算屈服转角时，由于柱端塑性区发展并不充分，因此，本节近似取 $l_{py}=0.5l_p$。

4)滞回规则

对于未锈蚀 RC 框架柱，其弯曲恢复力模型的滞回规则控制参数 c 和 Λ 可参考 Haselton 等[27]的建议，取 $c=1.0$，并按式(4-9)计算累积转动能力 Λ：

$$\Lambda = 30 \times 0.3^n \theta_{cap,pl} \tag{4-9}$$

式中，n 为试件轴压比；$\theta_{cap,pl}$ 为 RC 框架柱的塑性转动能力，可根据式(4-7)计算所得的峰值转角 θ_c 和屈服转角 θ_y 计算得到，计算公式为 $\theta_{cap,pl}=\theta_c-\theta_y$。

2. 锈蚀 RC 框架柱的弯曲恢复力模型

1)骨架曲线

依据剪跨比为 5 的 RC 框架柱试验中所测相关数据，可以计算得到不同受力状态下柱底部塑性铰区截面弯矩 M 与转角 θ，见表 4.8。其中截面弯矩 M 和转角 θ 分别由式(4-10)和式(4-11)计算得到。

$$M = PL + N\Delta \tag{4-10}$$

$$\theta = (\delta_1 + \delta_2)/2h \tag{4-11}$$

式中，P 为柱顶水平荷载；N 为柱顶竖向荷载；L 为水平荷载 P 作用点到柱底的距离；Δ 为柱顶水平位移；h 为柱截面高度；δ_1 和 δ_2 为塑性铰区位移计读数，如图 4.23 所示。

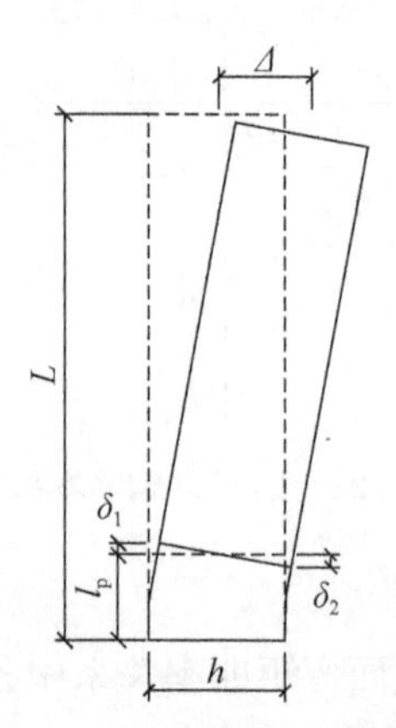

图 4.23 弯曲变形示意图

由表 4.8 可以发现，轴压比 n 和纵向钢筋锈蚀率 η_l 均对锈蚀 RC 框架柱试件的弯曲性能产生不同程度的影响，因此，选取轴压比和纵向钢筋锈蚀率为参数，对未锈蚀 RC 框架柱弯曲恢复力模型的骨架曲线各特征点进行修正，从而得到锈蚀 RC 框架柱塑性铰区弯曲恢复力模型骨架曲线上的各特征点，其修正公式如下：

$$M_{id}=f_i(n,\eta_l)M_i \tag{4-12}$$

$$\theta_{id}=g_i(n,\eta_l)\theta_i \tag{4-13}$$

式中，M_{id}、θ_{id} 为锈蚀 RC 框架柱特征点 i 的柱端塑性铰区弯矩和转角；M_i、θ_i 分别为未锈蚀试件特征点 i 柱端塑性铰区弯矩和转角；$f_i(n,\eta_l)$、$g_i(n,\eta_l)$ 分别为特征点 i 考虑钢筋锈蚀影响的弯曲承载力和转角修正函数。将相同轴压比下的 RC 框架柱试件各特征点弯矩和转角分别除以该轴压比下未锈蚀试件特征点的弯矩和转角得到相应的修正系数。分别以纵筋锈蚀率和轴压比为横坐标，以该修正系数为纵坐标，得到各特征点修正函数 $f_i(n,\eta_l)$ 和 $g_i(n,\eta_l)$ 随纵向钢筋锈蚀率和轴压比的变化规律如图 4.24～图 4.27 所示。

表 4.8　剪跨比为 5 的 RC 框架柱塑性铰区受弯性能特征参数

试件编号	屈服点		峰值点		极限点	
	荷载 M_y /(kN·m)	转角 θ_y /rad	荷载 M_c /(kN·m)	转角 θ_c /rad	荷载 M_u /(kN·m)	转角 θ_u /rad
C-1	51.04	7.89×10^{-3}	60.18	2.66×10^{-2}	57.21	7.22×10^{-2}
C-2	48.22	7.81×10^{-3}	56.94	2.57×10^{-2}	54.40	7.01×10^{-2}
C-3	42.35	7.77×10^{-3}	51.61	2.56×10^{-2}	49.48	—
C-4	43.82	6.91×10^{-3}	49.90	2.46×10^{-2}	47.04	5.87×10^{-2}
C-5	40.46	6.41×10^{-3}	48.11	2.41×10^{-2}	44.80	5.24×10^{-2}
C-6	60.02	7.30×10^{-3}	69.35	1.86×10^{-2}	65.59	4.29×10^{-2}
C-7	59.01	7.27×10^{-3}	66.82	1.84×10^{-2}	63.09	4.13×10^{-2}
C-8	56.70	6.74×10^{-3}	62.03	1.63×10^{-2}	57.87	3.40×10^{-2}
C-9	51.66	6.56×10^{-3}	58.46	1.52×10^{-2}	54.35	3.20×10^{-2}
C-10	51.80	6.48×10^{-3}	57.01	1.52×10^{-2}	52.84	3.08×10^{-2}
C-11	60.55	5.86×10^{-3}	65.68	1.44×10^{-2}	63.68	3.36×10^{-2}
C-12	59.21	5.71×10^{-3}	64.55	1.42×10^{-2}	61.39	2.96×10^{-2}
C-13	53.79	5.74×10^{-3}	61.05	1.41×10^{-2}	57.62	2.76×10^{-2}
C-14	53.47	5.67×10^{-3}	59.24	1.37×10^{-2}	55.86	2.70×10^{-2}
C-15	49.98	5.65×10^{-3}	56.36	1.35×10^{-2}	53.35	2.63×10^{-2}

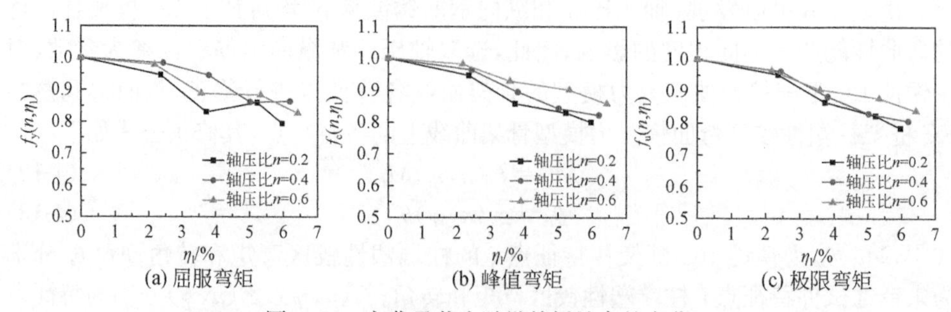

(a) 屈服弯矩　(b) 峰值弯矩　(c) 极限弯矩

图 4.24　弯曲承载力随纵筋锈蚀率的变化

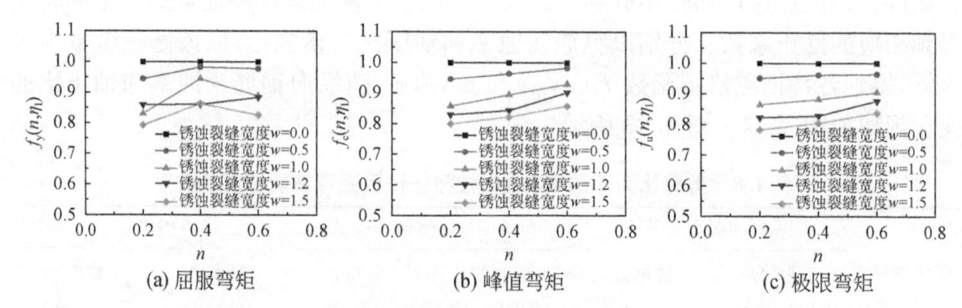

(a) 屈服弯矩　(b) 峰值弯矩　(c) 极限弯矩

图 4.25　弯曲承载力随轴压比的变化

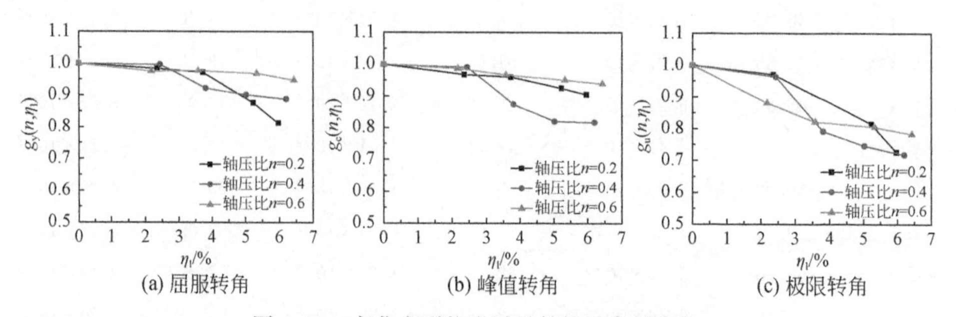

(a) 屈服转角　(b) 峰值转角　(c) 极限转角

图 4.26　弯曲变形能力随纵筋锈蚀率的变化

由图 4.24～图 4.27 可以看出：轴压比相同时，随着纵筋锈蚀率增大，锈蚀 RC 框架柱各特征点的弯曲承载力修正函数 $f_i(n,\eta_s)$ 和转角修正函数 $g_i(n,\eta_s)$ 均呈下降趋势，且近似呈线性变化趋势；锈蚀程度相近时，随着轴压比的增大，峰值点和极限点弯曲承载力修正函数呈明显的上升趋势，而屈服弯矩承载力修正函数以及各特征点转角修正函数则无明显变化规律。鉴于此，为保证拟合结果具有较高精度，本节将弯曲承载力修正函数 $f_i(n,\eta_s)$ 和转角修正函数 $g_i(n,\eta_s)$ 假定为关于轴压比 n 的二次函数及关于纵筋锈蚀率 η_s 的一次函数形式，同时考虑边界条件，得到修正

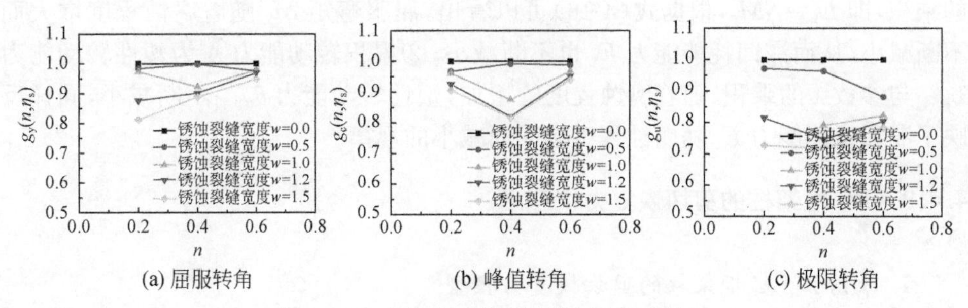

(a) 屈服转角　(b) 峰值转角　(c) 极限转角

图 4.27　弯曲变形能力随轴压比的变化

函数的表达式如下：

$$f_i(n,\eta_l)=(an^2+bn+c)\eta_l+1 \tag{4-14}$$

$$g_i(n,\eta_l)=(an^2+bn+c)\eta_l+1 \tag{4-15}$$

式中，a、b、c 为拟合参数。通过 1stOpt 软件对各特征点弯曲承载力和转角修正系数进行参数拟合，从而得到锈蚀 RC 框架柱塑性铰区弯曲恢复力模型骨架曲线中各特征点计算公式分别如下。

屈服弯矩和屈服转角：

$$M_{yd}=[(-19.42n^2+17.58n-6.06)\eta_l+1]M_y \tag{4-16a}$$

$$\theta_{yd}=[(6.34n^2-1.07n-2.36)\eta_l+1]\theta_y \tag{4-16b}$$

峰值弯矩和峰值转角：

$$M_{cd}=[(4.46n^2-0.17n-3.48)\eta_l+1]M_c \tag{4-17a}$$

$$\theta_{cd}=[(46.02n^2-35.49n+3.81)\eta_l+1]\theta_c \tag{4-17b}$$

极限弯矩和极限转角：

$$M_{ud}=[(4.08n^2-0.69n-3.47)\eta_l+1]M_u \tag{4-18a}$$

$$\theta_{ud}=[(24.49n^2-20.32n-0.45)\eta_l+1]\theta_u \tag{4-18b}$$

式中，n 为 RC 框架柱的轴压比；η_l 为 RC 框架柱纵筋锈蚀率；M_i、θ_i 分别为未锈蚀 RC 框架柱特征点 i 的柱端塑性铰区弯矩和转角，按式(4-7)和式(4-8)计算确定；M_{id}、θ_{id} 分别为锈蚀 RC 框架柱特征点 i 的柱端塑性铰区弯矩和转角。

2)滞回规则

与未锈蚀 RC 框架柱一致，本节基于修正 I-K 模型建立近海大气环境下锈蚀 RC 框架柱的弯曲恢复力模型，该模型通过循环退化速率 c 和累积转动能力 Λ 控制构件的强度衰减、卸载刚度退化等退化模式。对于腐蚀构件的循环退化速率 c，本节取其与未锈蚀构件一致，即取 $c=1.0$；对于累积转动能力 Λ，虽然随着腐蚀程度的增大，构件的累积耗能能力不断退化，但本节仍按未锈蚀构件计算公式(4-9)计算确定，其原因为：①构件的滞回耗能能力 E_t 为屈服弯矩 M_y 和累积转动能力 Λ

的乘积，即 $E_t = \Lambda M_y$，根据式(4-16)可以看出，屈服弯矩 M_y 随着腐蚀程度增大而不断减小，从而滞回耗能能力 E_t 也不断减小；②累积转动能力 Λ 为塑性转动能力 $\theta_{cap,pl}$ 与参数 λ 的乘积，随着腐蚀程度的增加，塑性转动能力 $\theta_{cap,pl}$ 不断减小，同样反映了滞回耗能能力 E_t 随腐蚀程度增大而减小的规律。

4.4.3 RC 框架柱的剪切恢复力模型

1. 未锈蚀 RC 框架柱的剪切恢复力模型

弯剪型或剪切型破坏 RC 框架柱的最终破坏是由弯剪斜裂缝的深入开展、箍筋受拉屈服、剪压区混凝土压碎剥落所导致的，此时，柱的非线性剪切变形已经充分发展，由此引起的变形在柱整体变形所占比例已不能忽略。因此，需要在弯剪或剪切型破坏 RC 框架柱的数值建模中考虑剪切变形的影响。

Elwood[28] 建议的考虑剪切变形的 RC 框架柱数值模型中，通过与弯曲变形串联的剪切弹簧单元模拟 RC 框架柱的非线性剪切变形，是国内外广泛使用的弯剪型破坏构件的宏观数值模型。本节借鉴 Elwood[28] 建议的方法，将非线性剪切弹簧加入柱单元的集中塑性铰模型中，并与弯曲弹簧串联，以建立适用于弯剪型或剪切型破坏 RC 框架柱的集中塑性铰模型。

在上述分析模型中，需要确定剪切弹簧单元中的剪切恢复力模型以及剪切破坏判定准则。对于未锈蚀 RC 框架柱，已有大量学者对其剪切恢复力模型和剪切破坏准则展开了研究并取得了不少成果[29,30]。因此，本节参考已有研究成果，给出未锈蚀 RC 框架柱的剪切恢复力模型和剪切破坏判断准则。

1)骨架曲线

RC 框架柱在发生剪切破坏之前，由于剪切斜裂缝的开展，其抗剪刚度明显减小；当剪力达到峰值剪力后进入剪切破坏阶段，其受剪承载力迅速退化。因此，可以将 RC 框架柱的剪力-剪切变形骨架曲线简化为带有下降段的三折线形式，如图 4.28 所示。对于未锈蚀 RC 框架柱，其开裂点、峰值点以及丧失轴向承载力点的剪力和剪切变形，国内外学者已开展了大量研究，并取得了一定的成果，因此结合已有研究成果[29,31]，给出未锈蚀 RC 框架柱各特征剪力和剪切变形计算公式如下：

$$V_{s,cr} = v_b A_e + 0.167hN/a \tag{4-19a}$$

$$v_b = (0.067 + 10\rho_s)\sqrt{f_c} \leqslant 0.2\sqrt{f_c} \tag{4-19b}$$

$$\Delta_{s,cr} = 3V_{s,cr}L/E_c A_e \tag{4-20}$$

$$V_{s,c} = \frac{1.75}{\lambda+1} f_t b h_0 + \frac{A_{sv} f_{yv} h_0}{s} + 0.07N \tag{4-21}$$

$$\Delta_{s,c} = \frac{V_s L}{b h_0}\left(\frac{1}{\rho_{sv} E_s} + \frac{4}{E_s}\right) \tag{4-22a}$$

$$V_{s,f}=\frac{A_{sv}f_{yv}h_0}{s} \tag{4-22b}$$

$$\Delta_{s,f}=V_{s,c}/k_{det}+\Delta_{s,c} \tag{4-23a}$$

$$k_{det}=\left(\frac{1}{k_{det}^{t}}-\frac{1}{k_{unload}}\right)^{-1} \tag{4-23b}$$

$$k_{det}^{t}=-4.5N\left(4.6\frac{A_{sv}f_{sv}h_0}{Ns}+1\right)^2/L \tag{4-23c}$$

式中，$V_{s,cr}$、$V_{s,c}$分别为骨架曲线中的开裂剪力、峰值剪力；$\Delta_{s,cr}$、$\Delta_{s,c}$、$\Delta_{s,f}$分别为开裂剪切变形、峰值剪切变形、丧失轴向承载力时的剪切变形；N 为柱轴向压力；b、h、h_0分别为柱截面宽度、高度和有效截面高度；a 为柱剪跨段长度，对悬臂柱取其柱高 L，对框架柱可近似取柱高的 1/2；A_e、A_{sv}分别为柱截面有效面积、同一截面内全部箍筋的截面面积，取 $A_e=0.8A_g$，A_g 为总截面面积；ρ_s 为纵向受拉钢筋配筋率；ρ_{sv}、s 分别为柱配箍率及箍筋间距；f_c、f_t、f_{yv}分别为混凝土轴心抗压强度、抗拉强度及箍筋屈服强度，近似取 $f_t=0.1f_c$；E_c、E_s分别为混凝土和箍筋的弹性模量；k_{det}为剪切骨架曲线的软化斜率(图 4.28)；k_{det}^{t}为试件整体骨架曲线的软化斜率；k_{unload}为试件整体滞回曲线的卸载刚度，对于悬臂柱可取其初始弯曲刚度，即 $k_{unload}=3E_cI/L^3$，对于框架柱则取其抗侧刚度，即 $k_{unload}=12E_cI/L^3$。

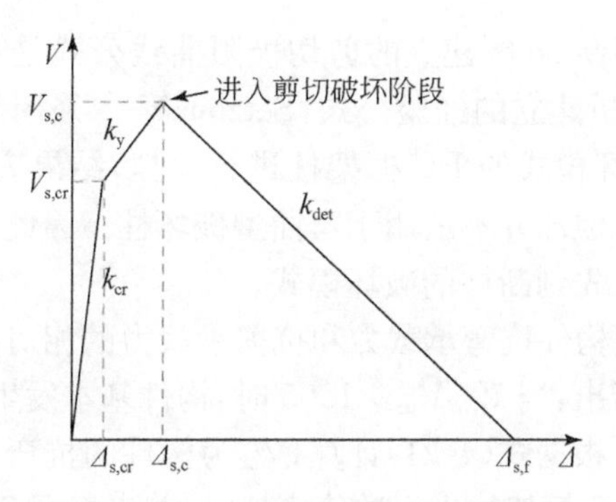

图 4.28　剪切滞回模型骨架曲线

2)剪切破坏判定准则

随着往复荷载的不断增加，RC 框架柱的抗剪性能不断退化，当构件位移达到某一幅值时，构件的抗剪能力低于其实际所承受的剪力，构件随即发生剪切破坏。为准确捕捉 RC 框架柱剪切破坏点，采用 Elwood[28] 提出的剪切极限曲线作为 RC 框架柱剪切破坏的判定准则。该极限曲线反映了 RC 框架柱抗剪承载力 V 与柱顶水平位移 Δ 的关系，当柱顶水平位移达到某一幅值时，剪切极限曲线与未考虑抗剪性能影响时柱的骨架曲线相交(图 4.29)，柱进入剪切破坏阶段，其受力性能由剪切恢复力模型主导。对于未锈蚀的 RC 框架柱，剪切极限曲线可由 Elwood 等建议的式(4-24)确定。

$$\frac{\Delta}{L}=\frac{3}{100}+4\rho_{sv}-\frac{1}{40}\frac{v}{\sqrt{f_c}}-\frac{1}{40}\frac{N}{A_g f_c} \tag{4-24}$$

式中,Δ 为柱顶水平位移;L 为构件高度,对于 RC 框架柱可取柱反弯点到柱底的距离;ρ_{sv}为柱底塑性铰区配箍率;v 为名义剪应力,$v=V/bh$,其中 b、h 分别为柱截面宽度和高度,V 为柱顶水平位移为Δ 时的抗剪承载力;f_c 为混凝土抗压强度;N 为柱顶轴力;A_g 为柱截面面积。

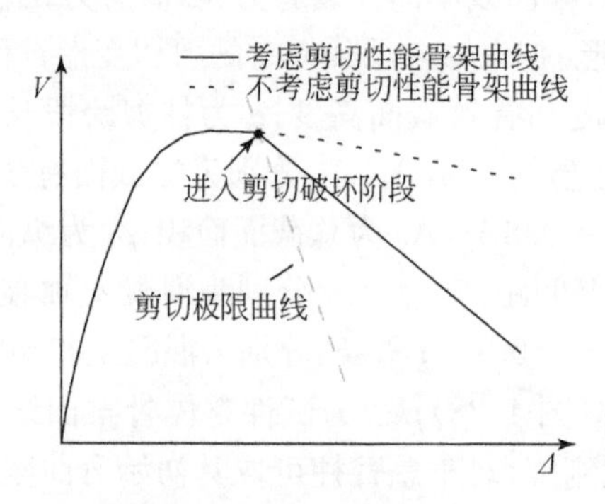

图 4.29 剪切极限曲线

需要指出的是,Elwood 等建立的剪切极限曲线公式是基于 50 榀弯剪型破坏柱试验结果经统计分析建立的经验公式,Setzler 等[32]采用 Elwood 等建议剪切极限曲线公式对不同破坏模式的 RC 框架柱进行模拟,结果表明该公式对弯剪型破坏柱的模拟效果较好,但却并不适用于弯曲型破坏柱。因此,在使用式(4-24)考虑柱剪切破坏影响时,应先判断柱的破坏模式。

Setzler 等[32]根据构件抗弯承载力和抗剪承载力的相对关系,将框架柱的破坏模式进行了分类,并指出:当 $V_n/V_{pc}>1.05$ 时,构件基本发生弯曲型破坏,其中,V_n为构件的抗剪承载力,根据式(4-21)计算;V_{pc}为构件的抗弯承载力,按式(4-25)计算。因此,本节在对 RC 框架柱进行数值模拟时,首先根据 Setzler 等建议的分类方法,判断构件破坏模式,进而对弯剪型或剪切型破坏 RC 框架柱采用式(4-24)捕捉剪切破坏点,而对于弯曲型破坏柱则认为剪切破坏不会发生,不捕捉其剪切破坏点。

$$V_{pc}=(M_{pc}-N\theta_{pc}L)/L \tag{4-25}$$

式中,M_{pc}、θ_{pc}分别为柱端塑性铰的峰值弯矩和峰值转角,由式(4-17)计算得到。

3)滞回规则

采用 Hysteretic 模型建立 RC 框架柱的剪切恢复力模型。该模型为可反映构件加载过程中强度衰减、卸载刚度退化以及捏拢效应的理想三折线模型,其输入参数中包括 6 个骨架曲线控制参数和 5 个滞回规则控制参数。其中,骨架曲线的控制参数

为屈服剪力 F_y、屈服剪切变形 γ_y、峰值剪力 F_c、峰值剪切变形 γ_c、极限剪力 F_u 和极限剪切变形 γ_u，根据上述 6 个参数，即可确定该滞回模型的骨架曲线，如图 4.30 所示。此外，该模型的滞回规则控制参数为：基于延性的强度衰减控制参数 \$Damage1、基于能量耗散的强度衰减控制参数 \$Damage2、卸载刚度退化控制参数 β、变形捏拢参数 p_x 以及力捏拢参数 p_y，现分别对上述各滞回特性的控制规则予以叙述。

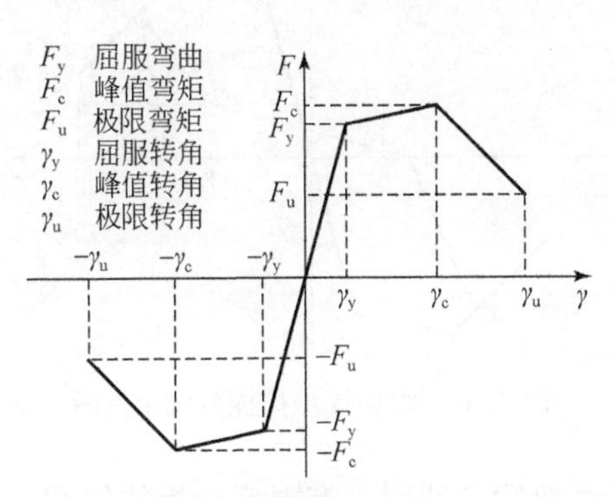

图 4.30　滞回模型骨架曲线示意图

(1)强度衰减。

该模型中的强度衰减特性可以通过基于延性和基于能量耗散的两种模式分别予以考虑。其中，基于延性的强度衰减模式通过参数 \$Damage1 按式(4-26)进行控制；基于能量耗散的强度衰减模式通过参数 \$Damage2 按式(4-27)进行控制。

$$F_i = \$\text{Damage1} \cdot \text{mu}^{-1} \cdot F_{i-1} \tag{4-26}$$

$$F_i = \$\text{Damage2} \cdot \frac{E_{i-1}}{E_{\text{ult}}} \cdot F_{i-1} \tag{4-27}$$

式中，F_i、F_{i-1} 分别为第 i、$i-1$ 个循环下的强度；\$Damage1、\$Damage2 分别为基于延性和基于能量耗散的强度衰减控制参数；$\text{mu}=\gamma_i/\gamma_y$ 为最大变形与屈服变形之比，其中 γ_i 为第 i 个加载循环下的最大变形，γ_y 为构件的屈服变形；E_{i-1} 为第 $i-1$ 个循环下的滞回耗能；E_{ult} 为总耗能能力，可由骨架曲线包围的面积确定。

(2)卸载刚度退化。

该模型中的卸载刚度退化特性可通过参数 β 控制，其控制规则按式(4-28)确定。其中，K_i、K_e 分别为第 i 个循环下的卸载刚度和初始刚度。

$$K_i = K_e \cdot \text{mu}^{-\beta} \tag{4-28}$$

(3)捏拢效应。

该模型中可以通过参数 p_x 和 p_y 控制试件加载过程的捏拢效应，其示意图如图 4.31 所示。其中，p_x 为变形捏拢参数，用以控制再加载曲线拐点的横坐标(控制方程见式(4-29)；p_y 为力捏拢参数，用以控制再加载曲线拐点的纵坐标(控制方程见式(4-30)。

$$F_L = p_y \cdot F_{pi} \tag{4-29}$$

$$\gamma_L = p_x(\gamma_N - \gamma_Q) + \gamma_Q \tag{4-30}$$

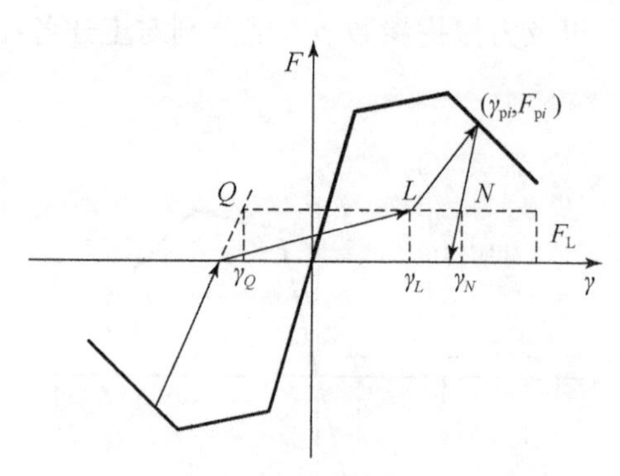

图 4.31 滞回模型捏拢效应示意图

Elwood 等[25]将剪切极限曲线引入有限元分析软件 OpenSees 中，开发了极限状态材料(limit state material)模型，该模型在骨架曲线以及滞回规则等方面均与 Hysteretic 模型相同，唯一的不同是在 Hysteretic 模型的基础上，加入了考虑剪切破坏准则的剪切极限曲线(shear limit curve)，以捕捉剪切破坏点。本节采用该模型模拟剪切型和弯剪型破坏的 RC 框架柱剪切变形；而对于弯曲型破坏柱，则采用 Hysteretic 模型模拟，即不捕捉其剪切破坏点。

极限状态材料模型和 Hysteretic 模型具有相同的滞回规则，Jeon 等[33]通过对试验数据进行统计分析，给出了通过极限状态材料模型模拟剪切变形时的捏拢效应控制参数取值：p_x＝0.40；p_y＝0.35；对于强度衰减和刚度退化控制参数，本节则建议取 $Damage1＝0.0、$Damage2＝0.2、β＝0.5，以考虑往复加载过程中剪切滞回曲线的强度衰减和刚度退化特性。

2. 锈蚀 RC 框架柱的剪切恢复力模型

1)骨架曲线

RC 框架柱抗剪性能主要受剪压区混凝土以及与斜裂缝相交的箍筋抗剪性能的影响。近海大气环境下 RC 框架柱中钢筋受空气中的氯离子侵蚀作用影响，发生锈蚀，一方面导致保护层混凝土胀裂、剥落，减小了剪压区混凝土面积，使剪压区混凝土抗剪性能退化；另一方面，箍筋锈蚀削弱了其有效截面面积，从而使箍筋的抗剪性能退化，因此，在建立锈蚀 RC 框架柱剪切恢复力模型时，应考虑上述因素的影响。然而，式(4-19)～式(4-23)所示的未锈蚀 RC 框架柱剪切恢复力模型骨架曲线各特征点的计算公式中，采用柱截面有效面积 A_e 作为其计算参数，忽略了保护层混凝土对柱斜截面抗剪性能的贡献。鉴于此，本节在建立锈蚀 RC 框架柱剪切恢复力模型的骨架曲线时，仍采用式(4-19)～式(4-23)所示计算公式，并仅考虑箍筋锈蚀对柱斜截面抗剪性能的影响。

文献[34]指出，锈蚀后钢筋的实际屈服强度并未改变，其力学性能的退化主要是钢筋锈蚀后截面面积损失引起的。因此，在考虑箍筋锈蚀对柱斜截面抗剪性能的影响时，锈蚀箍筋屈服强度的取值与未锈蚀箍筋相同，主要通过箍筋截面面积削弱来考虑钢筋锈蚀对 RC 框架柱抗剪性能的影响。此外，已有研究结果[35]表明：氯离子侵蚀引起的钢筋锈蚀，会使钢筋产生明显的坑蚀现象，并使钢筋受力过程中产生应力集中现象，从而加剧 RC 构件抗震性能退化，因此，建立近海大气环境下锈蚀 RC 框架柱剪切恢复力模型时，应考虑钢筋坑蚀现象的影响。

文献[35]基于氯离子侵蚀下钢筋锈蚀结果，指出钢筋坑蚀现象将导致锈蚀钢筋的截面面积损失率大于质量损失率，并建立了锈蚀钢筋截面面积损失率与质量损失率的关系，见式(4-31)。本节采用式(4-31)计算锈蚀钢筋截面面积损失率并以此考虑钢筋坑蚀现象。

$$\eta_s=\begin{cases}0.013+0.987\eta_s^*, & \eta_s^*<10\% \\ 0.061+0.939\eta_s^*, & 10\%\leqslant\eta_s^*<20\% \\ 0.129+0.871\eta_s^*, & 20\%\leqslant\eta_s^*<30\% \\ 0.199+0.801\eta_s^*, & 30\%\leqslant\eta_s^*<40\%\end{cases} \tag{4-31}$$

$$A_{sv1}^*=(1-\eta_s)A_{sv1} \tag{4-32}$$

$$A_{sv}^*=n_{sv1}A_{sv1}+n_{sv2}A_{sv1}^* \tag{4-33}$$

$$\rho_{sv}^*=A_{sv}^*/bs \tag{4-34}$$

式中，A_{sv1}、A_{sv1}^* 分别为未锈蚀和锈蚀单根箍筋截面面积；η_s、η_s^* 分别为箍筋截面损失率和以质量表示的平均锈蚀率；n_{sv1}、n_{sv2} 分别为同一截面内未锈蚀箍筋肢数和锈蚀箍筋肢数。

将所得的 A_{sv}^*、ρ_{sv}^* 代入式(4-19)～式(4-23)并替换公式中的 A_{sv} 及 ρ_{sv}，得到锈蚀 RC 框架柱剪切恢复力模型的骨架曲线。在利用式(4-19b)计算剪切开裂位移时，ρ_l 应取考虑纵筋锈蚀后的有效配筋率 $\rho_l^*=(1-\eta_l^*)A_s/bh_0$，$\eta_l^*$ 为考虑坑蚀影响的纵筋截面损失率。其原因为：锈蚀后受拉纵筋截面面积减小，导致柱端水平裂缝加宽，进而使锈蚀 RC 框架柱较早剪切开裂。

2)滞回规则

与未锈蚀 RC 框架柱一致，采用极限状态材料和 Hysteretic 模型建立近海大气环境下锈蚀 RC 框架柱的剪切恢复力模型。其中，Hysteretic 模型用以建立弯曲破坏柱的恢复力模型，而极限状态材料模型用以建立弯剪型或剪切型破坏柱的剪切恢复力模型。对于其滞回规则控制参数的取值，鉴于相关研究成果较少，本节将其取为与未锈蚀 RC 框架柱相同的值，即取 $p_x=0.40$、$p_y=0.35$、\$Damage1＝0.0、\$Damage2＝0.2、$\beta=0.5$，并通过与试验结果对比，验证了上述取值的合理性。

4.4.4 恢复力模型验证

本节通过 OpenSees 有限元分析软件，按图 4.20(e)所示的简化力学模型，建立锈蚀 RC 框架柱考虑剪切性能的集中塑性铰模型。其中，上部弹性杆单元通过弹性梁柱单元模拟，相关输入参数可以通过构件尺寸及材料的力学参数得到，此处不再赘述；下部的非线性弹簧单元通过零长度单元模拟，并通过修正 I-K 模型和极限状态材料模型或 Hysteretic 模型分别模拟柱底部塑性铰区弯曲变形性能以及柱的剪切变形性能。

采用上述模型，并结合所建立的恢复力模型，分别对本章涉及的 RC 框架柱进行数值建模，进而对其进行拟静力加载模拟分析，通过与试验结果对比，以验证所建立的恢复力模型的准确性，验证结果如图 4.32 和图 4.33 所示。

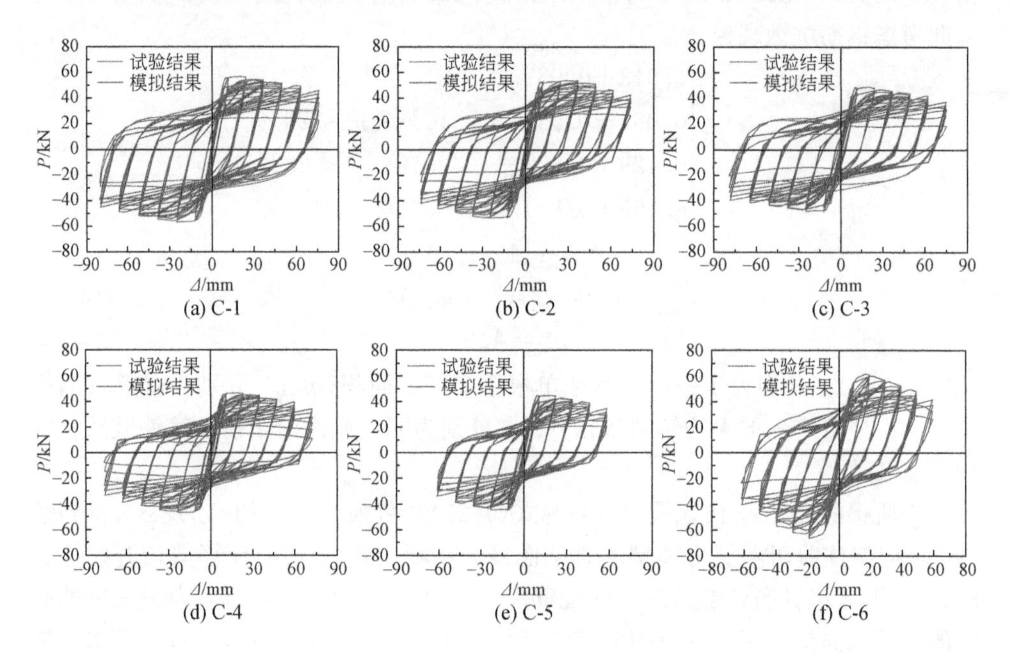

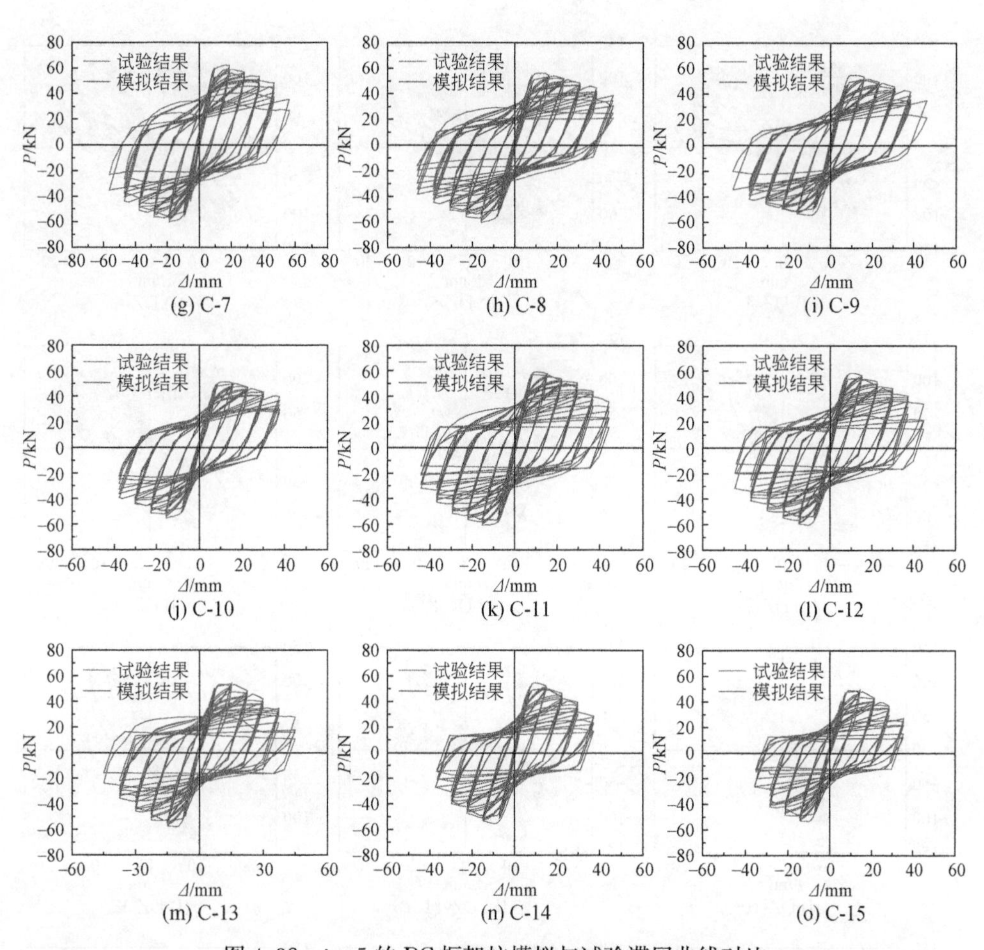

图 4.32　λ=5 的 RC 框架柱模拟与试验滞回曲线对比

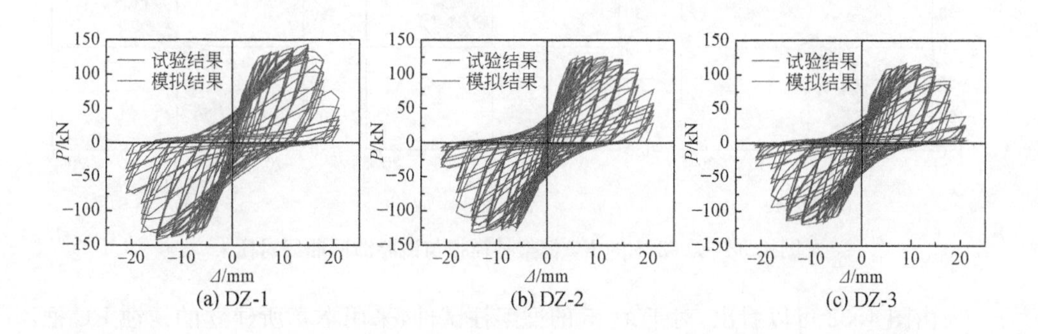

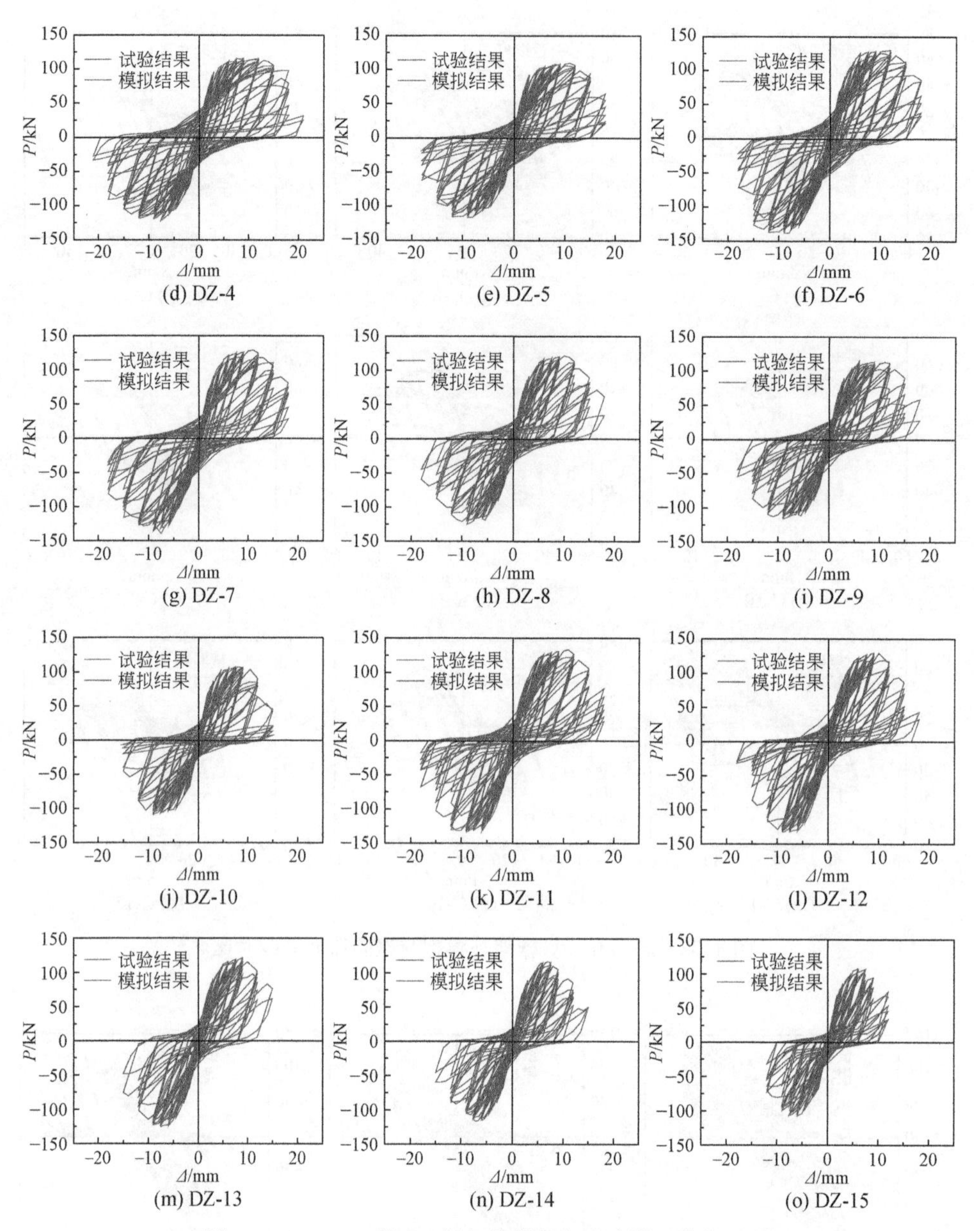

(d) DZ-4 (e) DZ-5 (f) DZ-6 (g) DZ-7 (h) DZ-8 (i) DZ-9 (j) DZ-10 (k) DZ-11 (l) DZ-12 (m) DZ-13 (n) DZ-14 (o) DZ-15

图 4.33 $\lambda=2.5$ 的 RC 框架柱模拟与试验滞回曲线对比

由图 4.32 可以看出，对于 $\lambda=5$ 的框架柱试件，采用本章所建立的锈蚀 RC 框柱恢复力模型，模拟所得各试件滞回曲线的卸载刚度及骨架曲线均与试验结果吻合较好，而再加载段曲线与试验结果相比，误差略大，这是由模拟柱底部塑性铰区弯曲变形性能的滞回模型的滞回特性所决定的。该模型的加载曲线为具有峰值指向性特点的直线，而试验所得各试件的再加载曲线则为较丰满的曲线。

由图 4.33 可以看出，对于 $\lambda=2.5$ 的框架柱试件，采用本章所建立的锈蚀 RC 框柱恢复力模型，模拟所得各试件滞回曲线的卸载刚度以及骨架曲线均与试验结果吻合较好，且能够较准确地捕捉各试件的剪切破坏点，并能够反映其剪切开裂后滞回曲线的捏拢特性，表明本章所建立的锈蚀 RC 框架柱恢复力模型能够较好地反映近海大气环境下锈蚀 RC 框架柱的的力学性能和抗震性能。

数值模拟结果的骨架曲线与试验结果相同、滞回环面积与试验结果相等是判别模拟结果优劣的两个重要条件。表 4.9～表 4.12 分别为依据本章建议数值模拟方法分析得到的锈蚀 RC 框架柱骨架曲线上各特征点模拟值与试验值对比，图 4.34 为各试件最终破坏时的累积耗能模拟值与试验值的对比。

可以得出，剪跨比为 5 的各锈蚀 RC 框架柱试件屈服荷载、峰值荷载和极限荷载的模拟值与试验值之比的均值分别为 0.966、0.953、0.953，标准差分别为 0.034、0.017、0.017；屈服位移、峰值位移、极限位移的模拟值与试验值之比的均值分别为 0.972、1.064、1.079，标准差分别为 0.071、0.038、0.086；各试件最终破坏时的累积耗能模拟值均小于试验值，但误差基本不超过 20%。剪跨比为 2.5 的各锈蚀 RC 框架柱试件屈服荷载、峰值荷载和极限荷载的模拟值与试验值之比的均值分别为 1.044、0.953、0.953，标准差分别为 0.038、0.017、0.017；屈服位移、峰值位移和极限位移的模拟值与试验值之比的均值分别为 0.972、1.019、1.079，标准差分别为 0.073、0.102、0.089；各试件最终破坏时的累积耗能模拟值均大于试验值，但其误差也在可接受范围。表明基于本章建立的锈蚀 RC 框架柱恢复力模型模拟所得各试件的骨架曲线以及耗能能力均与试验结果符合较好，能够较准确地模拟锈蚀 RC 框架柱滞回性能。

表 4.9　$\lambda=5$ 各锈蚀 RC 框架柱骨架曲线各特征点荷载模拟值及其与试验值之比

试件编号	屈服荷载		峰值荷载		极限荷载	
	模拟值/kN	模拟值/试验值	模拟值/kN	模拟值/试验值	模拟值/kN	模拟值/试验值
C-1	47.82	0.962	55.04	0.974	46.78	0.974
C-2	43.71	0.932	51.23	0.960	43.54	0.960
C-3	41.87	1.019	47.02	0.977	39.97	0.977
C-4	39.47	0.925	44.28	0.951	37.63	0.951
C-5	38.33	0.974	42.85	0.956	36.42	0.956
C-6	53.78	0.937	60.23	0.943	51.20	0.943
C-7	52.17	0.925	56.06	0.913	47.65	0.913

续表

试件编号	屈服荷载		峰值荷载		极限荷载	
	模拟值/kN	模拟值/试验值	模拟值/kN	模拟值/试验值	模拟值/kN	模拟值/试验值
C-8	50.62	0.933	53.90	0.938	45.81	0.938
C-9	49.25	0.999	51.54	0.956	43.81	0.956
C-10	45.96	0.929	49.80	0.948	42.33	0.948
C-11	56.33	0.985	56.83	0.962	48.31	0.962
C-12	53.46	0.956	53.78	0.925	45.75	0.926
C-13	51.85	1.026	53.04	0.971	45.08	0.971
C-14	49.01	0.975	50.30	0.952	42.75	0.951
C-15	47.67	1.019	48.72	0.969	41.41	0.969

注:各特征点试验值见表 4.6。

表 4.10 λ=5 各锈蚀 RC 框架柱骨架曲线各特征点位移模拟值及其与试验值之比

试件编号	屈服位移		峰值位移		极限位移	
	模拟值/mm	模拟值/试验值	模拟值/mm	模拟值/试验值	模拟值/mm	模拟值/试验值
C-1	8.80	0.959	28.20	1.102	72.30	1.134
C-2	7.90	0.869	27.70	1.122	69.80	1.113
C-3	7.30	0.839	25.50	1.052	65.20	1.095
C-4	6.90	0.848	24.80	1.062	62.40	1.157
C-5	6.70	0.889	23.70	1.039	55.40	1.192
C-6	9.20	1.007	21.20	1.112	41.20	1.049
C-7	8.90	0.981	20.30	1.080	38.60	1.021
C-8	8.60	1.012	17.90	1.124	36.70	1.170
C-9	8.40	1.036	16.90	1.075	35.40	1.198
C-10	7.80	0.970	16.60	1.064	33.20	1.166
C-11	8.30	1.059	16.30	1.067	29.60	0.950
C-12	8.10	1.070	15.40	1.039	28.30	1.021
C-13	7.70	1.031	15.10	1.019	26.70	1.032
C-14	7.50	1.012	14.60	0.988	24.90	0.984
C-15	7.40	1.003	14.20	1.009	22.20	0.904

注:各特征点试验值见表 4.6。

表 4.11　λ=2.5 各锈蚀 RC 框架柱骨架曲线各特征点荷载模拟值及其与试验值之比

试件编号	屈服荷载		峰值荷载		极限荷载	
	模拟值/kN	模拟值/试验值	模拟值/kN	模拟值/试验值	模拟值/kN	模拟值/试验值
DZ-1	125.69	1.06	142.71	1.05	121.30	1.05
DZ-2	115.47	1.01	124.10	0.98	105.48	0.98
DZ-3	107.75	1.01	115.35	0.94	98.05	0.94
DZ-4	106.59	1.04	115.61	0.98	98.27	0.98
DZ-5	101.91	1.08	109.61	0.98	93.17	0.98
DZ-6	116.90	1.05	129.57	1.00	110.14	1.00
DZ-7	114.48	1.04	128.59	1.02	109.30	1.01
DZ-8	110.63	1.05	121.01	1.01	102.86	1.01
DZ-9	100.02	1.00	112.80	0.98	95.88	0.98
DZ-10	100.83	1.14	106.01	1.00	90.11	1.00
DZ-11	117.25	1.06	132.31	1.02	112.47	1.02
DZ-12	117.39	1.09	129.82	1.03	110.34	1.03
DZ-13	104.00	1.03	121.29	1.01	103.09	1.01
DZ-14	95.91	1.00	116.60	1.04	99.11	1.04
DZ-15	87.36	1.00	107.61	1.01	91.47	1.01

注:各特征点试验值见表 4.7。

表 4.12　λ=2.5 各锈蚀 RC 框架柱骨架曲线各特征点位移模拟值及其与试验值之比

试件编号	屈服位移		峰值位移		极限位移	
	模拟值/mm	模拟值/试验值	模拟值/mm	模拟值/试验值	模拟值/mm	模拟值/试验值
DZ-1	4.45	0.867	13.86	0.925	17.26	0.934
DZ-2	4.22	0.853	12.75	0.850	16.48	0.931
DZ-3	4.1	0.838	12.14	1.012	16.11	0.953
DZ-4	3.98	0.841	11.46	0.955	15.64	0.996
DZ-5	3.54	0.778	10.93	0.912	14.73	0.985
DZ-6	4.52	0.917	13.24	1.101	16.62	1.059
DZ-7	4.32	0.891	12.44	1.036	15.78	1.030
DZ-8	4.04	0.946	10.98	1.220	13.76	1.086
DZ-9	3.48	0.868	9.97	1.109	12.96	1.122
DZ-10	3.37	0.851	8.96	1.203	11.87	1.057
DZ-11	4.08	0.976	8.63	0.958	15.03	1.143

续表

试件编号	屈服位移		峰值位移		极限位移	
	模拟值/mm	模拟值/试验值	模拟值/mm	模拟值/试验值	模拟值/mm	模拟值/试验值
DZ-12	3.67	0.895	8.43	0.936	13.35	1.062
DZ-13	3.47	0.899	7.88	1.052	12.06	1.128
DZ-14	3.31	0.902	7.68	1.024	11.08	1.108
DZ-15	3.11	0.859	7.43	0.991	9.98	1.029

注:各特征点试验值见表 4.7。

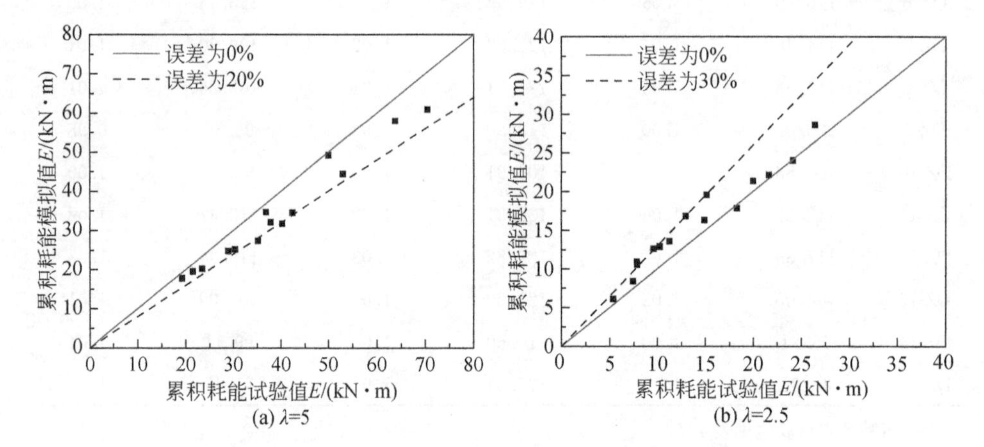

图 4.34 锈蚀 RC 框架柱累积耗能模拟值与试验值对比

4.5 本章小结

为研究近海大气环境下锈蚀 RC 框架柱的抗震性能,本章采用人工气候加速腐蚀技术分别对 15 榀剪跨比为 5 和 15 榀剪跨比 2.5 的框架柱试件进行了腐蚀试验,进而进行拟静力加载试验,分别探讨了钢筋锈蚀程度、轴压比和配箍率对不同剪跨比 RC 框架柱各抗震性能指标的影响规律,并结合试验研究结果和理论分析建立了锈蚀 RC 框架柱的恢复力模型。主要结论如下。

(1)钢筋锈蚀会使 RC 框架柱的破坏形态发生变化,主要表现为:对于剪跨比较大的框架柱,随着锈蚀程度的增大,柱底部水平裂缝的数量减少,水平裂缝之间的间距增大,裂缝宽度亦增大,但其破坏模式均为典型的弯曲型破坏;对于剪跨比较小的框架柱试件,未锈蚀试件的破坏模式是较为典型的弯剪破坏,而锈蚀程度严重的试件破坏模式为剪切破坏特征更为明显的剪弯破坏,表明随着钢筋锈蚀程度的增加,小剪跨比 RC 框架柱试件的破坏模式逐渐由弯剪破坏向剪弯破坏转变。

(2)由剪跨比为 5 的锈蚀 RC 框架柱试件拟静力加载试验结果可以看出，轴压比相同时，随着钢筋锈蚀程度的增加，各试件的承载能力、变形能力和耗能能力均呈现出不同程度的退化，强度退化和刚度退化速率不断加快；钢筋锈蚀程度相近时，随着轴压比的增大，锈蚀 RC 框架柱破坏形态由大偏心受压破坏转变为小偏心受压破坏，其承载力先增大后减小，而变形能力和耗能能力则逐渐减小；此外，随着轴压比的增大，锈蚀 RC 框架柱的强度退化和刚度退化速率亦不断加快。

(3)由剪跨比为 2.5 的锈蚀 RC 框架柱试件拟静力试验结果可以看出，随着钢筋锈蚀程度的增加和配箍率的减小，各试件的承载能力，变形能力和耗能能力均不断降低，强度衰减和刚度退化速率则不断增加。

(4)根据所建立的锈蚀 RC 框架柱恢复力模型，基于 OpenSees 有限元分析软件，对本章涉及的各 RC 框架柱拟静力试验进行了数值建模分析。通过对比模拟结果和试验结果发现，模拟所得各试件的滞回曲线、骨架曲线以及耗能能力均能与试验结果符合较好，表明所建立的锈蚀 RC 框架柱恢复力模型能够较准确地反映近海大气环境下锈蚀 RC 框架柱的力学性能和抗震性能，可用于近海大气环境下在役 RC 结构的抗震性能分析与评估。

参 考 文 献

[1] 史庆轩，牛荻涛，颜桂云. 反复荷载作用下锈蚀钢筋混凝土压弯构件恢复力性能的试验研究[J]. 地震工程与工程振动，2000，20(4)：45-50.

[2] Lee H S, Kage T, Noguchi T, et al. An experimental study on the retrofitting effects of reinforced concrete columns damaged by rebar corrosion strengthened with carbon fiber sheets[J]. Cement and Concrete Research, 2003, 33(4): 563-570.

[3] Ma Y, Che Y, Gong J. Behavior of corrosion damaged circular reinforced concrete columns under cyclic loading[J]. Construction and Building Materials, 2012, 29(29): 548-556.

[4] 贡金鑫，仲伟秋，赵国藩. 受腐蚀钢筋混凝土偏心受压构件低周反复性能的试验研究[J]. 建筑结构学报，2004，25(5)：92-97.

[5] Meda A, Mostosi S, Rinaldi Z, et al. Experimental evaluation of the corrosion influence on the cyclic behaviour of RC columns[J]. Engineering Structures, 2014, 76: 112-123.

[6] 牛荻涛，陈新孝，王学民. 锈蚀钢筋混凝土压弯构件抗震性能试验研究[J]. 建筑结构，2004，34(10)：36-45.

[7] 蒋连接，袁迎曙. 反复荷载下锈蚀钢筋混凝土柱力学性能的试验研究[J]. 工业建筑，2012，42(2)：66-69.

[8] 袁迎曙，章鑫森，姬永生. 人工气候与恒电流通电法加速锈蚀钢筋混凝土梁的结构性能比较研究[J]. 土木工程学报，2006，39(3)：42-46.

[9] 张伟平，王晓刚，顾祥林. 加速锈蚀与自然锈蚀钢筋混凝土梁受力性能比较分析[J]. 东南大学学报(自然科学版)，2006，36(增刊Ⅱ)：139-144.

[10] 中华人民共和国住房和城乡建设部. 建筑抗震试验规程(JGJ/T 101—2015)[S]. 北京:中国建筑工业出版社,2015.

[11] 中华人民共和国住房和城乡建设部. 混凝土结构设计规范(2015 年版)(GB/T 50010—2010)[S]. 北京:中国建筑工业出版社,2015.

[12] 中华人民共和国住房和城乡建设部,中华人民共和国国家质量监督检验检疫总局. 建筑抗震设计观范(2016 年版)(GB 50011—2010)[S]. 北京:中国建筑工业出版社,2016.

[13] 中华人民共和国国家质量监督检验检疫总局,中国国家标准化管理委员会. 金属材料 拉伸试验 第 1 部分:室温试验方法(GB/T 228. 1—2010)[S]. 北京:中国标准出版社,2010.

[14] 吴锋,张章,龚景海. 基于锈胀裂缝的锈蚀梁钢筋锈蚀率计算[J]. 建筑结构学报,2013,34(10):144-150.

[15] 李磊,周宁,郑山锁. 锈蚀 RC 框架柱恢复力模型研究[J]. 福州大学学报,2013,41(4):729-734.

[16] 陈新孝,牛荻涛,王学民. 锈蚀钢筋混凝土压弯构件的恢复力模型[J]. 西安建筑科技大学学报(自然科学版),2005,37(2):155-159.

[17] 张猛,李瑶亮,王卫仑,等. 锈蚀钢筋混凝土框架柱恢复力模型研究[J]. 防灾减灾工程学报,2015,35(4):471-476.

[18] 贡金鑫,李金波,赵国藩. 受腐蚀钢筋混凝土构件的恢复力模型[J]. 土木工程学报,2005,38(11):38-44.

[19] Haselton C B, Deierlein G G. Assessing seismic collapse safety of modern reinforced concrete frame buildings[R]. Stanford: John A. Blume Earthquake Engineering Center Technical Report No. 156, Stanford University, 2007.

[20] Lignos D G, Krawinkler H. Development and utilization of structural component databases for performance-based earthquake engineering[J]. Journal of Structural Engineering ASCE, 2013, 139(8): 1382-1394.

[21] 艾庆华,王东升,李宏男,等. 基于塑性铰模型的钢筋混凝土桥墩地震损伤评价[J]. 工程力学,2009,26(4):158-166.

[22] Paulay T, Priestley M J N. Seismic Design of Reinforced Concrete and Masonry Buildings [M]. Wiley, 1992.

[23] 梁兴文,赵花静,邓明科. 考虑边缘约束构件影响的高强混凝土剪力墙弯矩-曲率骨架曲线参数研究[J]. 建筑结构学报,2009,(s2):62-67.

[24] 周基岳,刘南科. 钢筋混凝土框架非线性分析中的截面弯矩-曲率关系[J]. 土木建筑与环境工程,1984,(2):23-38.

[25] Mander J B, Priestley M J N, Park R. Theoretical stress-strain model for confined concrete [J]. Journal of Structural Engineering ASCE, 1988, 114(8): 1804-1826.

[26] Maekawa K, Dhakal R P. Modeling for postyield buckling of reinforcement[J]. Journal of Structural Engineering, 2002, 128(9): 1139-1147.

[27] Haselton C B, Liel A B, Taylor Lange S, et al. Beam-column element model calibrated for predicting flexural response leading to global collapse of RC frame buildings[R]. Berkeley:

Pacific Engineering Research Center, University of California, 2008.

[28] Elwood K J. Modelling failures in existing reinforced concrete columns[J]. Canadian Journal of Civil Engineering, 2004, 31(5): 846-859.

[29] 蔡茂，顾祥林，华晶晶，等. 考虑剪切作用的钢筋混凝土柱地震反应分析[J]. 建筑结构学报，2011, 32(11): 97-108.

[30] Leborgne M R. Modeling the post shear failure behavior of reinforced concrete columns[D]. Austin: University of Texas at Austin, 2012.

[31] Majid B S. Collapse assessment of concrete buildings: An application to non-ductile reinforced concrete moment frames [D]. Vancouver: the University of British Columbia, 2013.

[32] Setzler E J, Sezen H. Model for the lateral behavior of reinforced concrete columns including shear deformations[J]. Earthquake Spectra, 2008, 24(2): 493-511.

[33] Jeon J S, Lowes L N, Desroches R, et al. Fragility curves for non-ductile reinforced concrete frames that exhibit different component response mechanisms[J]. Engineering Structures, 2015, 85: 127-143.

[34] 孙维章，梁宋湘，罗建群. 锈蚀钢筋剩余承载能力的研究[J]. 水利水运工程学报，1993(2): 169-179.

[35] 王雪慧，钟铁毅. 混凝土中锈蚀钢筋截面损失率与重量损失率的关系[J]. 建材技术与应用，2005, (1): 4-6.

第5章　锈蚀 RC 框架节点抗震性能试验研究

5.1　引　　言

RC 框架节点作为梁柱构件的传力枢纽，在地震荷载作用下一旦发生破坏，即意味着与之相连的梁柱构件同时失效。近海大气环境中的 RC 框架结构，其梁柱节点亦会受氯离子侵蚀作用影响，导致节点力学与抗震性能退化，进而削弱整体结构抗震性能。近年来，为揭示近海大气环境下锈蚀 RC 框架节点的抗震性能退化规律，国内外学者就此开展了部分研究。例如，刘桂羽[1]基于锈蚀 RC 框架节点的拟静力试验，研究了钢筋锈蚀程度对其抗震性能的影响规律；戴靠山等[2]基于锈蚀 RC 框架边节点试件的拟静力加载试验，指出钢筋锈蚀不但削弱了其自身有效截面面积和力学性能，而且破坏了钢筋与混凝土间的黏结性能，并因此引发节点整体抗震性能退化；周静海等[3]采用径向位移法，模拟钢筋锈蚀对周围混凝土的锈胀作用，研究了不同钢筋锈蚀程度和轴压比下，RC 框架中节点的抗震性能退化规律；Xu 等[4]基于不同锈蚀程度 RC 框架节点的数值模拟分析结果，研究了钢筋锈蚀程度对节点承载力的影响；Ashokkumar 等[5]通过数值模拟分析，研究了钢筋锈蚀对节点力学性能和钢筋滑移的影响规律。然而，上述研究结果大都停留在定性描述层面，缺乏对锈蚀 RC 框架抗震性能退化规律的量化表征，亦未形成准确高效的锈蚀 RC 框架节点数值模拟方法。

鉴于此，本章采用人工气候加速腐蚀技术，对 RC 框架梁柱节点试件进行加速腐蚀试验，进而拟静力加载试验，系统研究了钢筋锈蚀退化对 RC 框架梁柱节点破坏形态及抗震性能的影响规律，并基于 Hysteretic Material 滞回模型，建立了可反映捏拢效应、强度衰减和刚度退化的锈蚀 RC 框架节点恢复力模型。研究成果将为近海大气环境下 RC 框架结构数值建模分析提供重要的理论依据。

5.2　试验内容及过程

5.2.1　试件设计

在地震荷载作用下，RC 框架结构中的节点上下柱及左右梁反弯点位于相应构件中点附近(图5.1(a)),因此本章取上下柱及左右梁反弯点间的梁柱组合体为对象(图5.1(b)),以钢筋锈蚀程度和轴压比为变化参数,设计制作了11榀锈蚀RC框架节点试件,以研究揭示其力学与抗震性能退化规律。参考《建筑抗震试验规程》(JGJ/T 101—2015)[6]、《建筑抗震设计规范(2016年版)》(GB 50011—2010)[7]、《混凝土结构设计规范(2015年版)》(GB 50010—2010)[8],以"强构件、弱节点"作为设计原则,设计不同参数节点试件,以保证加载过程中节点核心区率先破坏。各试件设计参数如下:梁截面尺寸为150mm×250mm,柱截面尺寸为200mm×200mm,混凝土保护层厚度为10mm,设计混凝土强度等级均为C30,梁柱构件纵筋均采用HRB335,箍筋均采用HPB300。试件详细尺寸和截面配筋形式如图5.2所示,具体设计参数见表5.1。

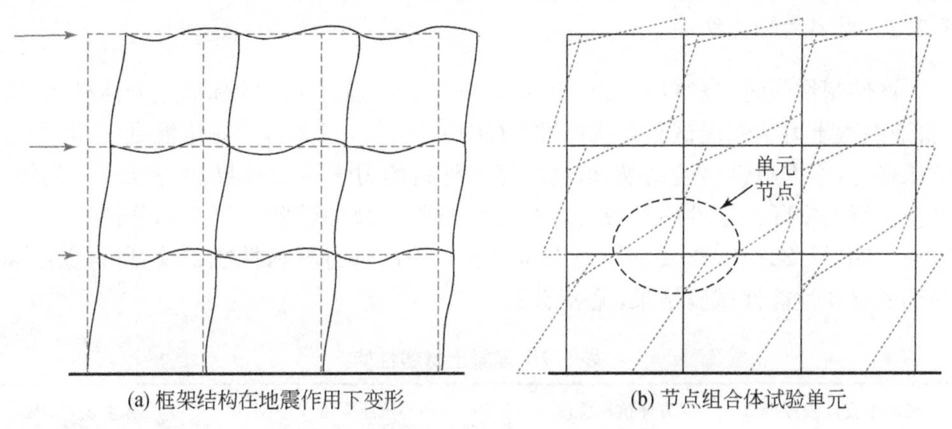

图5.1 RC框架结构变形及节点试验单元

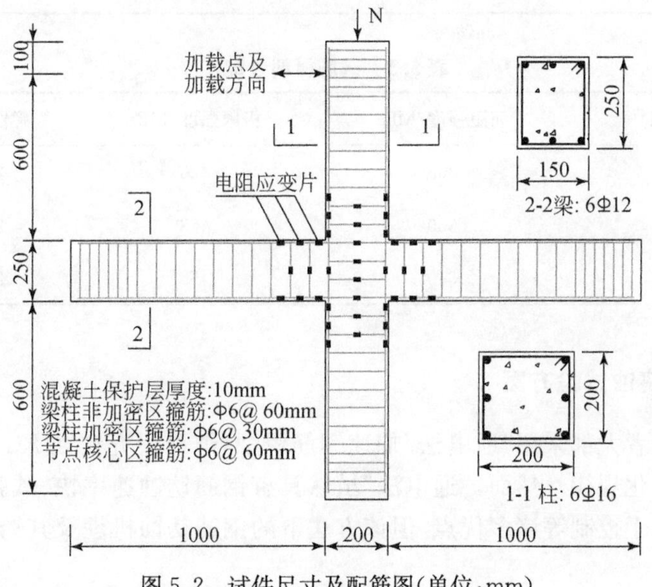

图5.2 试件尺寸及配筋图(单位:mm)

表 5.1　锈蚀 RC 框架节点试件设计参数

试件编号	轴压比 n	锈胀裂缝宽度 w/mm	试件编号	轴压比 n	锈胀裂缝宽度 w/mm
JD-1	0.10	0	JD-7	0.45	1.50
JD-2	0.10	0.75	JD-8	0.30	0
JD-3	0.10	1.20	JD-9	0.30	0.75
JD-4	0.45	0	JD-10	0.30	1.20
JD-5	0.45	0.75	JD-11	0.30	1.50
JD-6	0.45	1.20			

5.2.2　材料力学性能

试件制作同时，浇筑尺寸为 150mm×150mm×150mm 的标准立方体试块，按《普通混凝土力学性能试验方法标准》(GB/T 50081—2002)[9]测定混凝土 28 天的抗压强度，根据材性试验结果，得到混凝土材料的力学性能参数，见表 5.2。此外，为获得钢筋实际力学性能参数，按照《金属材料　拉伸试验　第 1 部分：室温试验方法》(GB/T 228.1—2010)[10]对纵向钢筋和箍筋进行材料性能试验，所得纵筋和箍筋的材料性能性试验结果，见表 5.3。

表 5.2　混凝土材料性能

混凝土设计强度等级	立方体抗压强度 f_{cu}/MPa	轴心抗压强度 f_{cu}/MPa	弹性模量 E_c/MPa
C30	27.05	20.56	3.00×10^4

表 5.3　钢筋材料性能

钢筋类别	屈服强度/MPa	极限强度/MPa	弹性模量/MPa
Φ6	305	420	2.1×10^5
Φ12	350	458	2.0×10^5
Φ16	340	455	2.0×10^5

5.2.3　加速腐蚀试验方案

国内外学者大都采用“通电法”加速钢筋锈蚀，继而研究锈蚀 RC 构件的力学与抗震性能退化规律。然而，“通电法”虽然具有钢筋锈蚀速率快、试验周期短、钢筋锈蚀程度易于控制等诸多优点，但该方法下的钢筋锈蚀机理及其锈蚀后效果均与自然环境下存在明显不同。而既有研究结果表明,人工气候加速腐蚀技术的腐蚀效果和腐蚀机理与自然环境中钢筋的腐蚀较为相似。鉴于此,本章采用人工气候加速锈蚀方法对 RC 框架节点试件进行加速腐蚀试验,试件加速腐蚀方案及混凝土中钢筋锈蚀的测定均与 RC 框架柱试件相同,在此不再赘述。锈蚀 RC 框架节点试件的设计锈胀裂缝宽度见表 5.1,其在人工气候环境模拟实验过程中的表观腐蚀现象如图 5.3 所示。

(a) 试件表面锈迹　(b) 试件表面析出盐颗粒

图 5.3　气候环境模拟试验中试件表面现象

5.2.4　拟静力加载及量测方案

1. 试验加载装置

RC 框架节点的拟静力加载方式有柱端加载和梁端加载两种[11]。其中,柱端加载方式下节点试件的变形情况与地震作用下框架节点变形一致,且其加载过程易于控制,因此,本试验采用柱端加载方式对各锈蚀 RC 框架节点试件进行拟静力加载,以真实反映框架节点在地震作用下的实际受力状况,试验加载装置如图 5.4 所示。加载过程中,试件通过空间球铰和梁端支撑链杆固定于地面,竖向恒定荷载通过 100t 液压千斤顶施加,水平往复荷载通过固定于反力墙上的 500kN 电液伺服作动器施加,并通过荷载、位移传感器控制水平推拉荷载和位移,整个加载过程由 MTS 电液伺服试验系统控制。

2. 试验加载程序

加速腐蚀试验完成后,将各锈蚀 RC 框架节点试件取出,进行拟静力加载试验。正式加载前,参照《建筑抗震试验规程》(JGJ/T 101—2015)[6],对各试件进行预加反复荷载两次,以检验并校准加载装置及量测仪表。正式加载时,为准确量测

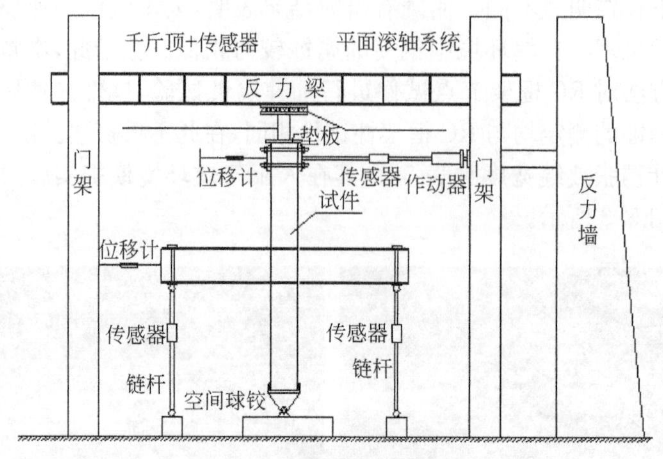

图 5.4 试验加载装置

各试件不同受力状态下的柱顶水平荷载与位移特征值，采用力-位移混合加载制度对各试件进行往复加载，具体加载方案为：首先在柱顶施加恒定轴压力 N 至设定轴压比，之后在试件屈服前，采用级差为 5kN 的控制荷载，对试件往复加载 1 次；试件屈服后，以此时的柱顶水平位移为级差进行位移控制加载，每级循环 3 次，直至试件发生明显破坏或试件水平荷载降低至峰值荷载的 85％以下时停止加载，加载制度如图 5.5 所示。

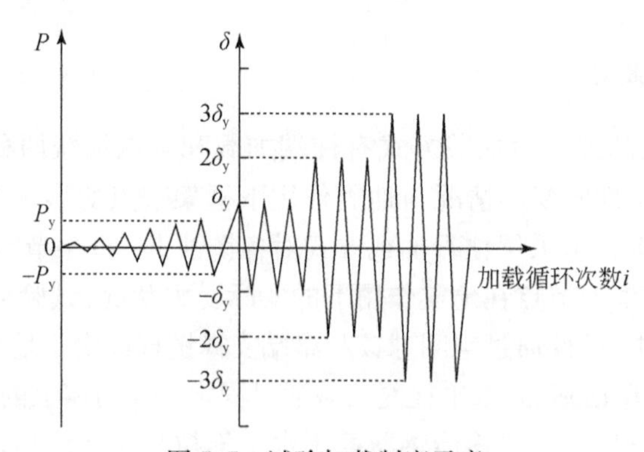

图 5.5 试验加载制度示意

3. 测点布置及量测内容

为准确揭示并表征锈蚀 RC 框架节点的地震损伤破坏特征与机理，以及其抗震性能退化规律，拟静力加载过程中，通过布置于柱顶的竖向压力传感器及水平拉压传感器和位移传感器，量测柱顶轴力、水平往复荷载及水平位移；通过布置于梁、柱端纵筋及节点核心区箍筋的电阻应变片，量测相应钢筋应变；通过交叉布置于节点核心区的外设位移计，量测节点核心区剪切变形，并通过观测试件表面裂缝发展情况，考察试件地震损伤破坏过程。相应电阻应变片及位移计布置情况如图 5.6 和图 5.7 所示。

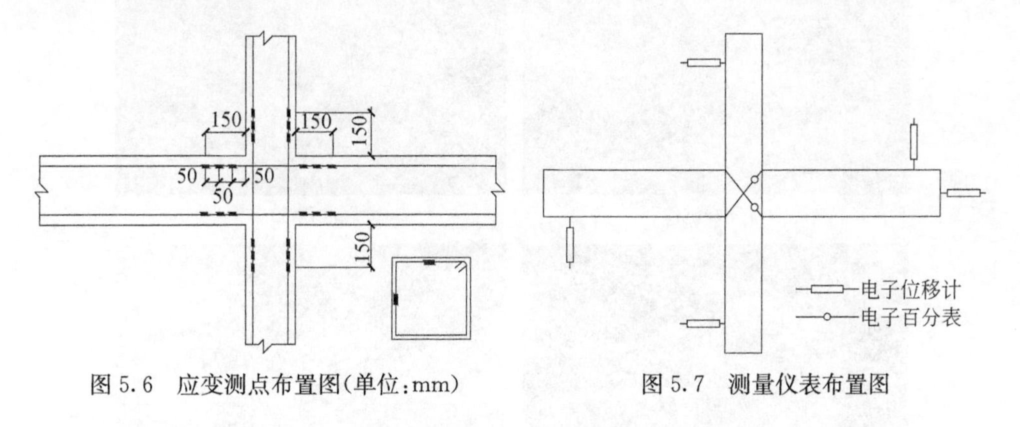

图 5.6　应变测点布置图(单位：mm)　　图 5.7　测量仪表布置图

5.3　试验现象及结果分析

5.3.1　腐蚀效果及现象描述

1. 试件表观形态

人工气候加速腐蚀试验过程中，试件内部钢筋锈蚀情况难以准确量测，但既有研究结果表明，试件表面锈胀裂缝宽度与其内部钢筋锈蚀率存在明显的正相关关系，因此本节通过预设锈胀裂缝宽度控制各试件的腐蚀程度，各试件的设计锈胀裂缝宽度见表 5.2。试件加速锈蚀过程中，定期进入人工气候实验室，采用精度为 0.01mm，量程为 0～10mm 的裂缝观测仪量测各试件表面锈胀裂缝宽度，并取其平均值作为该试件的锈胀裂缝宽度，当其达到设计锈胀裂缝宽度后，停止对相应试件进行腐蚀。不同锈蚀程度 RC 框架节点试件表观形态如图 5.8 所示。

可以看出，锈蚀 RC 框架节点试件表面均存在不同程度的分布锈迹，且腐蚀时间越长，试件表观锈迹越多，分布越广。观测试件表面锈胀裂缝可以发现，RC 框架节点中梁柱构件及节点核心区均出现了不同程度的锈胀裂缝，且随锈蚀程度加剧，试件表面锈胀裂缝宽度越宽、数量越多。此外，由试件表面的锈胀裂缝分布还可发现，纵筋锈胀裂缝宽度明显大于箍筋锈胀裂缝宽度，其原因为：锈胀裂缝宽度不仅与钢筋锈蚀程度有关，还与混凝土保护层厚度与钢筋直径之比 c/d 有关，锈蚀 RC 框架节点试件中，虽然箍筋锈蚀程度大于纵筋锈蚀程度，但由于其 c/d 较大，其锈

(a) 完好试件　(b) 轻度锈蚀试件

(c) 中度锈蚀试件　(d) 重度锈蚀试件

图 5.8　锈蚀 RC 框架节点表观形态

胀裂缝宽度较小。

2. 内部钢筋锈蚀形态

拟静力加载试验完成后，敲除试件表面混凝土，截取节点核心区箍筋及梁柱纵筋各 3 根(每根长度 30cm，进行编号)，观察其表观锈蚀状态，图 5.9 为重度锈蚀试件箍筋和纵筋的锈蚀形态。可以看出，人工气候环境加速腐蚀后钢筋表面锈蚀产物与电化学腐蚀钢筋的“黑色”锈蚀产物不同，其锈蚀产物颜色呈“红褐色”，且呈现单侧锈蚀严重的特征，这与自然环境下钢筋锈蚀特征相同，表明人工气候环境加速腐蚀技术可以较好地模拟近海大气下的氯离子侵蚀过程，使混凝土内部钢筋具有与自然环境下混凝土中钢筋相同的锈蚀机理与锈蚀效果。

此外，为测定各类钢筋实际锈蚀率，以表征钢筋实际锈蚀程度，拟静力加载试验完成后，将所截取钢筋按《普通混凝土长期性能和耐久性能试验方法标准》(GB 50082—2009)所述方法除锈，并按式(2-1)计算钢筋实际锈蚀率。由于同一试件中相同类别钢筋的实际锈蚀率之间存在一定的离散性，因此本节以所截取纵筋

(a) 箍筋

(b) 梁纵筋

(c) 柱纵筋

图5.9 重度锈蚀试件的钢筋锈蚀形态

和箍筋的实际锈蚀率均值作为试件相应类别钢筋的实际锈蚀率,其结果见表5.4。

表5.4 锈蚀RC框架节点试件钢筋平均锈蚀率

节点编号	核心区箍筋锈蚀率/%	梁纵筋锈蚀率/%	柱纵筋锈蚀率/%	节点编号	核心区箍筋锈蚀率/%	梁纵筋锈蚀率/%	柱纵筋锈蚀率/%
JD-1	0	0	0	JD-7	11.35	4.28	5.36
JD-2	6.41	1.92	2.34	JD-8	0	0	0
JD-3	9.87	4.05	4.98	JD-9	3.72	1.98	2.23
JD-4	0	0	0	JD-10	6.38	2.76	3.13
JD-5	3.98	1.82	2.38	JD-11	10.57	4.36	5.02
JD-6	6.82	2.53	3.14				

可以看出,相同设计锈胀裂缝宽度下,不同试件内部同类钢筋的锈蚀程度并不相同,表现出明显的离散性;随着腐蚀程度增加,试件内部纵筋和箍筋的锈蚀率逐渐增大,且箍筋锈蚀率明显大于纵筋锈蚀率。这是由于箍筋直径较小,且距离混凝土外表面的距离较短,当外界氯离子侵蚀深度达到箍筋表面,开始对箍筋锈蚀产生作用时,纵筋还未受到外界氯离子侵蚀作用影响。

5.3.2 试件破坏特征分析

试验中,不同腐蚀程度与轴压比下RC框架节点的破坏过程基本相似,均经历了"弹性、弹塑性、破坏"三个受力阶段,其总体破坏过程为:梁端混凝土开裂→节点核心区混凝土开裂→节点核心区箍筋屈服→节点核心区剪切破坏。具体破坏过程如下:当柱顶水平荷载达到15～25kN时,梁端受拉区混凝土出现第一条受弯裂缝,此后,随着柱顶水平荷载增大,梁端受拉区混凝土裂缝数量不断增多,长度延伸,宽度增加;当柱顶水平荷载达到25～35kN时,节点核心区混凝土出现剪切斜裂缝,此后,随柱顶水平荷载增大,梁端受弯裂缝发展变缓,而节点核心区剪切斜裂缝的数量则不断增加，长度延伸，宽度增加；当柱顶水平荷载达到 35～55kN 时，节点进入屈服状态，此后，试件的加载方式由力控制改为位移控制。随着柱顶水平位移增大，梁端受弯裂缝数量基本不再增多，宽度稍增加，而节点核心区剪切斜裂缝的数量和宽度仍不断发展。当柱顶水平位移达到 30～40mm 时，柱顶水平荷载达到峰值，此后节点进入破坏阶段；当柱顶水平位移达到 45～65mm 时，节点核心区箍筋受拉屈服并形成一条主要剪切斜裂缝，并随着柱顶水平位移的进一步增大，主剪斜裂缝宽度迅速开展，水平荷载下降较快，试件宣告破坏。各试件最终破坏形态如图 5.10 所示。

对比锈蚀程度相同而轴压比不同的各试件破坏过程发现，轴压比变化对梁端开裂荷载的影响较小，但对节点核心区剪切斜裂缝的开展影响显著，表现为：轴压比较大试件的节点核心区交叉斜裂缝出现较晚，斜裂缝宽度的发展较慢，且斜裂缝与水平线的夹角较大，表明轴压比的增加能够推迟节点核心区交叉斜裂缝的出现并一定程度减缓斜裂缝的发展速度。对比轴压比相同而腐蚀程度不同各节点试件

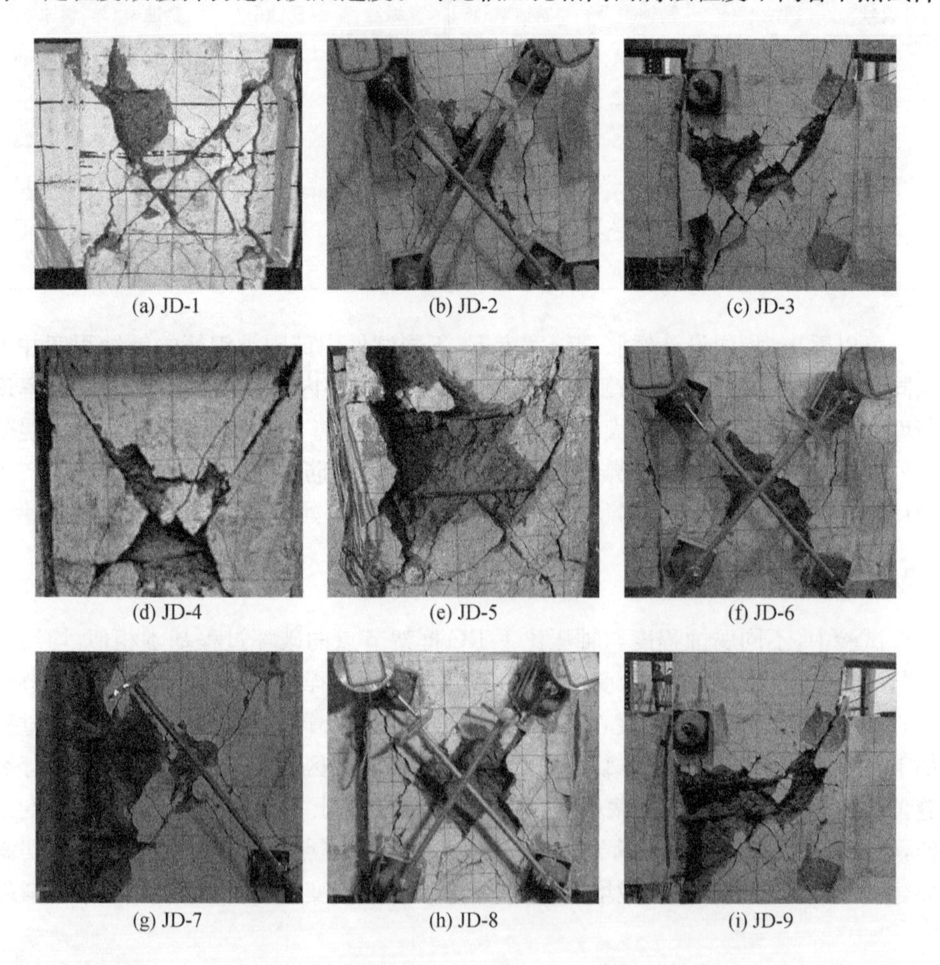
(a) JD-1 (b) JD-2 (c) JD-3
(d) JD-4 (e) JD-5 (f) JD-6
(g) JD-7 (h) JD-8 (i) JD-9

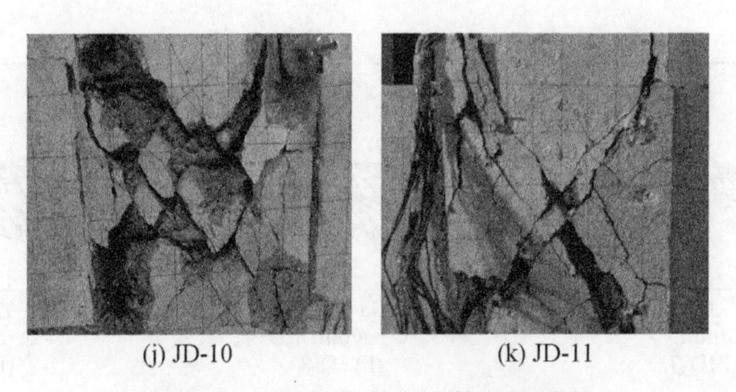

(j) JD-10　　(k) JD-11

图 5.10　RC 框架节点试件破坏形态

的破坏过程发现，锈蚀程度较轻试件的破坏过程与未锈蚀试件的差异较小，而重度锈蚀试件的破坏过程与未锈蚀试件相比差异明显，具体表现为：锈蚀程度较重的试件梁端受拉区混凝土开裂及节点核心区剪切斜裂缝出现时对应的柱顶荷载较小，核心区剪切斜裂缝开展速率较快，剪切破坏特征更加明显。

5.3.3　滞回曲线

滞回曲线是指结构或构件在低周反复荷载作用下的荷载-位移曲线，可以反映结构或构件的开裂、屈服、极限、破坏受力全过程，是反映结构或构件抗震性能优劣的重要指标。图 5.11 为试验所得各 RC 框架节点试件的滞回曲线。

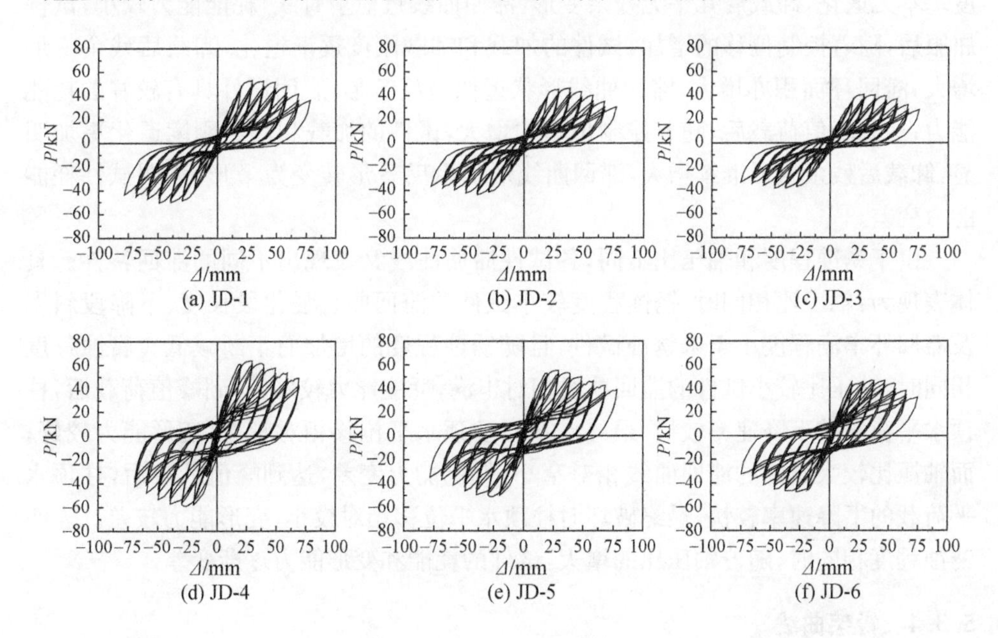

(a) JD-1　　(b) JD-2　　(c) JD-3

(d) JD-4　　(e) JD-5　　(f) JD-6

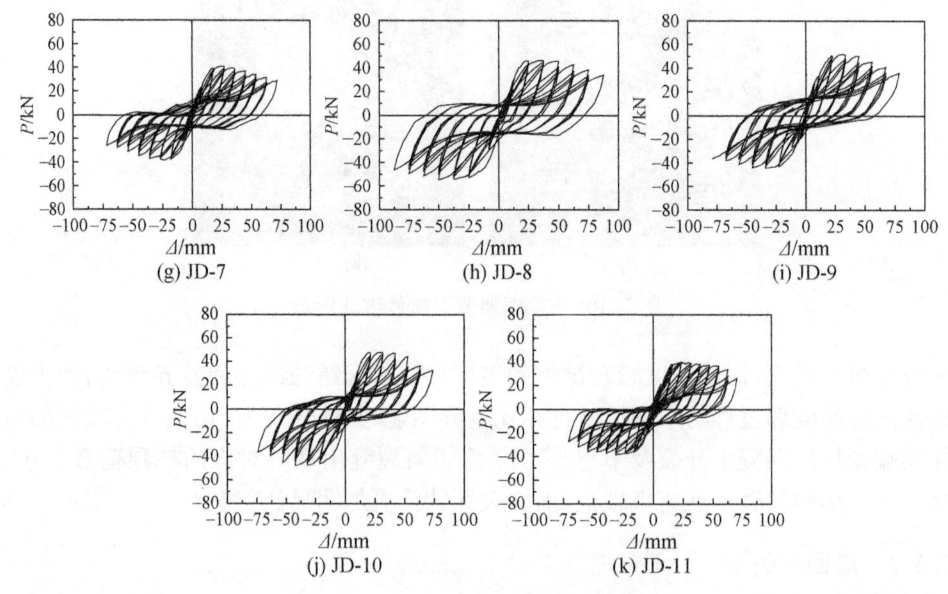

图 5.11　RC 框架节点试件滞回曲线

对比各锈蚀 RC 框架节点试件的滞回曲线可知，试件屈服前，其加载和卸载刚度基本无退化，卸载后几乎无残余变形，滞回曲线近似呈直线，耗能能力较小；试件屈服后，随着控制位移的增加，试件的加载和卸载刚度逐渐退化，卸载后残余变形增大，滞回环面积亦增大，滞回曲线形状近似呈反 S 形，表明试件具有较好的耗能能力；达到峰值荷载后，随着控制位移的增大，试件的加载和卸载刚度退化更加明显，卸载后残余变形继续增大，滞回曲线形状由反 S 形转变为 Z 形，表明试件耗能能力变差。

由于锈蚀程度和轴压比不同，各试件滞回曲线又表现出不同的滞回特性。具体表现为：轴压比相同时，锈蚀程度较小试件的滞回曲线强化段长度、下降段斜率及滞回环丰满程度小于未锈蚀试件，且随锈蚀程度的增加而不断减低。腐蚀程度相同时，轴压比较小试件的滞回曲线相对丰满，耗能能力较好，达到峰值荷载后，柱顶水平荷载的下降速率较慢，最终破坏时柱顶水平位移相对较大，变形能力较好；而轴压比较大试件的滞回曲线相对窄小，耗能能力变差，达到峰值荷载后，柱顶水平荷载的下降速率较快，最终破坏时柱顶水平位移相对较小，变形能力较差。表明锈蚀程度相同时，随着轴压比的增大，试件的耗能和变形能力逐渐变差。

5.3.4　骨架曲线

把各节点试件荷载-位移滞回曲线中各循环峰值点相连得到相应试件的骨架

曲线如图 5.12 所示。由于钢筋锈蚀的不均匀性，各试件骨架曲线正负向表现出一定的不对称性，因此本节取同一循环下正负方向荷载和位移的平均值得到试件的平均骨架曲线，并据此得到各试件骨架曲线特征点参数及其位移延性系数，见表 5.5。其中，位移延性系数按式(5-1)计算。

$$\mu=\Delta_u/\Delta_y \tag{5-1}$$

式中，Δ_u、Δ_y 分别为试件的极限位移和屈服位移。其中，极限位移取平均骨架曲线上荷载值下降至峰值荷载 85%时对应的柱顶水平位移，屈服位移按能量等值法计算确定。

由图 5.12 和表 5.5 可知，锈蚀 RC 框架节点骨架曲线特征如下。

轴压比相同而锈蚀程度不同的节点试件对比，锈蚀后各试件的屈服荷载、峰值荷载和极限荷载均低于未锈蚀试件，且随着钢筋锈蚀程度增加，试件不同受力状态下的荷载特征值均不断降低；试件屈服前，其骨架曲线基本重合，刚度变化不大；试件屈服后，随着钢筋锈蚀程度增加，试件承载力降低，骨架曲线平直段变短，下降段变陡，极限位移减小，延性变差。表明钢筋锈蚀程度增加将导致 RC 框架节点的承载能力和变形能力逐步退化。

锈蚀程度相近时，轴压比较大的节点试件初始刚度较大，承载能力较高，但骨架曲线平直段较短，下降段较陡；而轴压比较小的试件骨架曲线平直段较长，下降段较缓，但其初始刚度较小，承载能力较低。表明轴压比增大，将提高锈蚀 RC 框架节点的初始刚度和承载能力，但会削弱其变形能力。

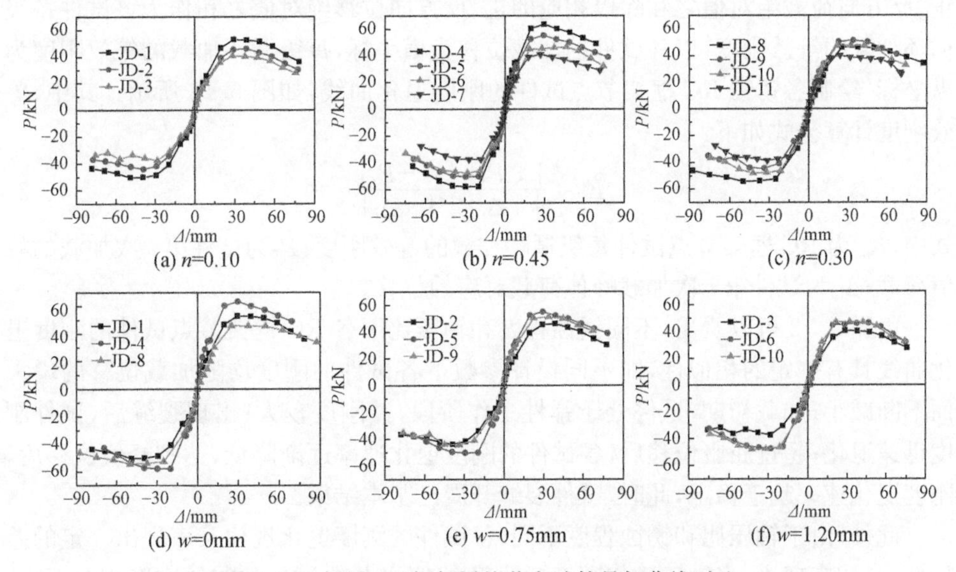

图 5.12　锈蚀 RC 框架梁柱节点试件骨架曲线对比

表 5.5 锈蚀 RC 框架节点试件骨架曲线特征点参数

节点编号	开裂点		屈服点		峰值点		极限点		位移延性系数
	荷载/kN	位移/mm	荷载/kN	位移/mm	荷载/kN	位移/mm	荷载/kN	位移/mm	
JD-1	32.45	14.52	44.96	21.44	51.31	39.22	43.61	68.59	3.20
JD-2	31.12	13.11	39.14	22.92	45.09	38.81	38.33	70.27	3.07
JD-3	30.16	11.17	34.56	20.72	40.55	37.91	34.47	62.99	3.04
JD-4	37.89	20.48	51.42	16.61	60.64	29.71	51.54	51.32	3.09
JD-5	36.15	18.92	44.62	16.22	52.74	29.36	44.83	47.21	2.91
JD-6	34.51	14.85	42.44	17.32	47.35	28.06	40.25	49.31	2.85
JD-7	31.46	13.12	33.21	14.93	39.23	27.03	33.35	41.32	2.77
JD-8	37.23	18.08	43.88	20.98	54.31	37.50	46.16	65.86	3.14
JD-9	36.32	16.81	40.04	18.22	50.32	35.14	42.77	55.26	3.03
JD-10	32.33	13.53	41.94	17.88	46.78	31.81	39.76	53.80	3.01
JD-11	28.49	11.24	33.39	13.92	38.71	31.51	32.90	42.01	3.02

5.3.5 刚度退化

为揭示锈蚀 RC 框架节点的刚度退化规律，取各试件每级往复荷载作用下的正、反方向荷载绝对值之和除以相应的正、反方向位移绝对值之和作为该试件每级循环加载的等效刚度，以各试件的加载位移为横坐标，每级循环加载的等效刚度为纵坐标，绘制各锈蚀 RC 框架节点试件的刚度退化曲线，如图 5.13 所示。其中，等效刚度计算公式如下：

$$K_i=\frac{|+P_i|+|-P_i|}{|+\Delta_i|+|-\Delta_i|} \tag{5-2}$$

式中，K_i 为 RC 框架节点试件每级循环加载的等效刚度；P_i 为试件第 i 次加载的峰值荷载；Δ_i 为试件第 i 次加载峰值荷载对应的位移。

由图 5.13 可以看出，不同锈蚀程度和轴压比下各 RC 框架节点试件的刚度退化曲线具有一定的相似性，即不同设计参数下各试件的刚度均随加载位移的增大而不断减小；加载初期，试件处于弹性工作阶段，其刚度较大；出现裂缝后，试件刚度迅速退化；超过屈服位移后，各试件的刚度退化速率逐渐降低；达到峰值位移后，刚度退化速率趋于稳定，此时，试件裂缝开展已基本结束。

此外，由于轴压比和锈蚀程度不同，各试件的刚度退化规律又表现出一定的差异性，具体表现为：当轴压比相同而锈蚀程度不同时，各试件的初始刚度相差不大，但随着加载位移的增大，锈蚀后试件的刚度逐渐小于未锈蚀试件，且随着锈蚀程度的增加,相同加载位移下各试件的刚度逐渐减小,表明锈蚀程度的增加会加剧 RC 框架节点的刚度退化。当锈蚀程度相同而轴压比不同时,轴压比较大的 RC 框架柱试件的初始刚度较大且刚度退化速率较快,表现为其刚度退化曲线与轴压比较小试件的刚度退化曲线出现交点。

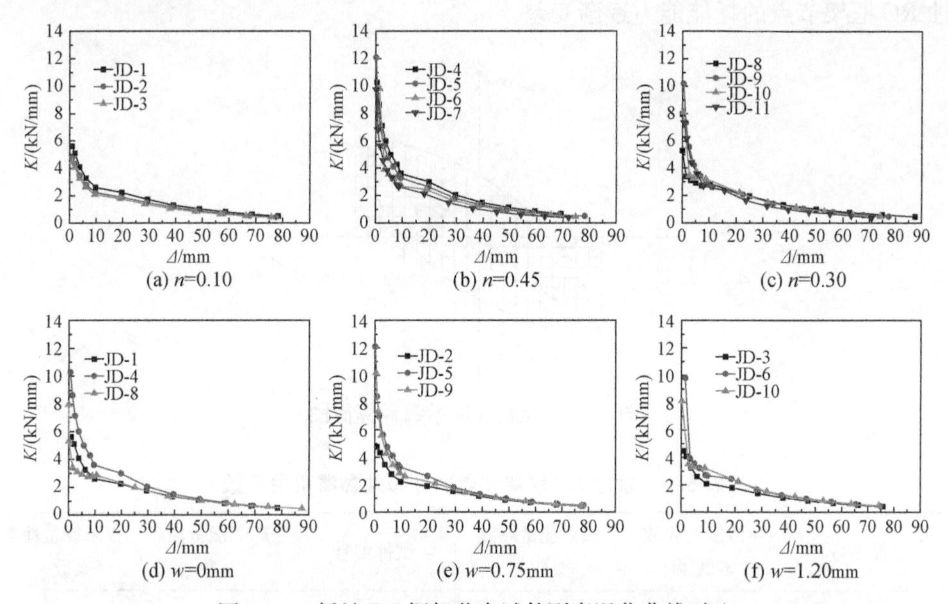

图 5.13　锈蚀 RC 框架节点试件刚度退化曲线对比

5.3.6　耗能能力

耗能能力是衡量 RC 构件与结构抗震性能优劣的重要参数。国内外学者提出了多种评价结构或构件耗能能力的指标,如功比指数、能量耗散系数、等效黏滞阻尼系数和累积耗能等,本节选取能量耗散系数和累积耗能为指标,评价锈蚀 RC 框架节点在往复荷载作用下的耗能能力。

1. 能量耗散系数

能量耗散系数是表征构件一次往复荷载作用下耗能能力的重要指标,其计算公式为[21]

$$\xi=\frac{S_{ABC}+S_{CDA}}{S_{OBE}+S_{ODF}} \tag{5-3}$$

式中,面积 $S_{ABC}+S_{CDA}$ 为荷载正反交变一周时构件所耗散的能量;S_{OBE} 和 S_{ODF} 为理想弹性构件在相同变形下所吸收的能量,如图 5.14 所示。据此,本节计算得到了各锈蚀 RC 框架节点试件在峰值状态和极限状态下的能量耗散系数 ξ_c 和 ξ_u,其结果见表 5.6。可以看出，轴压比相同时，不同锈蚀程度试件峰值状态和极限状态的能量耗散系数均低于未锈蚀试件，且随着锈蚀程度的增加，能量耗散系数 ξ_{ec} 和 ξ_{eu} 均不断降低；锈蚀程度相近时，随着轴压比增大，锈蚀 RC 框架节点试件峰值状态和极限状态下的能量耗散系数均不断减小，表明随着锈蚀程度和轴压比的增加，锈蚀 RC 框架节点的耗能能力逐渐变差。

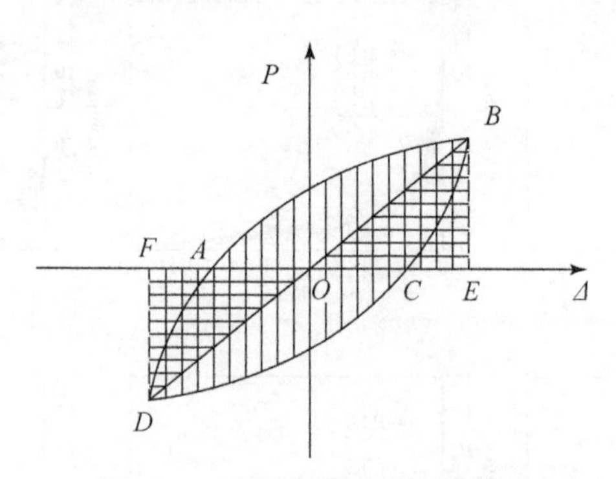

图 5.14 能量耗散系数计算简图

表 5.6 锈蚀 RC 框架节点试件等效黏滞阻尼系数

试件编号	峰值能量耗散系数 ξ_c	极限能量耗散系数 ξ_u	试件编号	峰值能量耗散系数 ξ_c	极限能量耗散系数 ξ_u
JD-1	0.88	0.76	JD-7	0.73	0.49
JD-2	0.85	0.70	JD-8	0.85	0.74
JD-3	0.78	0.60	JD-9	0.84	0.63
JD-4	0.82	0.71	JD-10	0.78	0.55
JD-5	0.78	0.59	JD-11	0.77	0.52
JD-6	0.74	0.50			

2. 累积耗能

累积耗能是表征试件整个加载过程中总体耗能能力的重要参数，可表示为 $E=\sum E_i$，其中 E_i 为每一级加载滞回环的面积。根据各锈蚀 RC 框架梁试件的滞回曲线，得到各试件的累积耗能与加载位移间的关系曲线如图 5.15 所示。

可以看出，不同轴压比与锈蚀程度下，各 RC 框架节点试件的累积耗能均随加载位移增大而不断增大，且基本呈指数函数形式变化；轴压比相同时，随着锈蚀程度增加，各试件的累积耗能逐渐减小；锈蚀程度相近时，随着轴压比的减小，各试件的累积耗能亦逐渐减小；上述现象表明，随着锈蚀程度增大和轴压比减小，锈蚀 RC

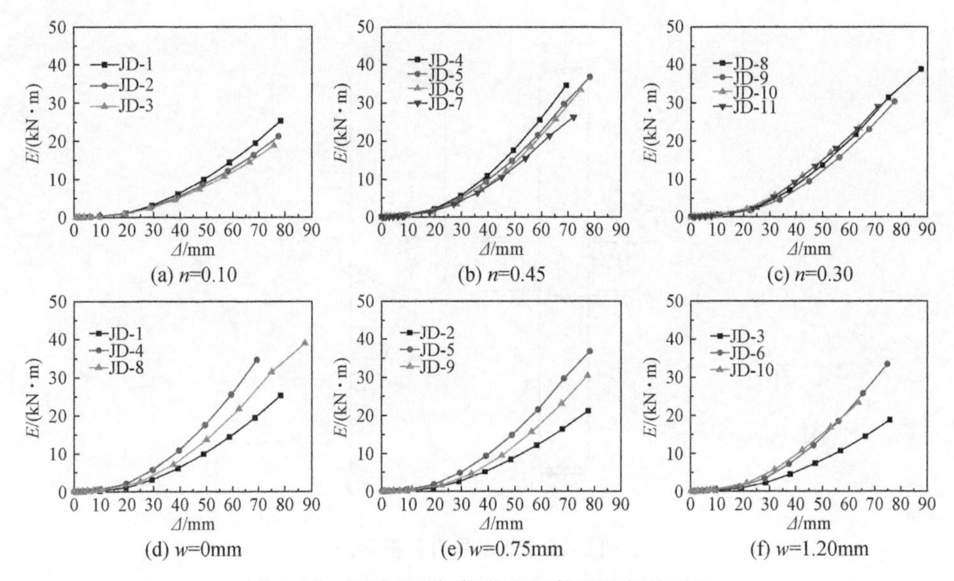

图 5.15　锈蚀 RC 框架节点试件累积耗能对比

框架节点的耗能能力逐渐变差。

5.3.7　节点核心区抗剪性能

RC 框架节点核心区受梁和柱传来的轴力、弯矩及剪力共同作用，主要发生剪切破坏。为研究近海大气环境下锈蚀 RC 框架节点核心区的抗剪性能，本节根据试验所测相关数据计算得到不同受力状态下节点核心区的剪力和剪切变形。

1. 节点核心区剪力

取柱脱离体如图 5.13 所示。其中 V_c 为柱端截面剪力，由平衡关系可知 $V_c=P$（柱顶水平荷载）；T_{br}、T_{bl} 为梁端受拉侧纵筋拉力；C_{cl}、C_{sl}、C_{cr}、C_{sr} 分别为梁端受压侧混凝土和纵筋所受压力（可近似认为梁端受压区混凝土合力作用点与受压纵筋合力作用点在同一位置）。

由图 5.16 弯矩平衡（考虑 P-Δ 效应）条件有

$$2V_cL_c+N\Delta=(T_{br}+T_{bl})h_0 \tag{5-4}$$

根据图 5.16 所示节点上部隔离体的整体平衡关系有

$$V_{jh}=T_{br}+C_{sl}+C_{cl}-V_c \tag{5-5}$$

由梁截面平衡关系可知，梁截面受压侧合力和受拉侧纵筋所受拉力相等，即

$$T_{bl}=C_{sl}+C_{cl} \tag{5-6}$$

联立式(5-4)～式(5-6)可得

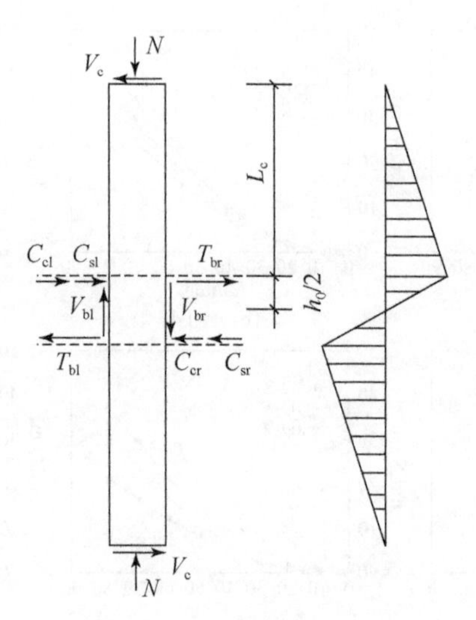

图 5.16　节点受力分析简图

$$V_{jh}=\frac{2V_cL_c+N\Delta}{h_0}-V_c \tag{5-7}$$

根据式(5-7)计算给出不同锈蚀程度和轴压比 RC 框架节点试件在不同受力状态下的节点核心区剪力对比，如图 5.17 所示。

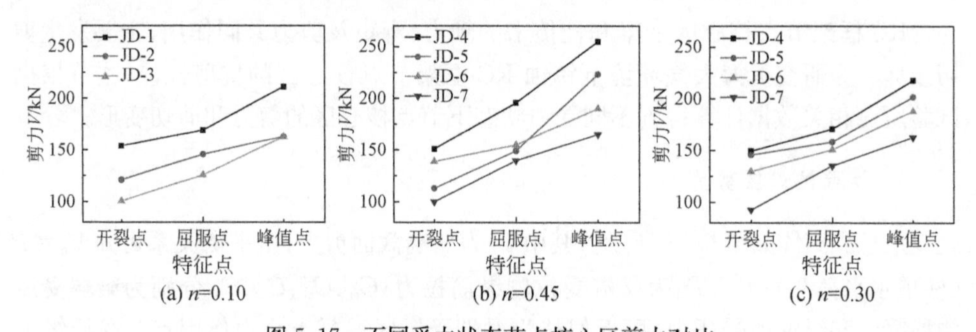

图 5.17　不同受力状态节点核心区剪力对比

2. 节点核心区剪切变形

为研究近海大气环境下锈蚀 RC 框架节点核心区的剪切变形性能及其对整个组合体变性能的影响，本试验通过测量节点核心区对角线长度变化(图 5.18)，计算得到节点核心区在不同受力状态下的剪切变形，其计算公式为

$$\gamma=\alpha_1+\alpha_2=\frac{\sqrt{b^2+h^2}}{bh}\bar{X} \tag{5-8}$$

式中，$\bar{X}$ 为对角线方向的变形，

$$\bar{X}=\frac{\delta_1+\delta_1'+\delta_2+\delta_2'}{2} \tag{5-9}$$

其中，b、h 为节点核心区尺寸，分别按柱和梁截面有效宽度及有效高度计算；$\delta_1+\delta_1'$、$\delta_2+\delta_2'$分别为核心区对角位移计的伸长量和压缩量。

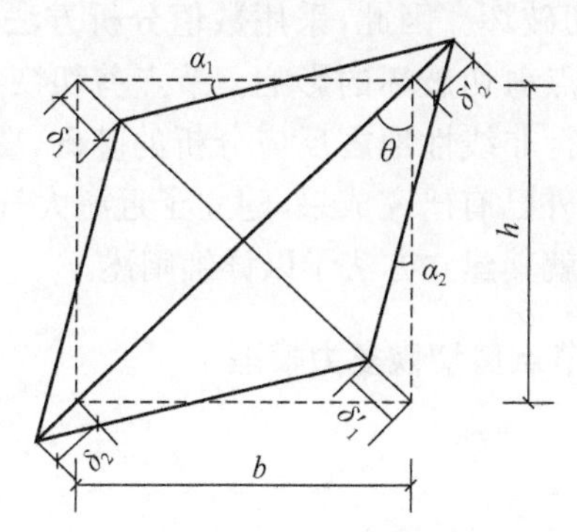

图 5.18　节点核心区剪切变形示意图

依据试验量测数据，根据公式(5-8)和式(5-9)计算得到各节点试件的核心区剪切变形 γ，不同锈蚀程度和轴压比 RC 框架节点试件在不同受力状态下的节点核心区剪切变形对比如图 5.19 所示。

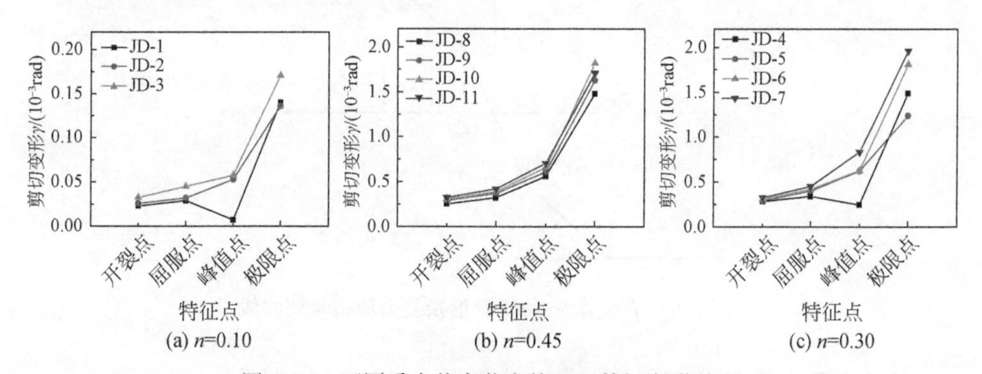

图 5.19　不同受力状态节点核心区剪切变形对比

可以看出，不同锈蚀程度和轴压比 RC 框架节点试件，在不同受力状态下的节点核心区剪切变形存在一定差异；随着锈蚀程度增加，各受力状态下节点核心区剪切变形逐渐增大，但剪力逐渐减小；随着轴压比的增加，不同受力状态下节点核心区剪切变形逐渐增大。

5.4　锈蚀 RC 框架节点剪切恢复力模型建立

按照我国抗震设计规范设计的 RC 框架结构，尽管强调“强节点弱构件”设计原则，但历次地震尤其是汶川地震震害资料表明，RC 框架节点在强烈地震作用下，仍会发生不同程度的剪切破坏。因此，采用数值分析方法研究 RC 框架结构的地震破坏过程时，应考虑节点剪切破坏的影响。节点剪切恢复力模型是其抗震性能的综合体现，也是对其进行非线性地震反应分析的基础，鉴于此，本节基于上述试验研究结果，并结合国内外已有研究成果，建立了近海大气环境下锈蚀 RC 框架节点的剪切恢复力模型，现就其建立方法予以详细阐述。

5.4.1　未锈蚀 RC 框架节点剪切恢复力模型

1. 骨架曲线参数确定

根据 RC 框架节点的受力特点，本节采用 Hysteretic 三折线模型建立节点的剪切恢复力模型，其骨架曲线如图 5.20 所示，相应特征参数的标定方法如下。

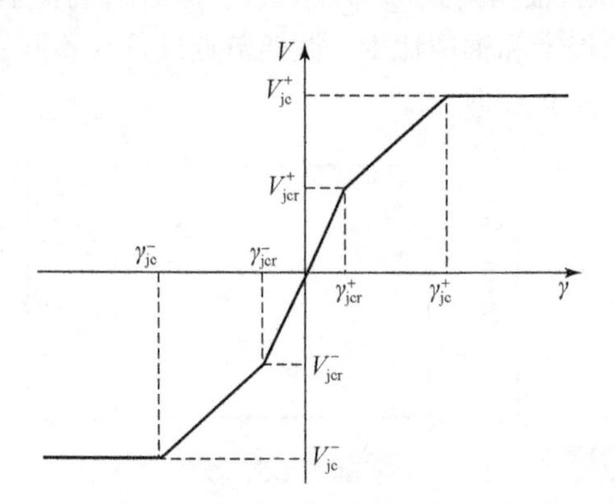

图 5.20　节点剪力-剪切变形恢复力模型骨架曲线

1)节点开裂剪力

节点核心区混凝土主拉应力达到其抗拉强度时，节点受剪开裂。因此，取节点核心区的一个微元体 A 为研究对象(图 5.21)，按弹性体双向受力下斜截面主拉应力公式，可计算得到节点开裂时的最大剪应力 τ_{max} 为[13]

$$\tau_{max}=\sqrt{f_t^2+f_t(\sigma_b+\sigma_c)+\sigma_b\sigma_c} \tag{5-10}$$

式中，f_t 为节点混凝土抗拉强度；σ_b 为节点核心区箍筋的约束应力；$\sigma_c=N/b_ch_c$ 为柱传递给节点的轴向应力，其中，N 为柱端轴压力，b_c、h_c 分别为柱截面宽度和高度。

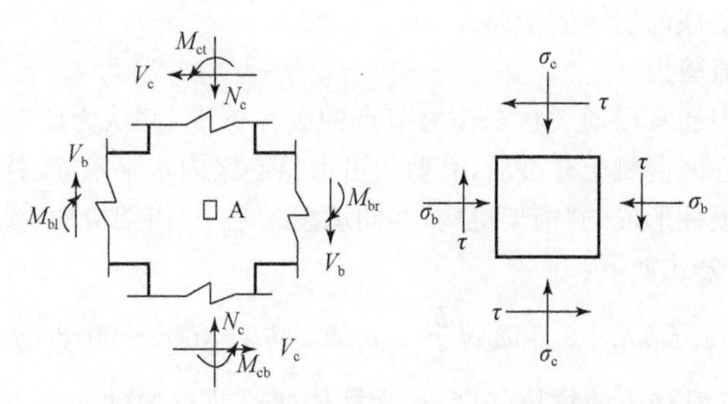

图5.21　节点核心区及其微元体受力简图

当节点核心区内各微元体剪应力相同时，节点开裂剪力 V_{jcr} 可按 $V_{jcr}=\tau_{max}b_jh_j$ 计算确定。然而，由于梁传入节点的剪力是通过梁纵筋与节点核心区混凝土间不均匀的黏结应力传递的，节点内部各微元体剪应力分布并不相同。此外，由于节点核心区箍筋和竖向钢筋以及正交梁的约束作用会对开裂剪应力 τ_{max} 产生影响，因此按照式(5-10)计算的节点开裂剪力并不准确。邢国华等[13]建议通过一个综合影响系数 η 和正交梁约束系数 φ_c 来考虑上述各因素对开裂剪力的影响，并给出开裂剪力 V_{jcr} 的计算公式如下：

$$V_{jcr}=\eta\varphi_cb_jh_j\sqrt{f_t^2+f_t(\sigma_b+\sigma_c)+\sigma_b\sigma_c} \tag{5-11}$$

式中，b_j、h_j 分别为节点核心区截面的有效宽度和有效高度；η 为综合影响系数，取 $\eta=0.67$；φ_c 为正交梁约束系数，鉴于开裂时节点核心区仍处于弹性工作状态，可取 $\varphi_c=1.0$。

此外，考虑到开裂时，节点核心区箍筋应力较小，因此可忽略箍筋对核心区混凝土的约束作用，取 $\sigma_b=0$，则式(5-12)可简化为

$$V_{jcr}=\eta\varphi_cb_jh_jf_t\sqrt{1+\sigma_c/f_t} \tag{5-12}$$

式中，f_t 为节点混凝土的抗拉强度；σ_c 为柱传递给节点的轴向应力，当 $\sigma_c\geqslant0.5f_c$ 时，取 $\sigma_c=0.5f_c$，f_c 为节点混凝土的抗压强度。

需要指出的是：上述节点开裂剪力计算公式是基于节点核心区配箍率较小的情况而提出的，未计入箍筋所承担的剪力。当节点配箍率较大时，虽然每根箍筋的应力较小，但所有箍筋的合力在节点开裂剪力中仍占有一定比例，且节点核心区箍筋较多时，节点核心区的剪应力分布也较为均匀。因此，当节点核心区的配箍率大于1%时，节点的开裂剪力为

$$V_{jcr}=\eta\varphi_cb_jh_jf_t\sqrt{1+\sigma_c/f_t}+\varepsilon f_{yv}A_{svj}(h_{b0}-a_s')/s \tag{5-13}$$

式中，ε 为节点内箍筋应力发展系数，取0.1；f_{yv} 为箍筋屈服强度；A_{svj} 为同一截面所有箍筋的截面面积；s 为节点内的箍筋间距；h_{b0} 为梁截面的有效高度；a_s' 为梁受拉

钢筋合力中心至截面边缘的距离。

2)节点峰值剪力

现有研究中通常以通裂状态作为节点的破坏标准,并认为此时节点剪力达到峰值。节点核心区混凝土开裂后,其剪力可由核心区内水平箍筋、柱截面内纵筋以及混凝土斜压短柱形成的“桁架机构”共同承担。基于“桁架机构”模型得到节点峰值剪力 V_{jc} 计算公式如下:

$$V_{jc}=\varphi_c f_t b_j h_j+0.05\varphi_c N\frac{b_j}{b_c}+f_{yv}A_{svj}(h_{b0}-a_s')/s<0.3\varphi_c f_c b_j h_j \tag{5-14}$$

式中,f_t 为节点混凝土的抗拉强度;σ_c 为柱传递给节点的轴向应力,当 $\sigma_c\geqslant 0.5f_c$ 时,取 $\sigma_c=0.5f_c$,其中,f_c 为节点混凝土的抗压强度;N 为柱端轴压力;φ_c 为正交梁约束系数;b_j、h_j 分别为节点核心区有效宽度和有效高度;h_{b0} 为梁截面的有效高度;b_c 为柱截面宽度;a_s'为梁受拉钢筋合力中心至截面边缘的距离;s 为节点内箍筋的间距。

3)弹性剪切刚度

节点开裂前的弹性剪切刚度 K_1 可按式(5-15)计算:

$$K_1=GA \tag{5-15}$$

式中,G 为节点核心区混凝土剪切模量,取 $G=E_c/[2(1+\mu)]$,其中,E_c 为节点混凝土弹性模量,μ 为泊松比,混凝土材料取 $\mu=0.2$;A 为节点核心区的抗剪截面面积。

4)强化剪切刚度

节点开裂后进入弹塑性工作阶段,此时节点的剪切刚度 K_2 可表示为

$$K_2=\alpha K_1 \tag{5-16}$$

式中,α 为节点刚度退化系数。已有研究结果表明:节点的轴压比和剪压比是影响节点强化刚度的主要因素,基于此,邢国华等[13]在试验研究基础上,给出了节点刚度退化系数 α 的计算公式,其表达式如下:

$$\alpha=\frac{1}{4[1+10(\lambda-0.2)\sqrt{n}]} \tag{5-17}$$

式中,λ 为节点的剪压比,取 $\lambda=V/(f_c b_j h_j)$;n 为节点的轴压比,取 $n=N/(f_c b_j h_j)$。

5)峰值后剪切刚度

按照我国规范设计的 RC 框架节点,当节点核心区箍筋受拉屈服后,其抗剪承载力下降并不明显且较为缓慢,为简化计算,本书近似取峰值后 RC 框架节点剪切刚度 $K_3=0$。

基于上述抗剪承载能力与剪切刚度计算公式,可计算得到开裂及峰值状态对应的剪切变形 γ_{jcr} 及 γ_{jmax},进而得到节点剪力-剪切变形恢复力模型的骨架曲线。

2. 滞回规则参数确定

Hysteretic模型中的滞回规则控制参数包括强度退化参数 \$Damage1 和 \$Damage2、卸载刚度退化参数 β 及捏拢参数 p_x 和 p_y。对于捏拢控制参数，本节采用Altoontash[14]建议的捏拢参数取值，将捏拢点的剪力和剪切变形取值分别定义为最大历史剪力的25%和最大历史剪切变形的25%，即取 $p_x=0.75$，$p_y=0.25$。对于强度退化参数和卸载刚度退化参数，鉴于研究成果较少，本节基于试验研究结果，分别取 \$Damage1=0，\$Damage2=0.2，$\beta=0.2$。

5.4.2 锈蚀RC框架节点剪切恢复力模型

近海大气环境下锈蚀RC框架节点的拟静力试验结果表明，随着钢筋锈蚀程度的增大，RC框架节点的承载能力、变形能力和耗能能力均不断降低，强度和刚度退化不断加剧，但不同轴压比下各RC框架节点试件滞回曲线的整体变化趋势与未锈蚀试件基本相同。因此，本书通过对未锈蚀RC框架节点剪切恢复力模型的参数进行修正，建立近海大气环境下锈蚀RC框架节点的剪切恢复力模型，以下就其骨架曲线和滞回规则控制参数确定方法分别予以叙述。

1. 骨架曲线参数确定

由近海大气环境下锈蚀RC框架节点试验结果发现，轴压比 n 和节点核心区箍筋锈蚀率 η_s 是影响RC框架节点剪切性能的主要因素，因此本节选取轴压比 n 和节点核心区箍筋锈蚀率 η_s 为参数，对未锈蚀RC框架节点剪切恢复力模型骨架曲线各特征点参数进行修正，并通过回归分析，给出锈蚀RC框架节点剪切恢复力模型骨架曲线参数计算公式如下。

(1)开裂剪力和开裂剪应变：

$$V'_{jcr}=(-0.00488\eta_s n-0.02692\eta_s+0.96531)V_{jcr} \tag{5-18}$$

$$\gamma'_{jcr}=(0.03304\eta_s n-0.02553\eta_s-0.09769n+0.3285n^2+0.97157)\gamma_{jcr} \tag{5-19}$$

(2)峰值剪力和峰值剪应变：

$$V'_{jc}=(-0.07278\eta_s n+0.88385n+0.72829)V_{jc} \tag{5-20}$$

$$\gamma'_{jc}=(0.75567\eta_s+16.895n-2.5878\eta_s n-4.0546)\gamma_{jc} \tag{5-21}$$

式中，n 为轴压比；η_s 为节点核心区箍筋锈蚀率；V'_{jcr}、γ'_{jcr}、V'_{jc}、γ'_{jc} 依次为近海大气环境下锈蚀RC框架节点剪切恢复力模型骨架曲线的开裂剪力、开裂剪应变、峰值剪力和峰值剪应变；V_{jcr}、γ_{jcr}、V_{jc}、γ_{jc} 依次为未锈蚀RC框架节点剪切恢复力模型骨架曲线的开裂剪力、开裂剪应变、峰值剪力和峰值剪应变。

2. 滞回规则参数确定

与未锈蚀 RC 框架节点一致，本节仍采用 Hysteretic 模型建立近海大气环境下锈蚀 RC 框架节点的剪切恢复力模型，对于其滞回规则控制参数的取值，鉴于目前相关研究成果较少，本节将其取为与未锈蚀 RC 框架节点相同的值，即取 $p_x=0.75$、$p_y=0.25$、\$Damage1＝0.0、\$Damage2＝0.2、$\beta=0.2$，并通过与试验结果对比，验证上述取值的合理性。

5.4.3 恢复力模型验证

基于 OpenSees 有限元分析软件，按图 5.22 所示的简化力学模型建立近海大气环境下锈蚀 RC 框架节点组合体数值模型。其中，梁柱单元采用集中塑性铰模型并考虑环境侵蚀作用对梁柱单元的影响，即将梁柱单元简化为弹性杆单元和端部非线性弹簧单元，其中，非线性弹簧单元中的相关恢复力模型按照第 3 章和第 4 章所建立的相应模型采用，此处不再赘述。节点采用 Jiont2D 单元建立，该单元中转动弹簧的弯矩-转角恢复力模型可根据本章所建立的节点剪力-剪切变形恢复力模型，按式(5-22)变换得到[15]。

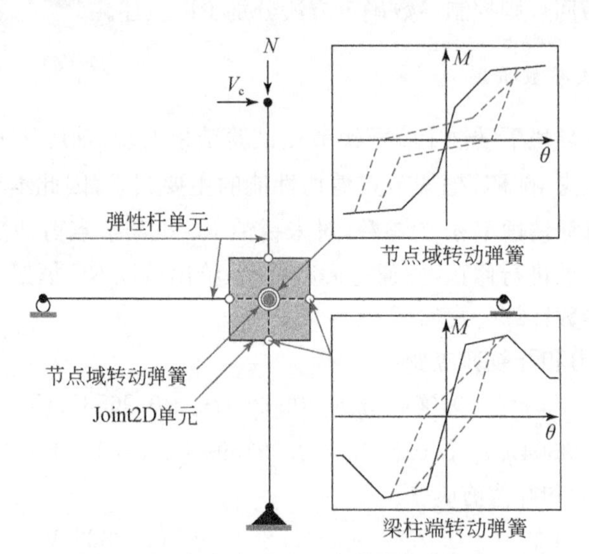

图 5.22 RC 框架节点组合体简化力学模型

$$M_i=\frac{V_i}{(1-h_c/L_b)/(jd_b)-1/L_c},\quad \theta_i=\gamma_i \tag{5-22}$$

式中，M_i、θ_i 分别为不同受力状态下节点转动弹簧的弯矩和转角；V_i、γ_i 分别为节点各受力状态下的剪力及剪应变；h_c 为柱截面高度；L_c 为上下柱的总高度；d_b 为梁截面高度；L_b 为左右梁的总长度；j 为内力距系数，取为0.875。

按照上述方法建立近海大气环境下腐蚀RC框架节点组合体的数值模型，并对其进行拟静力模拟加载，通过与试验结果对比分析，以验证所建立恢复力模型的准确性。各试件滞回曲线、骨架曲线各特征点参数及累积耗能的验证结果分别如图5.23、表5.7、表5.8及图5.24所示。

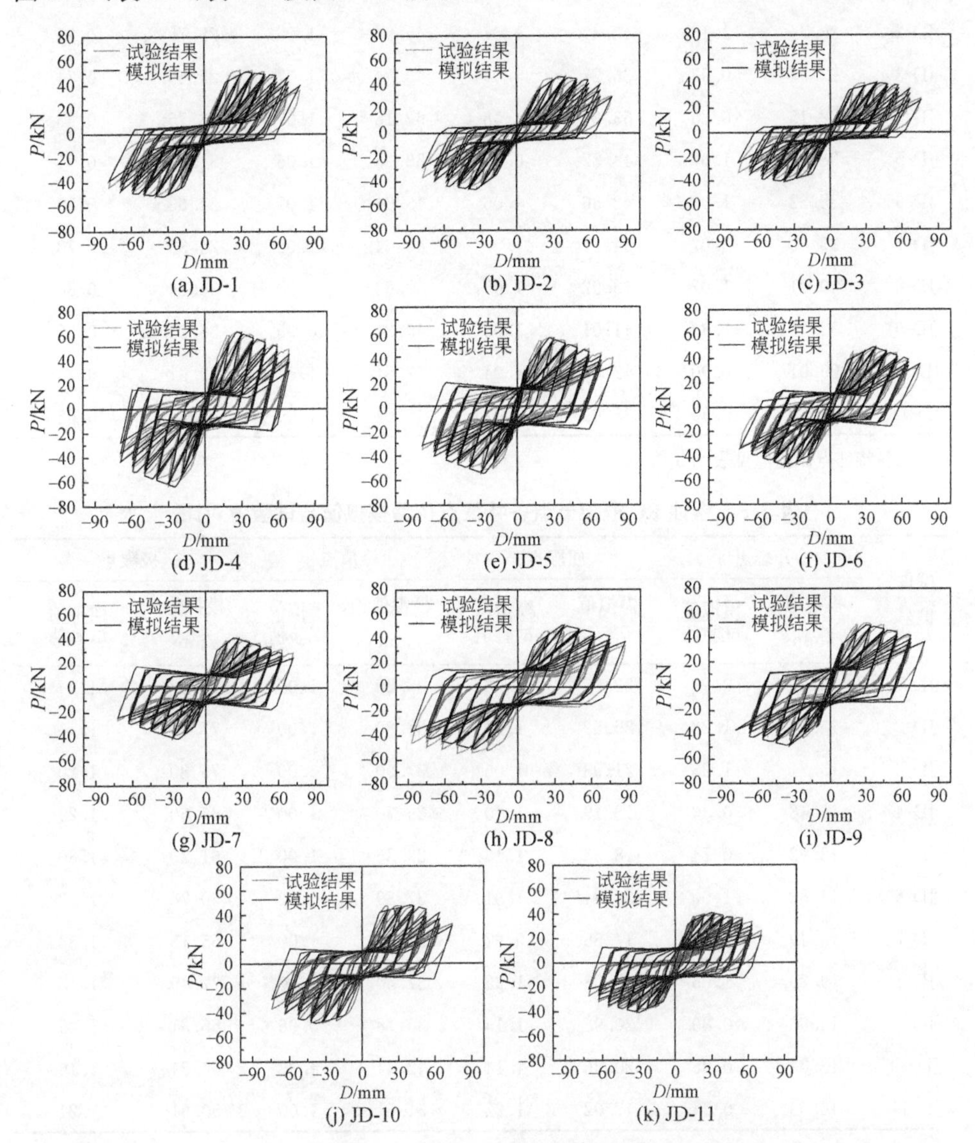

图5.23 锈蚀RC框架节点模拟与试验滞回曲线对比

表 5.7　锈蚀 RC 框架节点各特征点荷载模拟值与试验值对比

试件编号	开裂点		屈服点		峰值点		极限点	
	模拟值/kN	模拟值/试验值	模拟值/kN	模拟值/试验值	模拟值/kN	模拟值/试验值	模拟值/kN	模拟值/试验值
JD-1	30.25	0.93	45.36	1.06	50.77	0.94	39.22	0.90
JD-2	36.74	1.18	40.47	1.07	45.94	1.05	28.78	0.75
JD-3	27.97	0.93	36.27	1.07	40.84	1.07	25.65	0.74
JD-4	32.15	0.85	53.22	1.08	62.18	1.07	43.75	0.85
JD-5	38.78	1.07	44.32	0.99	53.98	1.06	31.82	0.71
JD-6	35.52	1.03	42.36	1.06	48.64	1.07	34.63	0.86
JD-7	33.69	1.07	34.67	1.07	40.64	1.08	24.35	0.73
JD-8	40.01	1.07	43.92	1.05	50.63	0.90	36.84	0.80
JD-9	32.18	0.89	41.01	1.08	49.24	0.95	36.23	0.85
JD-10	29.01	0.90	42.06	1.04	47.54	1.07	29.91	0.75
JD-11	25.30	0.89	35.61	1.07	40.64	1.09	21.81	0.66

注：各特征点试验值见表 5.5。

表 5.8　锈蚀 RC 框架节点各特征点位移模拟值与试验值对比

试件编号	开裂点		屈服点		峰值点		极限点	
	模拟值/mm	模拟值/试验值	模拟值/mm	模拟值/试验值	模拟值/mm	模拟值/试验值	模拟值/mm	模拟值/试验值
JD-1	13.49	0.93	22.65	1.06	39.20	1.00	78.38	1.14
JD-2	16.14	1.23	25.52	1.11	38.80	1.00	77.60	1.10
JD-3	13.71	1.23	21.93	1.06	37.90	1.00	75.80	1.20
JD-4	16.48	0.80	18.19	1.10	29.70	1.00	66.30	1.29
JD-5	13.92	0.74	18.33	1.13	29.36	1.00	61.30	1.30
JD-6	14.82	1.00	22.74	1.31	37.39	1.33	60.78	1.23
JD-7	10.49	0.80	14.55	0.97	27.03	1.00	55.13	1.33
JD-8	19.20	1.06	25.53	1.22	37.50	1.00	77.49	1.18
JD-9	14.98	0.89	20.95	1.15	33.78	0.96	68.81	1.25
JD-10	12.82	0.95	20.36	1.14	42.41	1.33	64.21	1.19
JD-11	10.53	0.94	17.02	1.22	31.51	1.00	50.91	1.21

注：各特征点试验值见表 5.5。

由图 5.23、表 5.7、表 5.8 和图 5.24 可以看出：本节建立的节点剪切恢复力模型在模拟腐蚀 RC 框架节点的滞回性能时有较高精度，计算滞回曲线与试验滞回曲线在承载力、变形能力、刚度退化和强度退化等方面均符合较好，其中，不同受力状态下的荷载误差基本不超过 15%，变形误差基本不超过 20%，累积耗能误差不超过 30%。这表明本节所建立的恢复力模型能够较准确地反映近海大气环境下锈蚀 RC 框架节点的力学性能与抗震性能，可应用于多龄期 RC 结构的数值建模与分析。

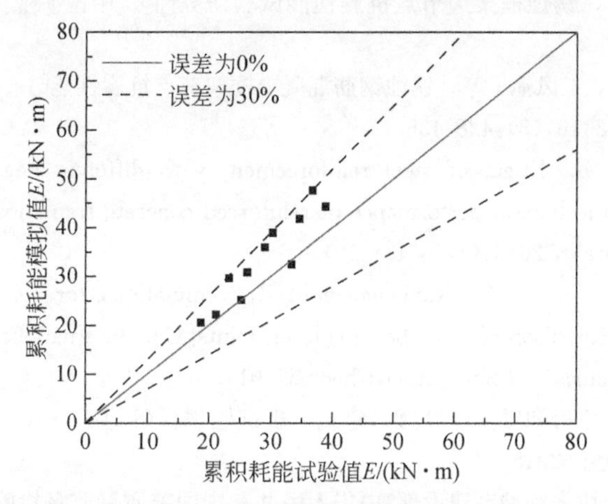

图 5.24　锈蚀 RC 框架节点累积耗能模拟值与试验值对比

5.5　本章小结

为揭示近海大气环境下锈蚀 RC 框架节点的抗震性能退化规律，采用人工气候环境模拟技术模拟近海大气环境，对 11 榀 RC 框架节点进行加速腐蚀试验，进而进行拟静力加载试验，探讨了钢筋锈蚀对不同轴压比下 RC 框架梁柱节点各抗震性能指标的影响规律，得到如下结论：

(1)水平地震作用下，锈蚀 RC 框架梁柱节点核心区均发生剪切破坏，且随着锈蚀程度增加，节点剪切斜裂缝出现提前，裂缝开展速率较快，破坏时剪切变形占比增大；随着轴压比增大，锈蚀 RC 框架节点剪切斜裂缝出现推迟，裂缝开展速率变慢，但破坏时剪切变形占比仍呈增大趋势。

(2)轴压比相同时，随着钢筋锈蚀程度的增大，锈蚀 RC 框架节点的承载能力、变形能力和耗能能力逐渐降低，刚度退化逐渐加快；锈蚀程度相近时，随着轴压比增加，RC 框架节点的承载力提高，但变形能力和耗能能力则不断降低。

(3)结合试验结果与理论分析，建立了近海大气环境下锈蚀 RC 框架节点剪切恢复力模型，其模拟所得各试件的滞回曲线、骨架曲线以及耗能能力均与试验结果符合较好，表明所建立的锈蚀 RC 框架节点剪切恢复力模型能够较准确地反映近海大气环境下锈蚀 RC 框架节点的力学与抗震性能。本章研究为近海大气环境下 RC 框架结构数值建模分析奠定了理论基础。

参考文献

[1] 刘桂羽．锈蚀钢筋混凝土梁节点抗震性能试验研究[D]．长沙：中南大学，2011.

[2] 戴靠山，袁迎曙．锈蚀框架边节点抗震性能试验研究[J]．中国矿业大学学报，2005，34(1)：51-56.

[3] 周静海，李飞龙，王凤池，等．锈蚀钢筋混凝土框架节点抗震性能[J]．沈阳建筑大学学报(自然科学版)，2016,(3):428-436.

[4] Xu W, Liu R G. Effect of steel reinforcement with different degree of corrosion on degeneration of mechanical performance of reinforced concrete frame joints[J]. Frattura ed Integrità Strutturale, 2015,(35): 481-491.

[5] Ashokkumar K, Sasmal S, Ramanjaneyulu K. Simulations for seismic performance of uncorroded and corroison affected beam column joints[C]. International Congress on Computational Mechanics and Simulation,Chennai,2014.

[6] 中华人民共和国住房和城乡建设部．建筑抗震试验规程(JGJ/T 101—2015)[S]．北京:中国建筑工业出版社,2015.

[7] 中华人民共和国住房和城乡建设部,中华人民共和国国家质量监督检验检疫总局．建筑抗震设计规范(2016 年版)(GB 50011—2010)[S]．北京:中国建筑工业出版社,2016.

[8] 中华人民共和国住房和城乡建设部．混凝土结构设计规范(2015 年版)(GB 50010—2010)[S]．北京:中国建筑工业出版社,2015.

[9] 中华人民共和国建设部,国家质量监督检验检疫总局．普通混凝土力学性能试验方法标准(GB/T 50081—2002)[S]．北京:中国建筑工业出版社,2003.

[10] 中华人民共和国国家质量监督检验检疫总局,中国国家标准化管理委员会．金属材料 拉伸试验 第 1 部分:室温试验方法(GB/T 228.1—2010)[S]．北京:中国标准出版社,2010.

[11] Yang H, Zhao W, Zhu Z, et al. Seismic behavior comparison of reinforced concrete interior beam-column joints based on different loading methods[J]. Engineering Structures, 2018, 166: 31-45.

[12] 姚谦峰，陈平．土木工程结构试验[M]．北京：中国建筑工业出版社,2007.

[13] 邢国华，吴涛，刘伯权．钢筋混凝土框架节点抗裂承载力研究[J]．工程力学，2011，28(3)：163-169.

[14] Altoontash A. Simulaiton and damage models for performance assessement of reinforced concrete beam-column joints[D]. Stanford: Stanford University, 2004.

[15] Celik O C, Ellingwood B R. Modeling beam-column joints in fragility assessment of gravity load designed reinforced concrete frames[J]. Journal of Earthquake Engineering, 2008, 12: 357-381.

第6章 锈蚀RC剪力墙抗震性能试验研究

6.1 引　　言

RC剪力墙作为剪力墙结构和框架-剪力墙结构中的重要抗侧力构件，广泛应用于多、高层建筑中，受氯离子侵蚀后其力学性能退化将会直接影响整体结构的抗震性能。近年来，国内外学者对RC剪力墙构件抗震性能已进行了一些研究[1-9]，基本揭示了其在地震作用下的破坏模式与机制，但这些研究成果均是基于未锈蚀试件得到的，未能给出遭受氯离子侵蚀后剪力墙抗震性能的退化规律，亦未建立其恢复力模型。并且，国内外学者大都采用电化学方法模拟氯离子侵蚀下RC构件钢筋锈蚀。袁迎曙等[10]、张伟平等[11]通过试验发现，通电条件下与自然条件下的钢筋锈蚀机理以及锈蚀后钢筋表面特征明显不同，同等质量锈蚀率下，自然锈蚀条件下的钢筋力学性能退化更严重；而采用人工气候环境加速腐蚀，混凝土内钢筋锈蚀机理以及锈蚀后钢筋表面特征均与自然环境下的基本相同。

鉴于此，本章采用人工气候加速腐蚀模拟技术模拟近海大气环境，对两种不同高宽比剪力墙试件进行加速腐蚀试验，进而进行拟静力加载试验，系统地研究轴压比、钢筋锈蚀程度、水平分布筋配筋率、暗柱纵筋配筋率和暗柱箍筋配箍率对RC剪力墙抗震性能的影响规律，并通过对试验数据结果进行回归分析，分别建立近海大气环境下锈蚀RC剪力墙的宏观恢复力模型和剪切恢复力模型。研究成果将为近海大气环境下在役RC剪力墙结构和RC框架-剪力墙结构数值模拟分析奠定理论基础。

6.2 试验内容及过程

6.2.1 试件设计

为研究揭示近海大气环境下锈蚀RC剪力墙构件的抗震性能退化规律，本节参考《建筑抗震试验规程》(JGJ/T 101—2015)[12]、《混凝土结构设计规范(2015年版)》(GB 50010—2010)[13]、《建筑抗震设计规范(2016年版)》(GB 50011—2010)[14]、《高层建筑混凝土结构技术规程》(JGJ 3—2010)[15]，设计制作了15榀高宽比分别为1.14和2.14的RC剪力墙，各试件的设计参数为：墙体截面尺寸均为700mm×100mm，墙体高度分别为700mm和1400mm，墙体两侧设置边缘暗柱以模拟实际剪力墙中主筋集中配置在墙体两侧的情况。同时，在剪力墙构件的上下两端分别设置顶梁与底梁，其中，顶梁用于模拟实际结构中现浇楼板对剪力墙的约束作用，同时担任水平荷载与竖向荷载的加载单元，底梁则用于模拟刚性基础嵌固条件。各试件具体尺寸和截面配筋形式如图6.1所示，具体设计参数见表6.1和表6.2。

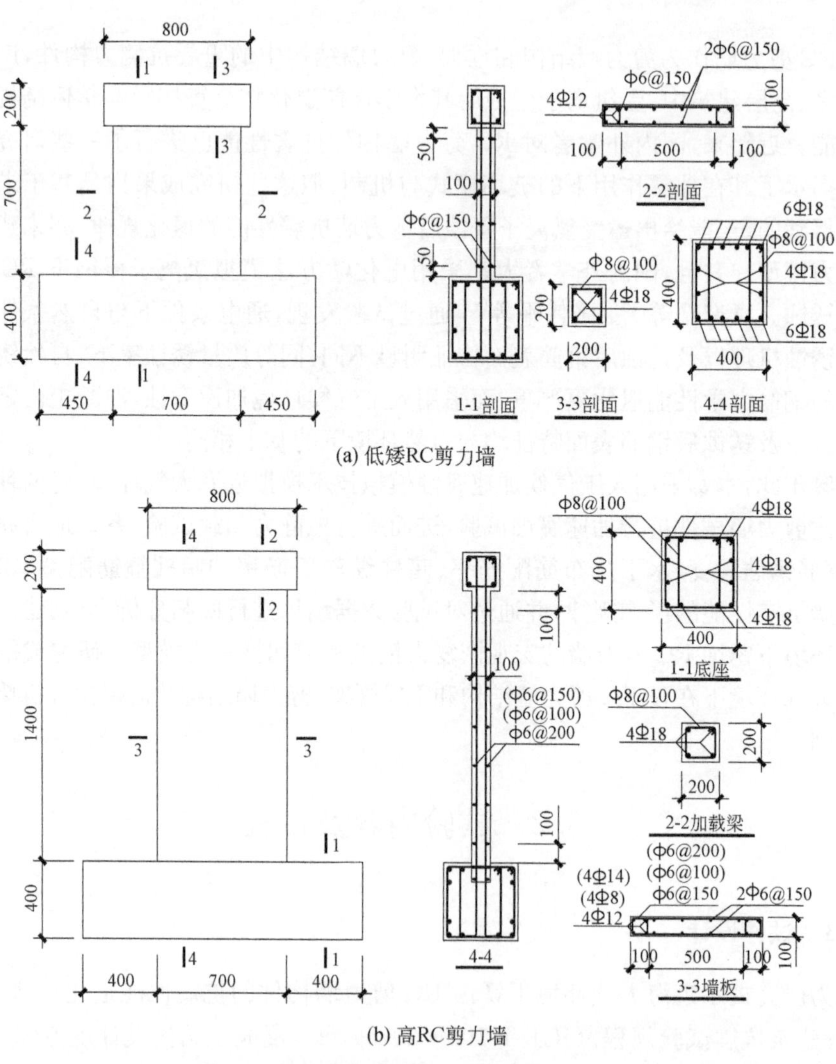

图6.1 RC剪力墙试件配筋图(单位：mm)

表 6.1　低矮 RC 剪力墙试件设计参数

试件编号	轴压比	横向分布钢筋	纵向分布钢筋	暗柱纵筋	暗柱箍筋	锈胀裂缝宽度/mm
SW-1	0.1	Φ6@200/0.28%	Φ6@150/0.38%	4Φ12/4.52%	Φ6@150	0.8
SW-2	0.2	Φ6@200/0.28%	Φ6@150/0.38%	4Φ12/4.52%	Φ6@150	0
SW-3	0.2	Φ6@200/0.28%	Φ6@150/0.38%	4Φ12/4.52%	Φ6@150	0.3
SW-4	0.2	Φ6@200/0.28%	Φ6@150/0.38%	4Φ12/4.52%	Φ6@150	0.8
SW-5	0.2	Φ6@200/0.28%	Φ6@150/0.38%	4Φ12/4.52%	Φ6@150	1.2
SW-6	0.3	Φ6@200/0.28%	Φ6@150/0.38%	4Φ12/4.52%	Φ6@150	0.8
SW-7	0.2	Φ6@150/0.38%	Φ6@150/0.38%	4Φ12/4.52%	Φ6@150	1.2
SW-8	0.2	Φ6@100/0.57%	Φ6@150/0.38%	4Φ12/4.52%	Φ6@150	1.2
SW-9	0.2	Φ6@200/0.28%	Φ6@150/0.38%	4Φ14/6.15%	Φ6@150	1.2
SW-10	0.2	Φ6@200/0.28%	Φ6@150/0.38%	4Φ8/2.00%	Φ6@150	1.2
SW-11	0.2	Φ6@200/0.28%	Φ6@150/0.38%	4Φ12/4.52%	Φ6@100	1.2
SW-12	0.2	Φ6@200/0.28%	Φ6@150/0.38%	4Φ12/4.52%	Φ6@200	1.2
SW-13	0.3	Φ6@200/0.28%	Φ6@150/0.38%	4Φ12/4.52%	Φ6@150	0.1
SW-14	0.2	Φ6@200/0.28%	Φ6@150/0.38%	4Φ12/4.52%	Φ6@150	0.6
SW-15	0.2	Φ6@200/0.28%	Φ6@150/0.38%	4Φ12/4.52%	Φ6@150	1.0

表 6.2　高 RC 剪力墙试件设计参数

试件编号	轴压比	横向分布钢筋	纵向分布钢筋	暗柱纵筋	暗柱箍筋	锈胀裂缝宽度/mm
SW-1	0.1	Φ6@200/0.28%	Φ6@150/0.38%	4Φ12/4.52%	Φ6@150	0.8
SW-2	0.2	Φ6@200/0.28%	Φ6@150/0.38%	4Φ12/4.52%	Φ6@150	0
SW-3	0.2	Φ6@200/0.28%	Φ6@150/0.38%	4Φ12/4.52%	Φ6@150	0.3
SW-4	0.2	Φ6@200/0.28%	Φ6@150/0.38%	4Φ12/4.52%	Φ6@150	0.8
SW-5	0.2	Φ6@200/0.28%	Φ6@150/0.38%	4Φ12/4.52%	Φ6@150	1.2
SW-6	0.2	Φ6@150/0.38%	Φ6@150/0.38%	4Φ12/4.52%	Φ6@150	0.8
SW-7	0.2	Φ6@100/0.57%	Φ6@150/0.38%	4Φ12/4.52%	Φ6@150	0.8
SW-8	0.2	Φ6@200/0.28%	Φ6@150/0.38%	4Φ14/6.15%	Φ6@150	0.8
SW-9	0.2	Φ6@200/0.28%	Φ6@150/0.38%	4Φ8/2.00%	Φ6@150	0.8
SW-10	0.2	Φ6@200/0.28%	Φ6@150/0.38%	4Φ12/4.52%	Φ6@100	0.8
SW-11	0.2	Φ6@200/0.28%	Φ6@150/0.38%	4Φ12/4.52%	Φ6@200	0.8
SW-12	0.3	Φ6@200/0.28%	Φ6@150/0.38%	4Φ12/4.52%	Φ6@150	0.8
SW-13	0.2	Φ6@200/0.28%	Φ6@150/0.38%	4Φ12/4.52%	Φ6@150	0.1
SW-14	0.2	Φ6@200/0.28%	Φ6@150/0.38%	4Φ12/4.52%	Φ6@150	0.6
SW-15	0.2	Φ6@200/0.28%	Φ6@150/0.38%	4Φ12/4.52%	Φ6@150	1.0

6.2.2 材料力学性能

试验中各试件混凝土设计强度等级为 C30,采用 P. O 32. 5R 水泥配制。制作试件同时,浇筑尺寸为 150mm×150mm×150mm 的标准立方体试块,按《普通混凝土力学性能试验方法标准》(GB/T 50081—2002)[16]测定混凝土 28 天的抗压强度,根据材料性能试验结果,得到混凝土材料的力学性能参数,见表 6.3。此外,为获得钢筋实际力学性能参数,按照《金属材料 拉伸试验 第 1 部分:室温试验方法》(GB/T 228. 1—2010)[17]对纵向钢筋和箍筋进行材料性能试验,所得纵筋和箍筋的材性试验结果,如表 6.4 所示。

表 6.3 混凝土材料力学性能

混凝土设计强度等级	立方体抗压强度 f_{cu}/MPa	轴心抗压强度 f_{cu}/MPa	弹性模量 E_c/MPa
C30	27.05	20.56	3.00×10^4

表 6.4 钢筋材料力学性能

钢材种类	钢筋型号	屈服强度 f_y/MPa	极限强度 f_u/MPa	弹性模量 E_s/MPa
HPB300	Φ6	305	420	2.1×10^5
	Φ8	310	430	2.1×10^5
HRB335	Φ12	350	458	2.0×10^5
	Φ14	345	465	2.0×10^5

6.2.3 加速腐蚀试验方案

国内外学者在研究锈蚀 RC 构件力学与抗震性能退化规律时,多采用通电腐蚀的方法对钢筋进行加速锈蚀。通电法虽具有腐蚀速度快、试验周期短、锈蚀程度易于控制等诸多优点,但该方法下钢筋的锈蚀机理、锈蚀产物及其锈蚀后形态均与自然环境下的差异较大,而人工气候加速腐蚀试验能够有效模拟自然环境下钢筋锈蚀过程,并获得与自然环境下一致的钢筋锈蚀形态。鉴于此,本节采用人工气候加速锈蚀方法对 RC 剪力墙试件进行加速腐蚀试验,试件加速腐蚀方案及混凝土中钢筋锈蚀率的测定均与 RC 棱柱体试件相同,故在此不再赘述。锈蚀 RC 剪力墙试件的设计锈胀裂缝宽度见表 6.1、表 6.2。

6.2.4 拟静力加载及量测方案

1)试验加载装置

为尽可能真实模拟RC剪力墙在地震作用下的实际受力状况，采用悬臂柱式加载方法对各锈蚀RC剪力墙试件进行拟静力加载试验。加载过程中，试件通过地脚螺栓固定于地面，竖向荷载通过100t液压千斤顶施加，水平往复荷载通过固定于反力墙上的500kN电液伺服作动器施加，并通过传感器实时获得水平推拉荷载和位移，整个低周反复加载过程由MTS电液伺服试验系统控制，试件加载装置如图6.2所示。

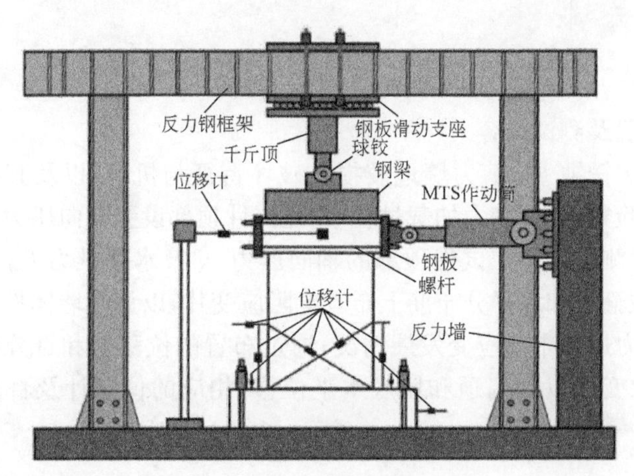

图6.2 试验加载装置示意图

2)试验加载程序

根据《建筑抗震试验规程》(JGJ/T 101—2015)[12]，正式加载前，取各试验预估开裂荷载[18]的30%对各试件进行两次预加反复荷载，以检验、校准加载装置及量测仪表，并消除试件内部的不均匀性。此后，采用荷载-位移混合加载制度对各试件进行正式低周反复加载。施加水平荷载前，首先在试件顶部施加轴压力至设定轴压比，并使其顶部轴压力 N 在试验过程中保持不变，然后在试件顶部施加水平往复荷载 P，试件屈服以前，采用荷载控制并分级加载，荷载增量为20kN，每级控制荷载往复循环1次；加载至试件墙体底部纵向钢筋屈服后，以纵向钢筋屈服时对应的试件顶部位移为级差进行位移控制加载，每级控制位移循环3次，其中，低矮RC剪力墙的位移级差为50%屈服位移，高RC剪力墙的位移级差为1.0倍屈服位移；当加载到试件墙体明显失效或破坏明显时停止加载，试验加载制度如图6.3所示。

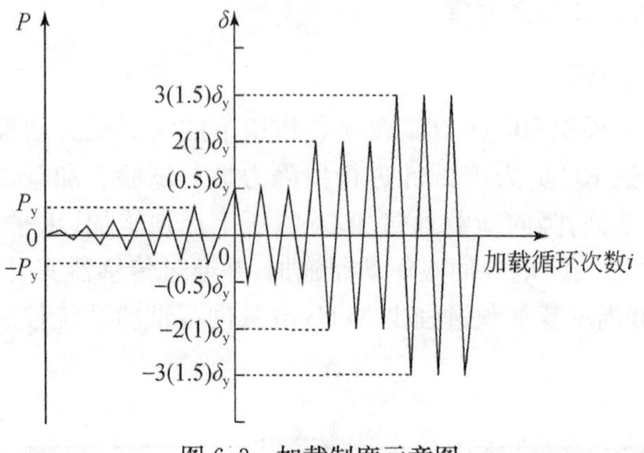

图 6.3　加载制度示意图

3)测点布置及测试内容

为获取揭示锈蚀 RC 剪力墙地震损伤破坏特征与机理，以及其抗震性能退化规律的相关试验数据，拟静力加载过程中，在试件顶部设置竖向压力传感器和水平拉压传感器，以测定作用在试件顶部的轴向压力 N 及水平推力 P；在试件的部分暗柱纵筋、暗柱箍筋和水平分布筋上布置电阻应变片，以量测墙体控制截面上钢筋在试件整个受力过程中的应变发展情况；通过布置的位移计和百分表量测墙体的剪切变形、弯曲变形以及墙顶和墙底水平位移，相应的位移计及百分表布置如图 6.4 所示。

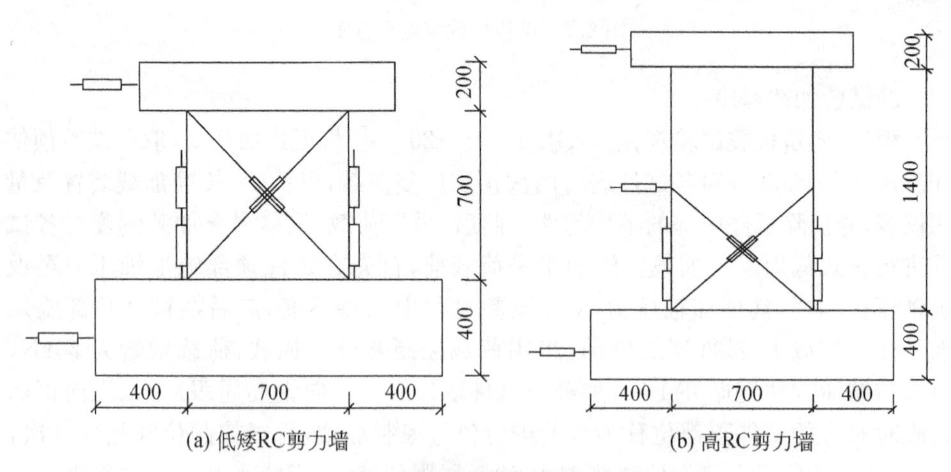

图 6.4　试件外部测量仪表布置(单位：mm)

6.3　试验现象及结果分析

6.3.1　腐蚀效果及现象描述

1. 试件锈蚀现象

试件放入人工气候实验室后，定期进入室内观测试件表面的锈胀裂缝发展情况，加速锈蚀时间由试件表面锈胀裂缝宽度确定。试件加速锈蚀的过程中，采用精度为 0.01mm、量程为 0～10mm 的裂缝观测仪对试件表面沿纵筋方向的锈胀裂缝宽度进行量测，并取裂缝宽度平均值作为该试件的锈胀裂缝宽度，当其达到设计锈蚀程度所对应的裂缝宽度后(表 6.1、表 6.2)，停止对相应试件进行腐蚀。

腐蚀试件典型表面锈胀裂缝形态如图 6.5 所示。可以看出，墙体表面锈胀裂缝主要沿纵筋和箍筋方向发展，锈胀裂缝在墙体四周表面分布并不一致，以沿暗柱纵筋方向的纵向裂缝为主，主要分布于墙体两侧端部，这主要是由于角部混凝土密实度较差，且在试验过程中，角部纵向钢筋受到来自试件相邻两个面的氯离子侵蚀，从而使角部纵向钢筋的锈蚀程度相对较大。同时，试验中还发现，沿箍筋和分布钢筋的锈胀裂缝呈放射性分散发展，且其宽度相对于纵筋方向锈胀裂缝较小，其原因为：锈胀裂缝宽度不仅与钢筋锈蚀程度有关，还和保护层厚度与钢筋直径之比 c/d 有关，锈蚀程度相近时，c/d 越小，锈胀裂缝宽度越大。

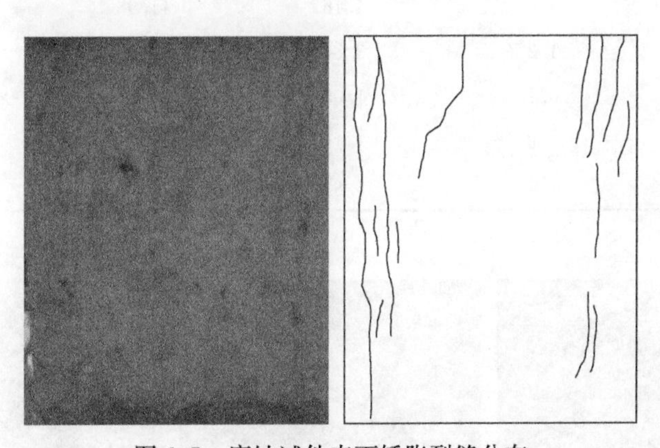

图 6.5　腐蚀试件表面锈胀裂缝分布

2. 钢筋锈蚀率

为获得各试件墙体内部钢筋的实际锈蚀情况，拟静力加载试验完成后，将混凝土敲碎，分别截取墙体内部的暗柱纵筋、暗柱箍筋、分布钢筋量测其实际锈蚀率，量测方式为：用稀释的盐酸溶液除去钢筋表面的锈蚀产物，再用清水洗净、擦干，待其完全干燥后用电子天平称重，同时量测其长度，并据此计算锈蚀后钢筋单位长度的重量，进而按照式(2-1)计算其实际锈蚀率。为减少量测结果的误差，分别取各试件墙体内暗柱纵筋、暗柱箍筋和分布钢筋平均锈蚀率作为其实际锈蚀率，相应的量测结果见表 6.5 和表 6.6。不同类别钢筋的实际锈蚀形态如图 6.6 所示。

表 6.5 低矮 RC 剪力墙试件钢筋锈蚀率测试结果

试件编号	设计锈胀裂缝宽度/mm	纵筋锈蚀率/%	箍筋锈蚀率/%	分布钢筋锈蚀率/%
SW-1	0.8	3.53	8.26	12.13
SW-2	0	0	0	0
SW-3	0.3	2.10	3.98	5.68
SW-4	0.8	3.80	8.21	11.09
SW-5	1.2	3.43	8.92	11.71
SW-6	1.2	3.89	8.46	11.68
SW-7	1.2	3.52	8.65	11.04
SW-8	1.2	3.24	9.19	11.75
SW-9	1.2	2.46	7.31	9.45
SW-10	1.2	4.12	11.21	14.77
SW-11	1.2	4.18	11.98	14.06
SW-12	1.2	3.86	11.06	12.08
SW-13	0.1	1.05	2.01	3.01
SW-14	0.6	3.18	5.16	9.86
SW-15	1.0	5.62	10.23	16.56

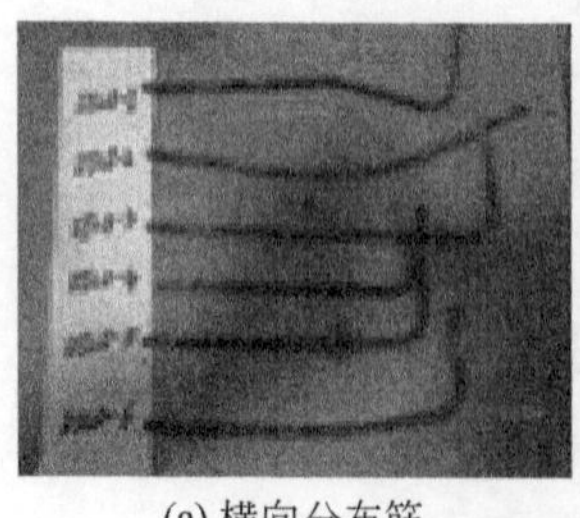

(a) 横向分布筋

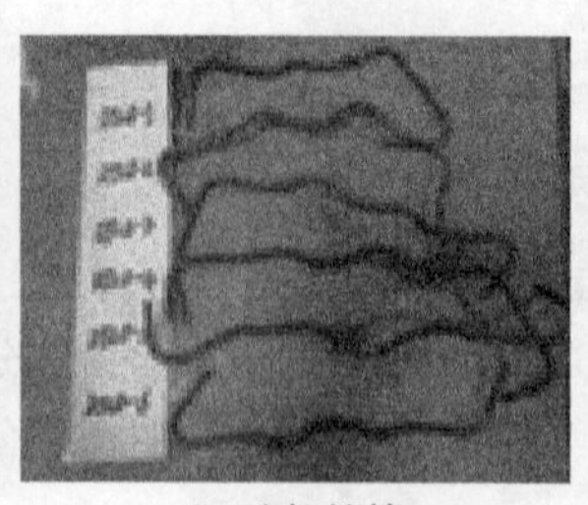

(b) 暗柱箍筋

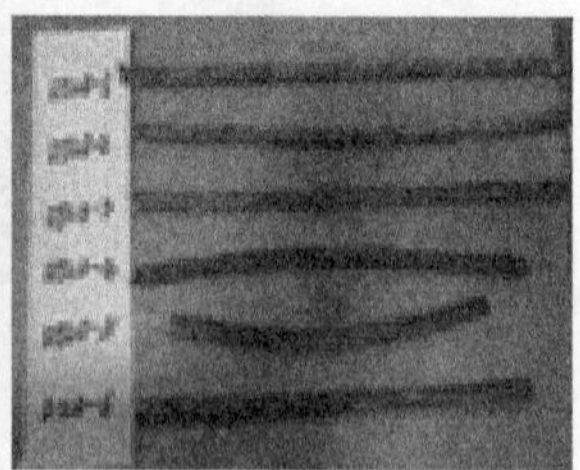

(c) 暗柱纵筋

图 6.6 典型试件钢筋锈蚀情况

表 6.6　高 RC 剪力墙试件钢筋锈蚀率测试结果

试件编号	设计锈胀裂缝宽度/mm	纵筋锈蚀率/%	箍筋锈蚀率/%	分布钢筋锈蚀率/%
SW-1	0.8	5.31	16.33	19.36
SW-2	0.0	0.00	0.00	0.00
SW-3	0.3	2.24	7.87	8.55
SW-4	0.8	5.63	17.13	18.73
SW-5	1.2	8.42	24.39	23.37
SW-6	0.8	5.33	16.69	20.66
SW-7	0.8	5.51	15.12	17.38
SW-8	0.8	4.38	17.05	18.54
SW-9	0.8	6.25	18.47	20.13
SW-10	0.8	5.92	18.19	19.87
SW-11	0.8	4.86	16.88	18.17
SW-12	0.8	5.27	15.22	16.33
SW-13	0.1	1.38	3.70	4.35
SW-14	0.6	4.32	12.38	16.85
SW-15	1.0	7.65	22.36	21.68

由表 6.5 和表 6.6 可以看出，不同设计锈胀裂缝宽度下，RC 剪力墙内暗柱纵筋、暗柱箍筋和分布钢筋的平均锈蚀率均随着设计裂缝宽度的增加而增大，且近似呈线性变化；相同设计锈胀裂缝宽度下，试件墙体内分布钢筋和箍筋的平均锈蚀率明显高于暗柱纵筋，这是由于分布钢筋和箍筋直径较小，且距混凝土外表面的距离较近，氯离子侵蚀深度达到分布钢筋和箍筋表面并对其产生锈蚀作用时，纵筋还未受到外界氯离子侵蚀作用影响。

6.3.2　试件破坏特征分析

1. 低矮 RC 剪力墙

高宽比为 1.14 的各低矮 RC 剪力墙试件破坏过程相似，在往复荷载作用下主要发生以剪切变形为主的剪弯破坏，其具体破坏特征为：加载初期，试件处于弹性工作状态，试件表面基本无裂缝产生；当墙顶水平荷载达到 100～150kN 时，墙底一侧暗柱底部出现第一条水平裂缝，且随着荷载增大，墙体暗柱底部水平裂缝数量不断增多，并沿水平方向不断延伸；继续加载至 180～230kN 时，墙体暗柱底部纵向钢筋受拉屈服，试件中剪切作用增强，已有水平裂缝不断斜向上发展，并逐渐延伸至墙体腹部，此时加载方式由力控制改为位移控制。随着墙顶水平位移不断增加，原有裂缝不断沿对角 45°方向延伸并相互贯通，将墙体腹部分割成块状，随后与剪切斜裂缝相交的水平分布筋受拉屈服，该受力阶段，墙体总体变形不大，反向加载时所形成的腹部斜压区剪切裂缝尚能恢复到加载前的宽度，再加载时斜压区尚能有效传递压力，承载力继续提高；水平位移幅值增大至 6～9mm 时，腹部对角斜裂缝加宽，混凝土在剪压应力共同作用下达到其极限强度，并逐步鼓包、剥落。最终，由于墙体底部剪压区混凝土受压破碎剥落、暗柱纵筋压曲、部分水平分布钢筋拉断，致使墙体截面削弱，其抗剪承载能力降低，水平荷载急剧下降，呈明显的剪切脆性破坏。各不同设计参数试件最终破坏形态如图 6.9 所示。

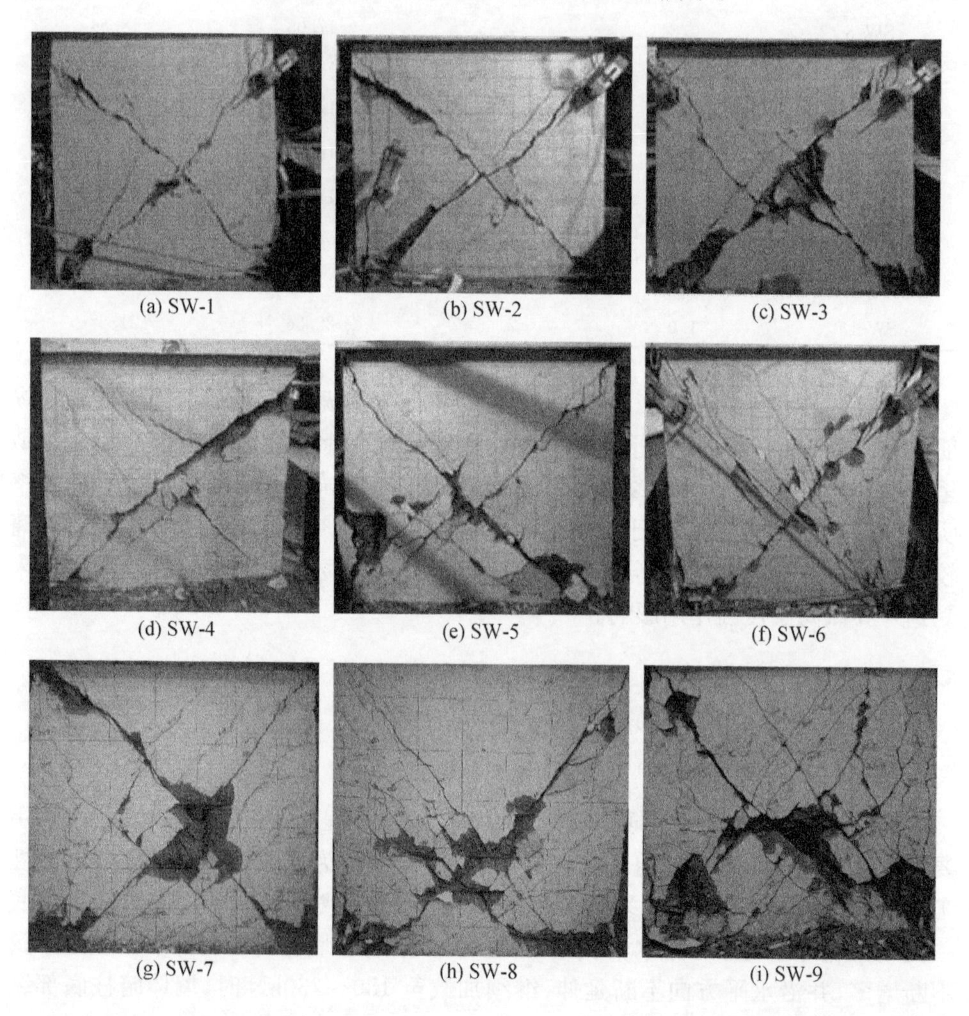
(a) SW-1 (b) SW-2 (c) SW-3

(d) SW-4 (e) SW-5 (f) SW-6

(g) SW-7 (h) SW-8 (i) SW-9

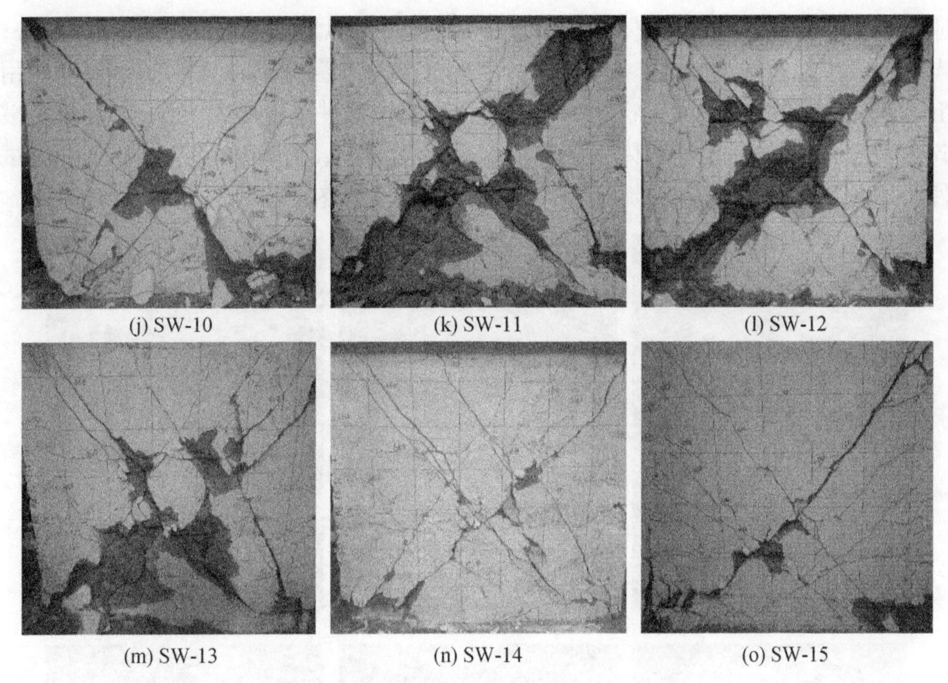

(j) SW-10　(k) SW-11　(l) SW-12

(m) SW-13　(n) SW-14　(o) SW-15

图 6.7　低矮 RC 剪力墙试件的破坏形态

此外,由于轴压比、钢筋锈蚀程度、横向分布钢筋配筋率和暗柱纵筋配筋率的不同,各试件破坏过程又呈现出一定的差异,具体表现为:随着轴压比的增加,各试件开裂时墙顶水平荷载逐渐提高,开裂后暗柱水平裂缝和墙体腹部斜裂缝发展速率相对较慢、宽度较窄,表明轴压力能够推迟墙体水平裂缝和剪切斜裂缝产生并在一定程度上减缓裂缝开展。随着钢筋锈蚀程度的增加,试件开裂时墙顶水平荷载逐渐减小,裂缝出现相对较早,斜裂缝数量增多、裂缝宽度变宽且发展速率相对较快,墙体变形能力逐渐变差。随着横向分布钢筋配筋率的增加,墙体剪切斜裂缝数量减少,裂缝发展速率与宽度均减小,墙体抗剪能力逐渐提高。随着暗柱纵筋配筋率的增加,试件开裂时墙顶水平荷载增大,墙体底部水平裂缝数量减少,发展速度变缓。

2. 高 RC 剪力墙

高宽比为 2.14 的各高 RC 剪力墙在往复荷载作用下主要发生弯剪破坏。其破坏特征为:加载初期,墙体处于弹性工作状态,其表面基本无裂缝产生;当试件顶部水平荷载达到 80～100kN 时,墙体底部受拉区混凝土出现第一条水平裂缝,表明墙体开始进入弹塑性开裂阶段。随着往复荷载增大,墙体底部水平裂缝不断发展并斜向上延伸,裂缝宽度不断加宽;当水平荷载达到 120～140kN 时,墙体暗柱底部纵筋受拉屈服,试件进入屈服阶段,此时加载方式由力控制转变为位移控制。

随着水平位移幅值增加，墙体底部水平裂缝数量不再增加，而裂缝宽度增加较快；当水平位移幅值增大至 12～15mm 时，墙体底部受压混凝土在剪压应力共同作用下达到其极限强度，形成块状结构。随墙顶水平位移进一步增大，受压区混凝土破碎面积增大。最终，由于墙体底部受压区混凝土压碎、剥落以及暗柱纵筋屈曲，试件顶部水平荷载下降较快，墙体随即破坏。各试件最终破坏形态如图 6.8 所示。

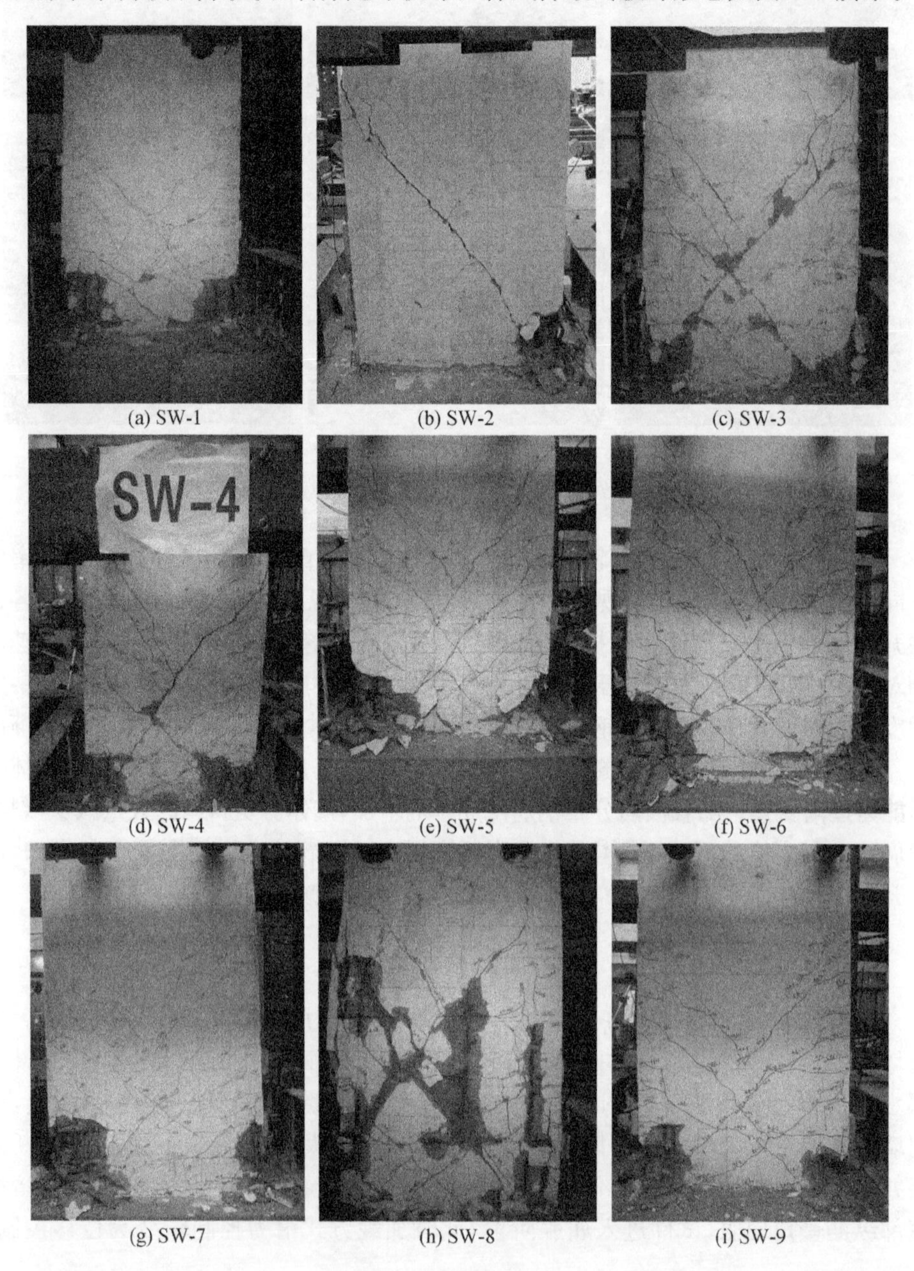

(a) SW-1　(b) SW-2　(c) SW-3
(d) SW-4　(e) SW-5　(f) SW-6
(g) SW-7　(h) SW-8　(i) SW-9

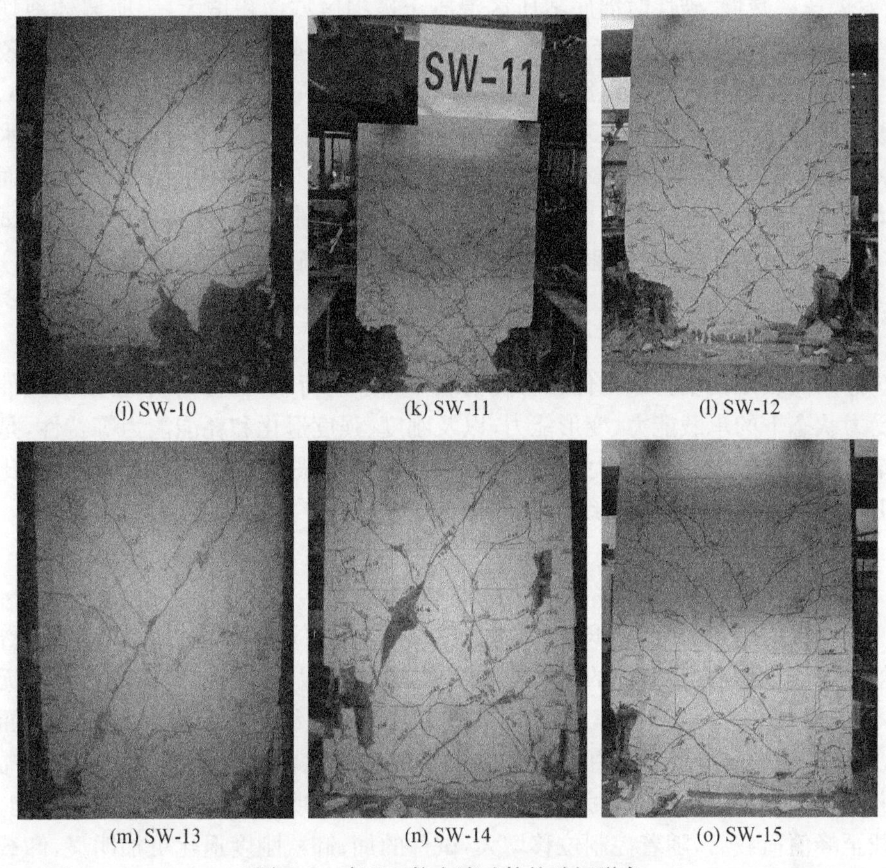

(j) SW-10　(k) SW-11　(l) SW-12

(m) SW-13　(n) SW-14　(o) SW-15

图 6.8　高 RC 剪力墙试件的破坏形态

此外，由于轴压比、钢筋锈蚀程度、横向分布钢筋配筋率和暗柱纵筋配筋率的不同，各试件破坏过程又呈现出一定的差异，具体表现为：轴压比较小的试件裂缝较为分散，分布区域较大，整个加载过程中，水平裂缝与剪切斜裂缝发展速率相对较快，最终破坏时试件底部三角形混凝土破损区域面积较大，表现出较好的延性；轴压比较大的试件开裂时墙顶水平荷载相对较大，水平裂缝与剪切斜裂缝发展速率相对较慢，表明轴压力可推迟裂缝产生并在一定程度上减缓裂缝的发展。锈蚀程度较轻的试件剪切斜裂缝数量较多、发展速率较快、宽度较宽，试件最终破坏时墙底塑性铰区域不明显，表明轻度锈蚀对试件抗剪能力的影响大于抗弯能力的影响，试件剪切破坏较为严重；对于锈蚀程度较严重的试件，在整个受力过程中，墙体剪切斜裂缝数量较少、宽度较窄、发展速度较慢，墙体最终破坏时，墙底混凝土破损区域面积较大，墙体腹部未见明显贯通剪切斜裂缝，表明墙体剪切破坏程度减轻而弯曲破坏程度加重。随着横向分布钢筋配筋率增大，墙体剪切斜裂缝数量不断减少、发展速率减慢，破坏时墙底剪压区混凝土破损区域面积增大，表明墙体剪切破坏程度减轻而弯曲破坏程度加重。对比不同暗柱纵筋配筋率试件的破坏现象发现，水平荷载较小时，暗柱纵筋配筋率较大试件的水平裂缝数量较多、宽度较小，最终破坏时墙底混凝土破损区域面积较小，而暗柱纵筋配筋率较小试件在较小水平荷载作用下，水平裂缝数量较少、宽度较宽，最终破坏时墙底混凝土破损区域面积较大；此外，暗柱纵筋配筋率的增加降低了剪力墙试件的剪弯比，并由此导致试件剪切斜裂缝数量增多、发展速率加快、宽度变宽，剪切破坏特征更为明显。

6.3.3　滞回曲线

滞回曲线是指结构或构件在反复荷载作用下的荷载-位移曲线，可反映试件不同受力状态下的承载能力、变形能力，以及刚度、强度退化和耗能能力等特性，是表征结构或构件抗震性能优劣的重要指标。图 6.9 和图 6.10 分别为不同高宽比锈蚀 RC 剪力墙试件的滞回曲线。

1. 低矮 RC 剪力墙滞回性能

高宽比为 1.14 的低矮 RC 剪力墙试件的滞回曲线如图 6.9 所示。可以看出，在整个加载过程中，各试件的滞回性能相似，试件屈服前，其加、卸载刚度基本无退化，卸载后几乎无残余变形，滞回曲线形状近似呈直线，滞回耗能较小；试件屈服后，随着控制位移增大，试件的加、卸载刚度逐渐退化，卸载后残余变形增大，滞回环面积亦增大，形状近似呈弓形，有轻微捏拢现象，表明试件具有较好的耗能能力；加载至峰值荷载后，随着控制位移增大，试件的加、卸载刚度退化更加明显，卸载后残余变形继续增大，同时由于加卸载过程中的剪切斜裂缝开展，滞回曲线形状由弓形转变为反 S 形，表明试件耗能能力变差。

由于轴压比、锈蚀程度、横向分布钢筋配筋率、暗柱纵筋配筋率和暗柱箍筋配箍率的不同，各试件受力过程中又表现出不同的滞回性能：随着轴压比的增加，试件的初始刚度逐渐增加，滞回环丰满程度及其包围面积逐渐减小，屈服后平台段长

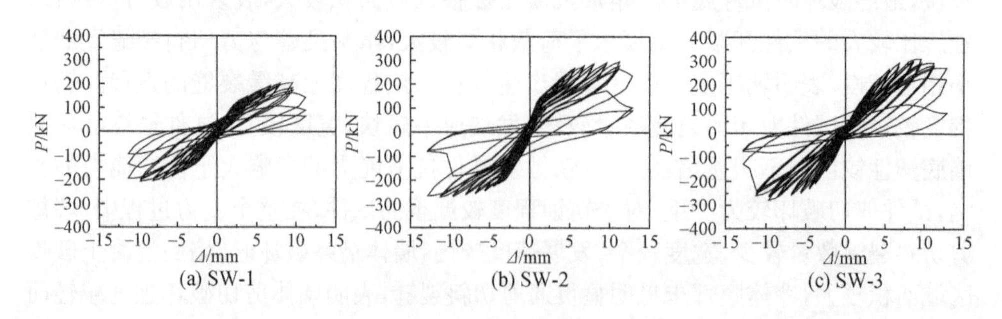

(a) SW-1　(b) SW-2　(c) SW-3

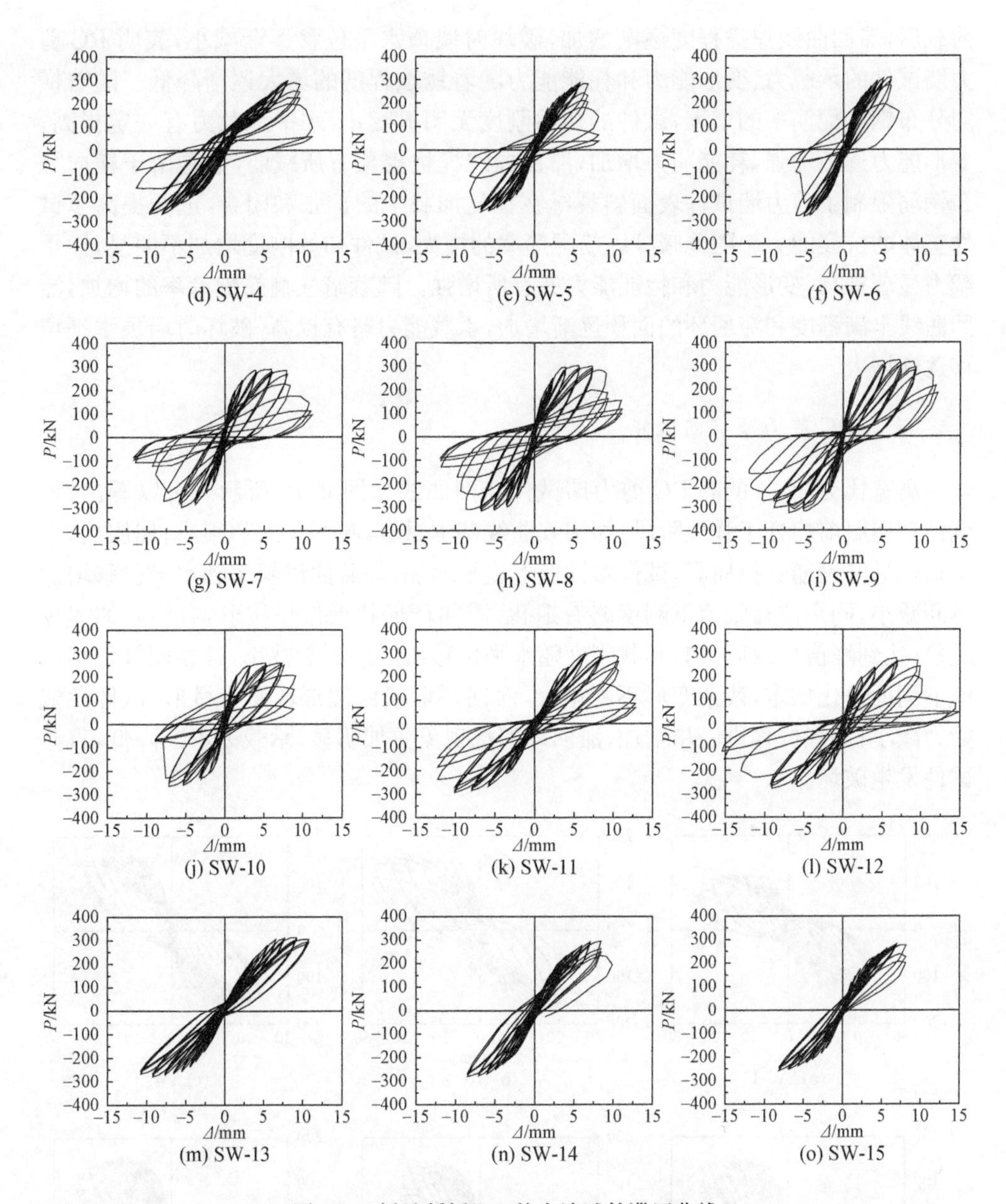

图 6.9　锈蚀低矮 RC 剪力墙试件滞回曲线

度变短，但承载能力不断提高；峰值荷载后，试件顶部水平荷载的下降速率加快，破坏时墙顶水平位移逐渐减小，表明随着轴压比的增大，RC 剪力墙试件承载能力逐渐提高，但变形能力和耗能能力逐渐降低。随着钢筋锈蚀程度的增大，试件滞回曲线丰满程度及其包围面积逐渐减小，屈服后平台段长度变短，承载能力降低；峰值荷载后，滞回曲线捏拢程度逐渐增加，破坏时墙顶水平位移逐渐减小，表明 RC 剪力墙试件的承载力、变形能力和耗能能力随着锈蚀程度的增大逐渐降低。随着横向分布钢筋配筋率的增大，试件的初始刚度无明显变化，水平承载力有一定提高，变形能力逐渐增强，耗能能力增加，滞回曲线捏拢现象有所减弱，这是由于横向分布钢筋限制了剪力墙试件表面斜裂缝在往复加载中的扩张和闭合，进而提高了试件整体的抗震能力。随着暗柱纵筋配筋率的增大，试件初始刚度增加不明显，而承载力显著提高，变形能力和耗能能力亦有所增强。随着暗柱箍筋配箍率的增加，滞回曲线丰满程度和滞回环的面积逐渐增加，承载能力略有提高，破坏时墙顶水平位移逐渐增大。

2. 高 RC 剪力墙滞回性能

高宽比为 2.14 的高 RC 剪力墙试件滞回曲线如图 6.10 所示。可以看出，各试件在屈服前均处于弹性阶段，加卸载曲线基本重合，滞回环面积很小；屈服后，由于暗柱纵向钢筋受拉屈服，试件塑性变形逐渐增加，加载曲线斜率随水平位移增加不断减小，同级位移幅值下刚度略有退化，滞回环形状近似呈梭形，有轻微的捏拢现象；达到峰值荷载后，加、卸载刚度随水平位移增加均不断减小，且在同级位移幅值下刚度退化加重，残余变形不断增大，滞回环形状由梭形转变为弓形，试件耗能能力减小；加载位移进一步增加，滞回环捏拢现象更加明显，承载力不断降低，直至试件发生破坏。

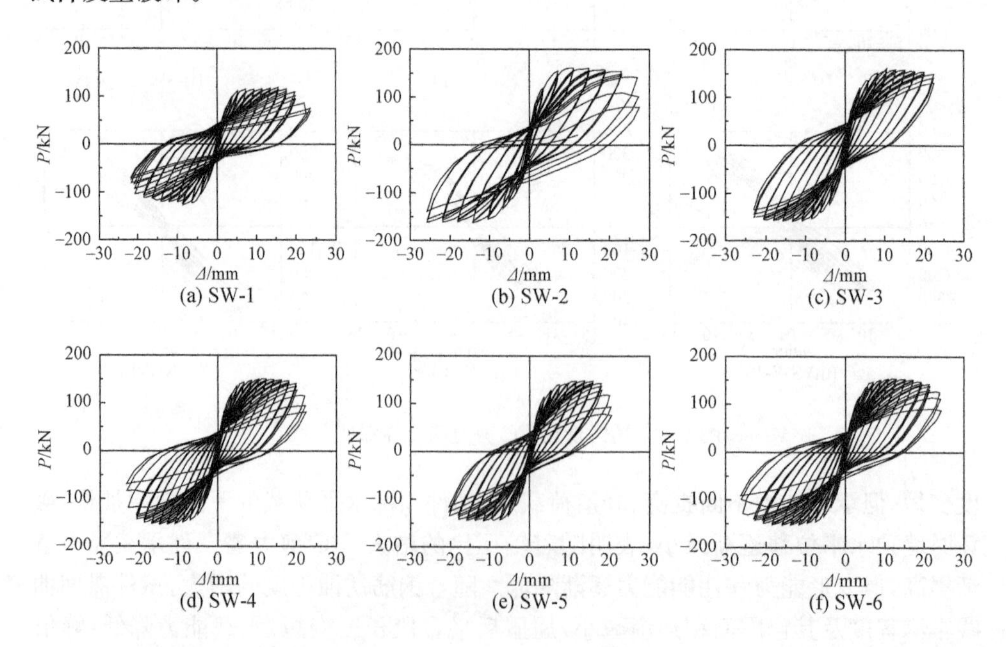

(a) SW-1 (b) SW-2 (c) SW-3

(d) SW-4 (e) SW-5 (f) SW-6

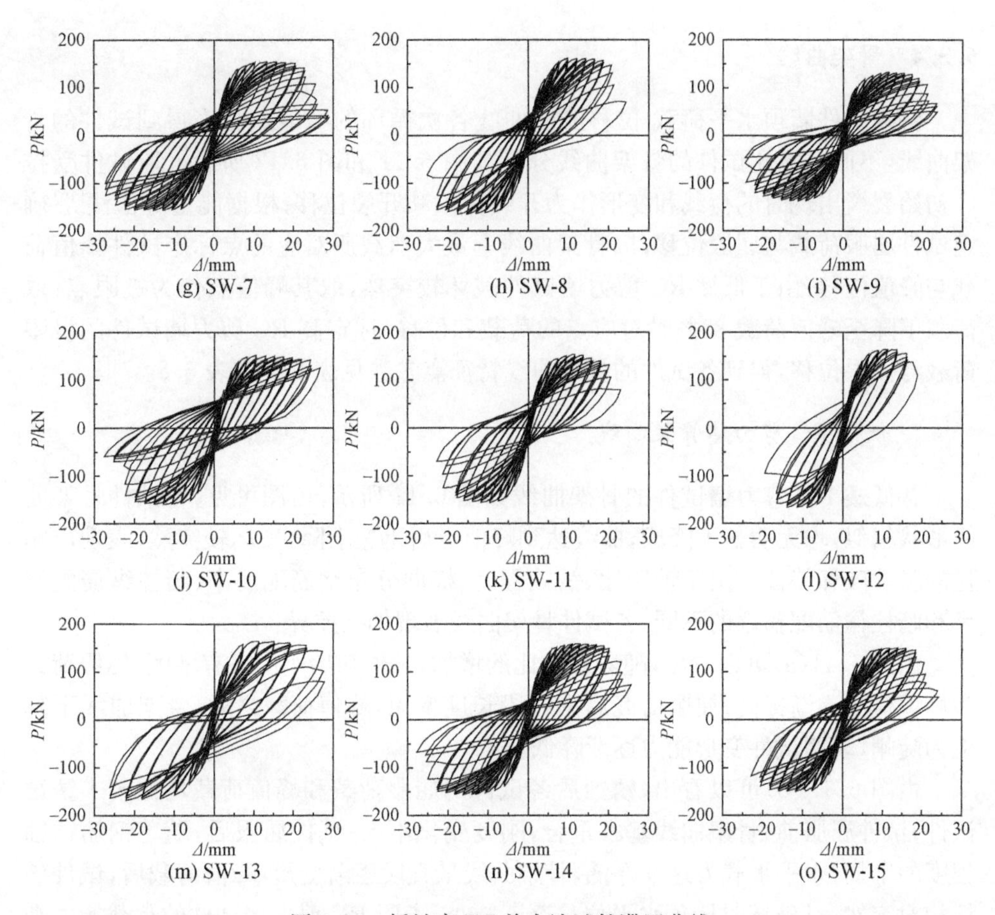

图6.10 锈蚀高RC剪力墙试件滞回曲线

由于轴压比、钢筋锈蚀程度、横向分布钢筋配筋率、暗柱纵筋配筋率和暗柱箍筋配箍率的不同,各试件受力过程又表现出不同的滞回性能,具体表现为:随着轴压比的增加,试件初始刚度明显增大,水平承载力增加,但试件屈服后损伤发展逐渐加剧,极限位移逐渐减小。随着钢筋锈蚀程度的增大,滞回曲线丰满程度和滞回环的面积逐渐减小,滞回环捏拢现象出现提前,捏拢程度逐渐增加,刚度退化不断加快,试件破坏时极限位移逐渐减小。随着横向分布钢筋配筋率的增加,滞回曲线捏拢现象减弱,水平承载力变化不明显,但试件破坏时极限位移略有增大。随着暗柱纵筋配筋率的增加,试件承载力不断提高,滞回环丰满程度提高,捏拢现象减弱,各试件极限位移无明显差异。随着暗柱箍筋配箍率的增加,水平承载力变化不大,滞回曲线丰满程度和滞回环面积逐渐增加,强度退化减缓,捏拢现象减弱,试件破坏时极限位移略有增大。

6.3.4 骨架曲线

将各试件墙顶水平荷载-位移滞回曲线各次循环的峰值点相连得到试件的骨架曲线，不同高宽比试件的骨架曲线分别如图 6.11 和图 6.12 所示。取试件受拉区初始裂缝出现时的荷载和变形作为开裂荷载和开裂位移；根据能量等值法[19]确定试件屈服荷载与屈服位移；以骨架曲线上最大荷载所对应的点标定试件峰值荷载与峰值位移；由于低矮 RC 剪力墙试件破坏较突然，取其峰值点作为极限点；取荷载下降至峰值荷载 85%时对应点的荷载和位移，标定高 RC 剪力墙试件的极限荷载与极限位移，得到各试件的骨架曲线特征点参数见表 6.7 和表 6.8。

1. 低矮 RC 剪力墙骨架曲线

各低矮 RC 剪力墙试件的骨架曲线如图 6.11 所示，由图可见，各试件骨架曲线形状相似，均无明显下降段，曲线达到峰值点后迅速下降，破坏较突然，表现出明显的脆性破坏特征。由于轴压比、锈蚀程度、横向分布钢筋配筋率、暗柱纵筋配筋率和暗柱箍筋配箍率的不同，各试件骨架曲线展现如下差异：

由图 6.11(a)可以看出，随着轴压比的增加，试件初始刚度略有增大，屈服荷载和峰值荷载逐渐提高；屈服荷载后平台段长度变短，峰值荷载之后，骨架曲线下降更为陡峭，表明试件变形能力逐渐降低。

由图 6.11(b)可以看出，锈蚀后各试件的屈服荷载和峰值荷载均低于未锈蚀试件；试件屈服前，骨架曲线基本重合，刚度变化不大；试件屈服后，随着钢筋锈蚀程度的增加，水平承载力逐渐降低，骨架曲线平直段逐渐变短；峰值荷载后，试件破坏相对突然，且破坏时墙顶水平位移逐渐减小，表明 RC 剪力墙试件的承载能力和变形能力均随钢筋锈蚀程度的增大逐渐降低。

由图 6.11(c)可以看出，随横向分布钢筋配筋率的增加，锈蚀低矮 RC 剪力墙试件承载能力明显提高；试件屈服后，骨架曲线平直段变长；超过峰值荷载后，骨架曲线下降段逐渐变缓，试件破坏时墙顶水平位移逐渐增加，表明增大低矮 RC 剪力墙试件的横向分布钢筋配筋率可有效提高试件的变形能力。

由图 6.11(d)、(e)可以看出，随着暗柱纵筋配筋率和暗柱箍筋配箍率的增加，试件的屈服荷载和峰值荷载逐渐提高；达屈服荷载后，骨架曲线平直段逐渐变长；达峰值荷载后，骨架曲线下降段变缓；试件破坏时墙顶水平位移增大，表明 RC 剪力墙试件的承载能力和变形能力随着暗柱纵筋配筋率及暗柱箍筋配箍率的增加逐渐提高。

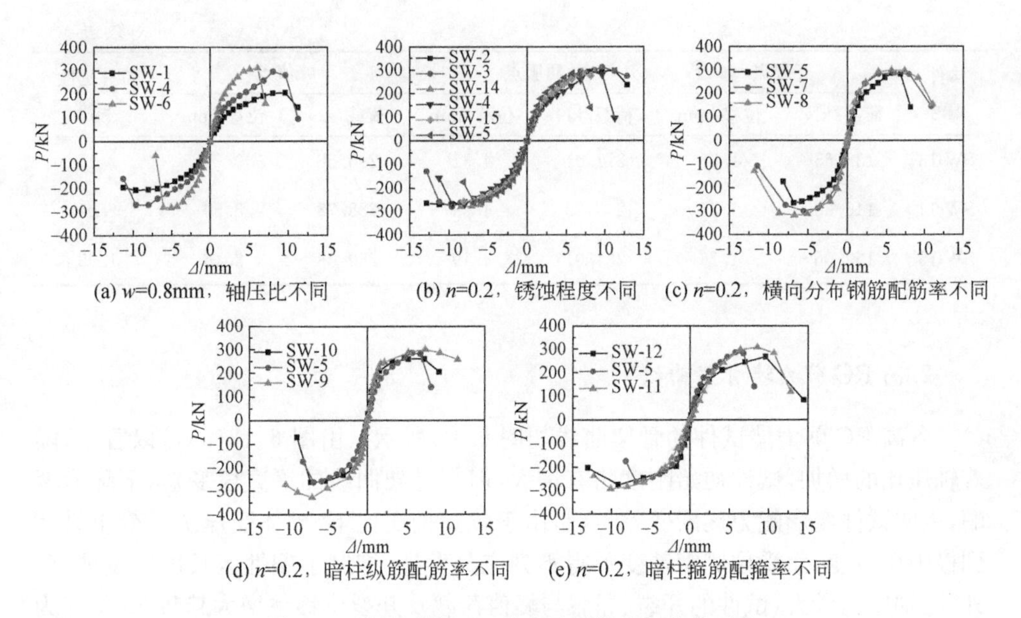

(a) w=0.8mm，轴压比不同　(b) n=0.2，锈蚀程度不同　(c) n=0.2，横向分布钢筋配筋率不同

(d) n=0.2，暗柱纵筋配筋率不同　(e) n=0.2，暗柱箍筋配箍率不同

图 6.11　锈蚀低矮 RC 剪力墙试件骨架曲线对比

表 6.7　低矮 RC 剪力墙试件的骨架曲线特征参数

试件	开裂点		屈服点		峰值点		位移延性
编号	荷载/kN	位移/mm	荷载/kN	位移/mm	荷载/kN	位移/mm	系数
SW-1	109.54	1.89	158.97	4.18	226.64	9.63	2.30
SW-2	150.06	1.84	251.00	4.64	300.00	9.60	2.07
SW-3	130.27	1.83	234.81	4.35	290.23	8.60	1.98
SW-4	134.87	1.84	199.89	4.23	283.59	8.02	1.90
SW-5	160.00	1.66	210.33	3.47	259.58	5.78	1.67
SW-6	154.16	1.84	242.52	4.20	302.24	6.60	1.57
SW-7	160.00	1.11	244.96	2.84	293.62	5.77	2.03
SW-8	160.00	0.94	259.47	2.48	308.50	7.04	2.84
SW-9	140.00	0.69	269.58	2.77	326.05	7.09	2.56
SW-10	120.00	0.94	167.59	2.17	197.79	5.27	2.43
SW-11	161.04	1.84	248.49	4.34	296.20	8.15	1.88
SW-12	143.49	2.06	226.96	3.37	272.93	8.97	2.66

续表

试件编号	开裂点		屈服点		峰值点		位移延性系数
	荷载/kN	位移/mm	荷载/kN	位移/mm	荷载/kN	位移/mm	
SW-13	132.65	1.56	277.01	4.31	295.58	9.26	2.15
SW-14	145.86	1.38	246.32	4.23	288.78	8.50	2.01
SW-15	162.06	1.76	234.01	4.19	280.38	8.16	1.95

2. 高 RC 剪力墙骨架曲线

各高 RC 剪力墙试件的骨架曲线如图 6.12 所示。由图 6.12(a)可以看出，随着轴压比的增加，试件初始刚度略有增大，但其骨架曲线的平直段变短，下降段变峭，表明试件变形能力逐渐变差，这是由于较高轴压比下，墙体受压侧混凝土易达到极限压应变，而受拉侧钢筋变形得不到充分发挥，抑制了塑性区长度的发展；此外，随轴压比增大，试件的开裂、屈服与峰值荷载及开裂位移呈增大趋势，这是因为轴压比在一定范围内增大，能有效抑制混凝土开裂及裂缝的扩展，在大偏心受压破坏情况下，RC 剪力墙的承载能力将随轴压比的增大而增大。

由图 6.12(b)可以看出，不同锈蚀程度下各试件的开裂荷载、屈服荷载、峰值荷载及极限荷载均低于未锈蚀试件，且随锈蚀程度增加，各试件特征荷载值逐渐降低；屈服前，各试件刚度相差不大；屈服后，锈蚀 RC 剪力墙试件刚度及水平承载力退化明显；达到峰值荷载后，随着锈蚀程度的增加，各试件骨架曲线下降段逐渐变陡，最终破坏时试件水平位移逐渐减小，表明其变形能力变差。

由图 6.12(c)可以看出，横向分布钢筋对试件承载力提高并不显著，主要改善了试件的变形能力，这是由于增大横向分布钢筋配筋率可提高锈蚀试件的抗剪能力，使试件逐渐由以剪切破坏成分较大的弯剪破坏向弯曲破坏转变。

由图 6.12(d)可以看出，随着暗柱纵筋配筋率的增加，锈蚀高 RC 剪力墙试件屈服荷载、峰值荷载和极限荷载逐渐提高；试件屈服前，骨架曲线基本重合，刚度变化不大；试件屈服荷载后，骨架曲线平直段逐渐变长；峰值荷载后，各试件骨架曲线下降段基本重合，表明增大暗柱纵筋配筋率可显著提升高 RC 剪力墙的承载能力。

由图 6.12(e)可以看出，随着暗柱箍筋配箍率的增大，锈蚀 RC 剪力墙试件的变形能力显著提高，但其承载力变化不大，这主要是由于配置暗柱箍筋增加了边缘约束构件的约束能力，避免暗柱纵筋过早受压屈曲，从而提高了锈蚀 RC 剪力墙试件的变形能力。

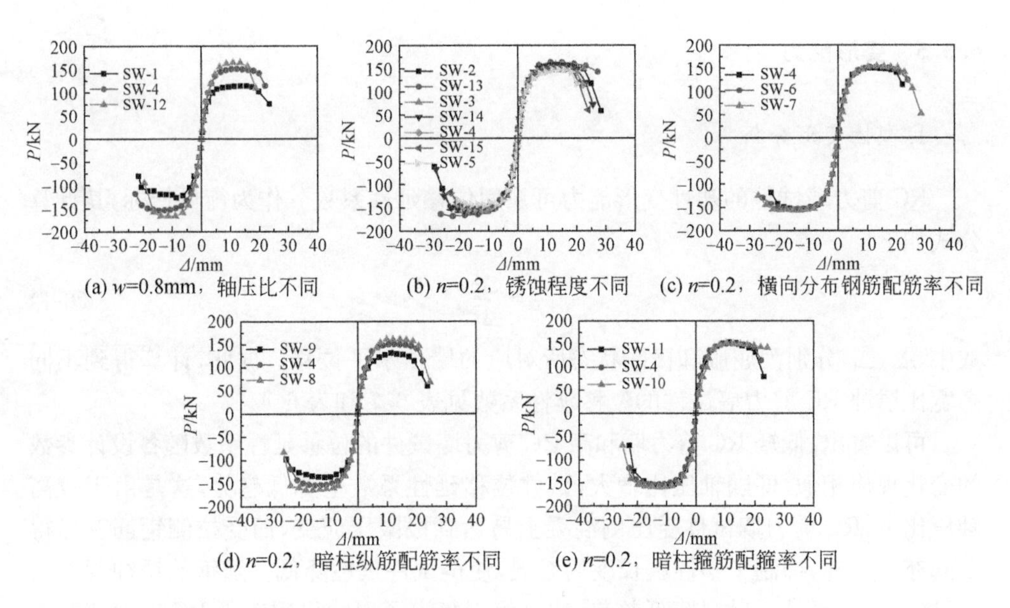

图 6.12　锈蚀高 RC 剪力墙试件骨架曲线对比

表 6.8　高 RC 剪力墙试件的骨架曲线特征参数

试件编号	开裂点		屈服点		峰值点		极限位移/mm	位移延性系数
	荷载/kN	位移/mm	荷载/kN	位移/mm	荷载/kN	位移/mm		
SW-1	80.38	2.48	106.25	4.43	123.06	12.10	20.10	4.54
SW-2	99.91	2.68	132.42	5.76	161.66	14.56	28.62	4.97
SW-3	100.02	2.58	131.86	5.22	158.65	13.08	23.79	4.56
SW-4	99.46	2.57	130.92	4.63	152.41	13.50	21.32	4.60
SW-5	79.68	1.74	124.28	4.69	146.79	12.68	20.47	4.36
SW-6	99.46	2.80	132.60	5.12	153.59	14.40	24.31	4.75
SW-7	90.03	2.70	134.29	5.26	155.61	14.25	24.89	4.73
SW-8	80.00	1.78	139.96	5.19	162.98	14.80	22.24	4.29
SW-9	99.72	3.43	114.00	4.60	135.17	11.28	21.28	4.63
SW-10	79.98	1.72	133.50	4.80	156.12	11.61	24.30	5.06
SW-11	79.80	1.63	132.35	4.60	155.29	10.54	20.10	4.37
SW-12	109.74	2.75	142.55	4.74	165.50	10.01	17.38	3.67
SW-13	84.23	2.68	142.01	5.75	164.07	14.35	26.70	4.64
SW-14	87.36	2.61	138.50	5.08	157.34	13.46	24.12	4.75
SW-15	98.65	1.89	130.61	4.68	150.23	11.74	20.62	4.41

6.3.5 变形能力

1. 塑性变形分析

RC 剪力墙试件的塑性变形能力可采用位移延性系数 μ 作为衡量指标，其计算公式如下：

$$\mu=\frac{\Delta_{\mathrm{u}}}{\Delta_{\mathrm{y}}} \tag{6-1}$$

式中，Δ_{y}、Δ_{u} 分别为屈服和极限状态所对应的墙顶水平位移。据此，计算得到不同高宽比锈蚀 RC 剪力墙试件的位移延性系数见表 6.7 和表 6.8。

可以看出，低矮 RC 剪力墙和高 RC 剪力墙试件的位移延性系数随各设计参数的变化规律相似，即随轴压比增大，试件位移延性系数呈降低趋势，这是由于较高轴压比下，RC 剪力墙试件受压侧混凝土易达到极限压应变，而受拉侧钢筋变形得不到充分发挥，抑制了塑性区长度的发展，使得试件延性降低。随钢筋锈蚀程度增大，试件位移延性系数呈降低趋势，这是由于氯离子侵蚀作用造成 RC 剪力墙试件力学性能严重退化，钢筋有效截面面积减小。随着横向分布钢筋配筋率增大，试件位移延性系数明显增大，说明配置横向分布钢筋可显著增大 RC 剪力墙试件延性。随暗柱纵筋配筋率增加，试件位移延性系数呈降低趋势，这是由于配置暗柱纵筋可显著增大试件的屈服荷载和屈服位移，而对极限位移影响不明显。随暗柱箍筋配箍率增加，试件位移延性系数呈增大趋势，这是由于配置暗柱箍筋可显著增大试件极限位移，而对屈服位移影响不明显。

2. 剪切变形分析

RC 剪力墙试件破坏时其剪切变形在试件总体变形中占有相当大的比例，因此有必要对 RC 剪力墙试件的剪切变形进行研究。本章通过在剪力墙表面设置交叉位移传感器，并采用式(6-2a)、式(6-2b)计算各锈蚀 RC 剪力墙试件的剪切变形，并采用式(6-2c)计算不同锈蚀程度试件剪切变形占总变形的比例。

$$\Delta_{\mathrm{s}}=\frac{1}{2}\left(\sqrt{(d_1+D_1)^2-h^2}-\sqrt{(d_2+D_2)^2-h^2}\right) \tag{6-2a}$$

$$\gamma=\frac{\Delta_{\mathrm{s}}}{h} \tag{6-2b}$$

$$\frac{\Delta_{\mathrm{s}}}{\Delta}=\frac{\left(\sqrt{(d_1+D_1)^2-h^2}-\sqrt{(d_2+D_2)^2-h^2}\right)}{2\Delta} \tag{6-2c}$$

式中，d_1 和 d_2 分别为墙体两对角线初始长度；D_1 和 D_2 分别为墙体两对角线变形测量值；Δ_{s} 为墙体剪切变形；h 为墙体塑性变形区域高度；Δ 为试件顶部总水平位移。

剪切变形计算示意如图 6.13 所示。

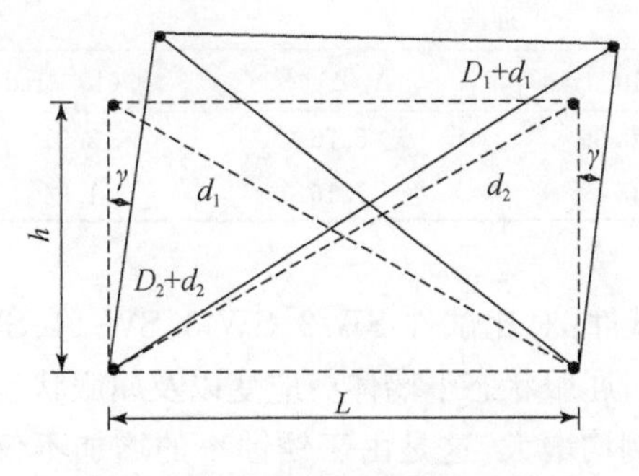

图 6.13　剪切变形计算示意图

根据墙体两对角线变形测量值，采用上述公式计算得到 RC 剪力墙试件不同受力状态下的剪应变及其剪切变形在试件总变形中的占比，其部分试件分析结果见表 6.9、表 6.10。由于开裂点剪切变形过小，极限状态时试件破坏较为严重导致剪切变形测试数据失真，故开裂状态与极限状态剪切变形未列出。

表 6.9　低矮 RC 剪力墙试件各特征点剪切变形及其占总变形比例

试件编号	屈服点		峰值点	
	$\gamma/(10^{-3}\,\mathrm{rad})$	$(\Delta_s/\Delta)/\%$	$\gamma/(10^{-3}\,\mathrm{rad})$	$(\Delta_s/\Delta)/\%$
SW-2	1.13	24.29	4.52	47.11
SW-3	1.17	26.86	4.53	52.69
SW-5	1.27	36.60	3.16	54.62
SW-7	0.90	31.69	2.70	46.79
SW-8	0.70	28.23	2.24	31.86
SW-9	0.77	27.80	3.29	46.35
SW-10	0.85	39.17	2.99	56.66
SW-14	1.23	29.04	4.63	54.44
SW-15	1.30	31.03	4.67	57.24

表 6.10　高 RC 剪力墙试件各特征点剪切变形及其占总变形比例

试件编号	屈服点		峰值点	
	$\gamma/(10^{-3}\,\mathrm{rad})$	$(\Delta_s/\Delta)/\%$	$\gamma/(10^{-3}\,\mathrm{rad})$	$(\Delta_s/\Delta)/\%$
SW-1	0.39	6.22	2.84	12.98
SW-2	0.53	6.44	4.04	21.64
SW-3	0.64	8.63	3.19	17.58
SW-4	0.45	6.87	2.46	14.00

续表

试件编号	屈服点		峰值点	
	$\gamma/(10^{-3}\mathrm{rad})$	$(\Delta_s/\Delta)/\%$	$\gamma/(10^{-3}\mathrm{rad})$	$(\Delta_s/\Delta)/\%$
SW-5	0.39	5.76	2.21	11.20
SW-12	0.49	7.16	1.94	12.69

低矮 RC 剪力墙试件：对比试件 SW-2、SW-3、SW-14、SW-15 和试件 SW-5 可知，随着锈蚀程度增大，屈服状态下墙体剪应变以及屈服状态和峰值状态下墙体剪切变形占总变形的比例均增大，这是由于锈蚀率的增加不仅降低了低矮 RC 剪力墙分布钢筋的截面面积，亦使其与混凝土间的黏结强度减小，从而造成墙体抗剪能力降低，故试件剪切变形表现出增加的趋势。此外，由于钢筋锈蚀的影响，墙体变形能力变差，故表现出峰值状态下剪应变较未锈蚀试件有所减小。对比试件 SW-5、SW-7 和试件 SW-8 可知，随横向分布钢筋配筋率增加，屈服状态和峰值状态下的剪应变及剪切变形占总变形的比例均减小，这是由于低矮 RC 剪力墙试件大都发生剪压破坏，在该破坏模式下，墙体主要由剪压区混凝土、横向分布钢筋以及骨料之间的咬合作用等抵御水平荷载，故提高横向分布钢筋配筋率将使得锈蚀 RC 剪力墙试件剪切变形得到抑制。

高 RC 剪力墙试件：由表 6.10 可知，随钢筋锈蚀程度的增加，锈蚀 RC 剪力墙试件的剪应变和剪切变形占总变形的比例均不断减小，这主要是由于暗柱纵筋锈蚀导致 RC 剪力墙试件抗弯能力降低，弯曲变形增加。随着轴压比的增加，峰值状态下锈蚀 RC 剪力墙试件的剪应变不断降低，这是由于轴压比的增加抑制了斜裂缝的开展。

6.3.6 强度衰减

反复荷载作用下，随着循环次数的增加，RC 剪力墙内部损伤不断加剧，并由此导致其力学性能和抗震性能发生不同程度退化。强度衰减是反映这一退化现象的重要指标，强度衰减越快，表明结构或构件丧失抵御外载作用的能力越快。本节根据试验数据得到不同高宽比 RC 剪力墙试件在开裂后的归一化强度-加载位移关系曲线，分别如图 6.14、图 6.15 所示。其中，j 为加载位移级别($j=1,2,3$)；P_{ij} 表示第 j 级位移幅值下的第 i 次循环的峰值荷载($i=1,2,3$)；$P_{j\max}$ 为第 j 级位移幅值下的最大峰值荷载。

1. 低矮 RC 剪力墙

由图 6.14 可以看出，同一级加载位移下，试件强度衰减程度随轴压比增大更加明显;随钢筋锈蚀程度的增大,各试件强度衰减速率逐渐加快,幅度亦越来越大;随横向分布钢筋配筋率的增大,各试件的强度衰减速率逐渐减小,其原因为:配置横向分布钢筋抑制了剪切斜裂缝发展,从而延缓裂缝区域混凝土破坏程度;随着暗柱纵筋配筋率和暗柱箍筋配箍率的增大,各试件强度衰减速率呈减小趋势。

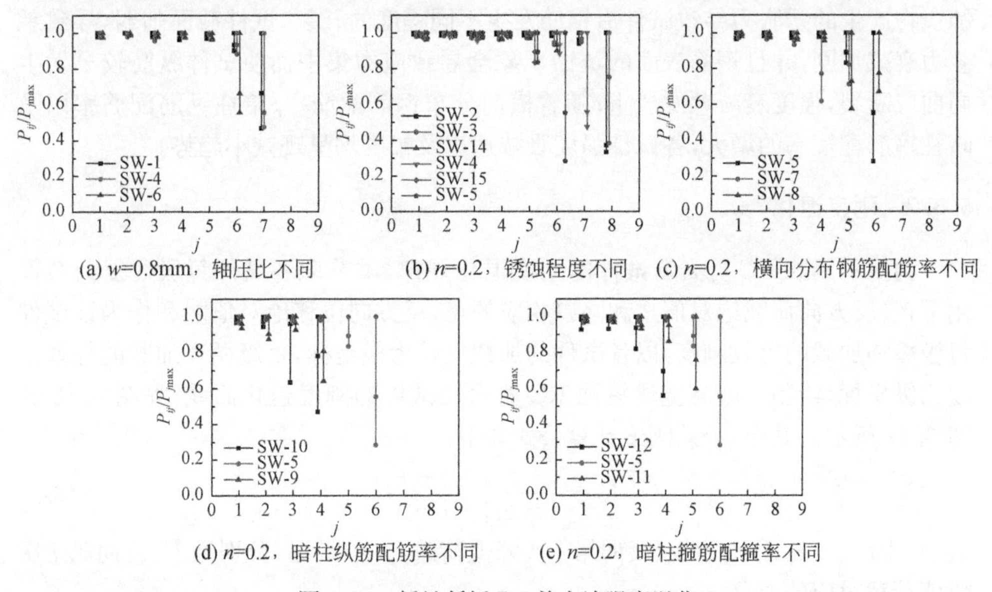

(a) w=0.8mm，轴压比不同　(b) n=0.2，锈蚀程度不同　(c) n=0.2，横向分布钢筋配筋率不同

(d) n=0.2，暗柱纵筋配筋率不同　(e) n=0.2，暗柱箍筋配箍率不同

图 6.14　锈蚀低矮 RC 剪力墙强度退化

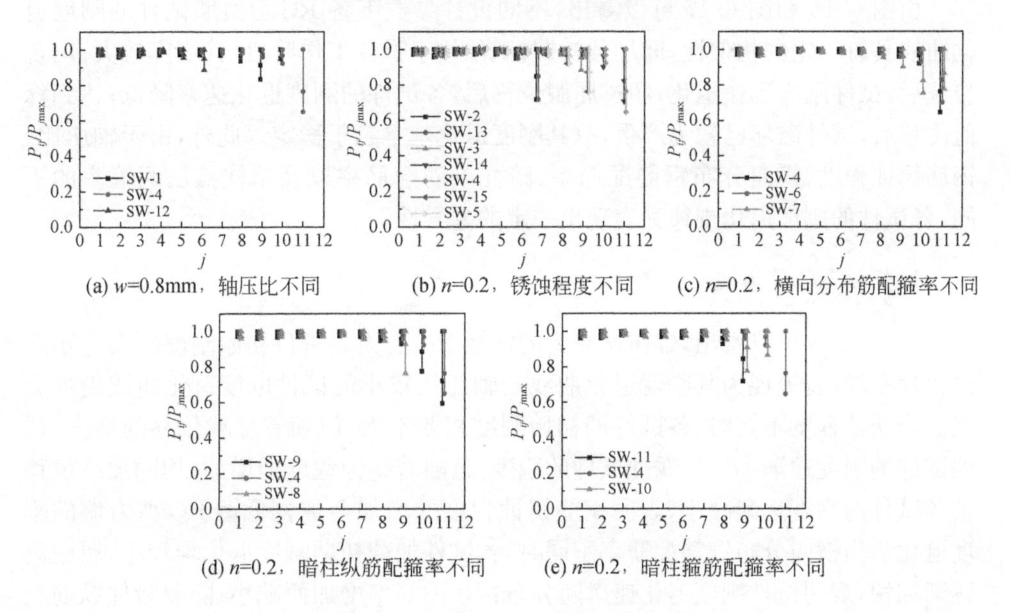

(a) w=0.8mm，轴压比不同　(b) n=0.2，锈蚀程度不同　(c) n=0.2，横向分布筋配箍率不同

(d) n=0.2，暗柱纵筋配箍率不同　(e) n=0.2，暗柱箍筋配箍率不同

图 6.15　锈蚀高 RC 剪力墙强度退化

2. 高 RC 剪力墙

由图 6.15 可以看出，随着轴压比的增加，各试件在同级加载位移下强度衰减速率逐渐加快；随着锈蚀程度的增加，同级位移下强度衰减幅度增大，这是由于锈蚀产物产生的锈胀力导致试件沿钢筋发生不同程度的开裂，试件截面削弱，导致承载力衰减加剧，并且钢筋表面的坑蚀现象会导致应力集中而使试件纵筋较早发生屈曲或断裂，强度衰减愈发严重；随着横向分布钢筋配筋率、暗柱纵筋配筋率以及暗柱箍筋配箍率的增大，各试件强度衰减速率及幅度均呈现减小趋势。

6.3.7 刚度退化

为揭示锈蚀 RC 剪力墙试件的刚度退化规律，本节取各试件每级往复荷载作用下正、反方向荷载绝对值之和除以相应的正、反方向位移绝对值之和作为该试件每级循环加载的等效刚度，以各试件的加载位移为横坐标，每级循环加载的等效刚度为纵坐标，绘制不同高宽比锈蚀 RC 剪力墙试件的刚度退化曲线，如图 6.16 和图 6.17 所示。其中，等效刚度计算公式如下：

$$K_i=\frac{|+P_i|+|-P_i|}{|+\Delta_i|+|-\Delta_i|} \tag{6-3}$$

式中，$+P_i$、$-P_i$ 分别为正、反向第 i 次峰值荷载，$+\Delta_i$、$-\Delta_i$ 分别为正、反向第 i 次峰值荷载对应的位移。

由图 6.16 和图 6.17 可以看出，不同设计参数下各 RC 剪力墙试件的刚度退化曲线具有一定的相似性，即加载初期，试件位于弹性工作阶段，其刚度较大；出现裂缝后，试件刚度迅速退化；超过屈服位移后，各试件的刚度退化速率降低；达到峰值位移后，试件破坏已较为严重，故其刚度退化基本趋于稳定。此外，由于轴压比、钢筋锈蚀程度、横向分布钢筋配筋率、暗柱纵筋配筋率以及暗柱箍筋配箍率的不同，各试件的刚度退化规律又表现出一定的差异性。

1. 低矮 RC 剪力墙

由图 6.16 可以看出，轴压比较大的低矮 RC 剪力墙试件初始刚度较大且刚度退化速率较快，表现为其刚度退化曲线与轴压比较小的试件刚度退化曲线出现交点。当锈蚀程度不同时，各试件的初始刚度相差不大，但随着加载位移的增大，锈蚀试件的刚度逐渐小于未锈蚀试件的刚度，且随着锈蚀程度的增加，相同加载位移下各试件的刚度逐渐减小，表明钢筋锈蚀程度的增加会加剧低矮 RC 剪力墙的刚度退化。当横向分布钢筋配筋率不同时，各试件加载初期刚度退化均较小，屈服后逐渐加快，表明试件刚度退化速率随分布钢筋配筋率增加而减小；随着暗柱纵筋配筋率增大，试件刚度退化速率不断减小；随着暗柱箍筋配箍率的减小，同一加载位移下,试件的刚度逐渐降低,且刚度退化速率逐渐加快。

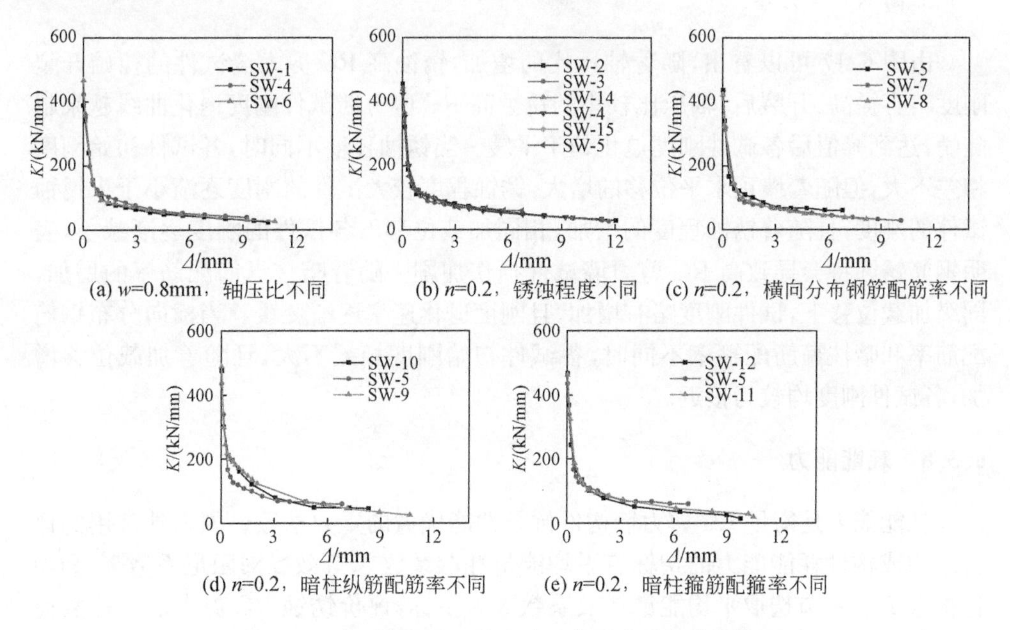

(a) w=0.8mm，轴压比不同　(b) n=0.2，锈蚀程度不同　(c) n=0.2，横向分布钢筋配筋率不同

(d) n=0.2，暗柱纵筋配筋率不同　(e) n=0.2，暗柱箍筋配箍率不同

图 6.16　锈蚀低矮 RC 剪力墙试件刚度退化曲线对比

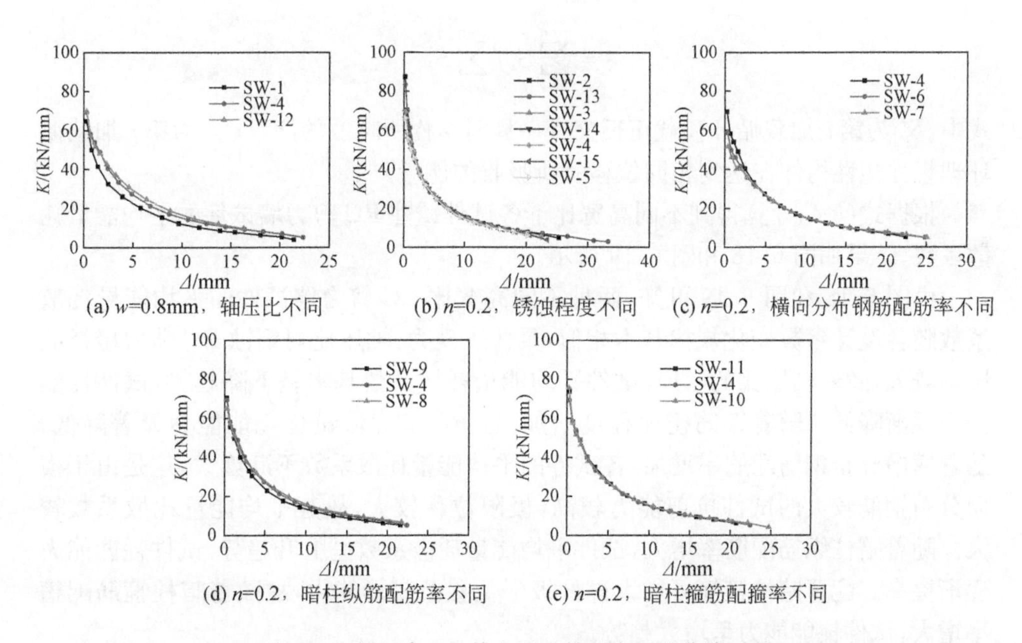

(a) w=0.8mm，轴压比不同　(b) n=0.2，锈蚀程度不同　(c) n=0.2，横向分布钢筋配筋率不同

(d) n=0.2，暗柱纵筋配筋率不同　(e) n=0.2，暗柱箍筋配箍率不同

图 6.17　锈蚀高 RC 剪力墙试件刚度退化曲线对比

2. 高 RC 剪力墙

由图 6.17 可以看出，随着轴压比的增加，锈蚀高 RC 剪力墙试件的初始开裂刚度略有提高，开裂后，轴压比较小的锈蚀高 RC 剪力墙试件刚度退化曲线越来越陡峭，达到峰值后各试件刚度退化趋于平缓。当锈蚀程度不同时，各试件初始刚度相差不大，但随着墙顶水平位移的增大，锈蚀程度较大试件的刚度逐渐小于未锈蚀试件的刚度，且随着锈蚀程度的增加，相同加载位移下各试件的刚度逐渐减小，表明钢筋锈蚀将会导致高 RC 剪力墙试件损伤加剧。随着暗柱纵筋配筋率的增加，同级加载位移下，试件刚度略有增加，且刚度退化速率逐渐变缓。当横向分布钢筋配筋率和暗柱箍筋配箍率不同时，各试件初始刚度相差不大，且随着加载位移增加，各试件刚度均较为接近。

6.3.8 耗能能力

耗能能力是衡量 RC 剪力墙构件抗震性能优劣的重要参数。国内外常用的评价结构或构件耗能能力的指标有平均能量耗散系数 ξ、等效黏滞阻尼系数 h_e 和功比指数 I_u。本节选取平均能量耗散系数 ξ 为指标，评价锈蚀 RC 剪力墙在往复荷载作用下的耗能能力，其计算公式如下所示。

$$\xi=\sum_{i=1}^{i=n} S_i^a \Big/ \sum_{i=1}^{i=n} S_i^b \tag{6-4}$$

式中，S_i^a 为第 i 加载循环荷载正反交变一周时结构所耗散的能量；S_i^b 为第 i 加载循环理想弹塑性构件在达到相同位移时所吸收的能量。

根据式(6-4)计算得到不同高宽比下各试件锈蚀 RC 剪力墙试件的平均能量耗散系数，结果如图 6.18 和图 6.19 所示。

由图 6.18 和图 6.19 可知，两种不同高宽比 RC 剪力墙试件的平均能量耗散系数随各设计参数变化规律基本相似，具体表现为：轴压比对锈蚀 RC 剪力墙耗能影响较大，随着轴压比的增加，试件平均能量耗散系数基本呈下降趋势，试件耗能能力逐渐降低。随着钢筋锈蚀程度增加，各 RC 剪力墙试件耗能能力显著降低。随着横向分布钢筋配筋率增加，各试件的平均能量耗散系数不断增大，这是由于横向分布钢筋较大的试件抗剪能力较高，极限位移较大，故其平均能量耗散系数较大。随着暗柱纵筋配筋率增大，试件平均能量耗散系数呈上升趋势，试件耗能能力逐渐提高。配置暗柱箍筋可增大试件极限位移及变形能力，故随着暗柱箍筋配箍率增大，试件耗能能力呈增大趋势。

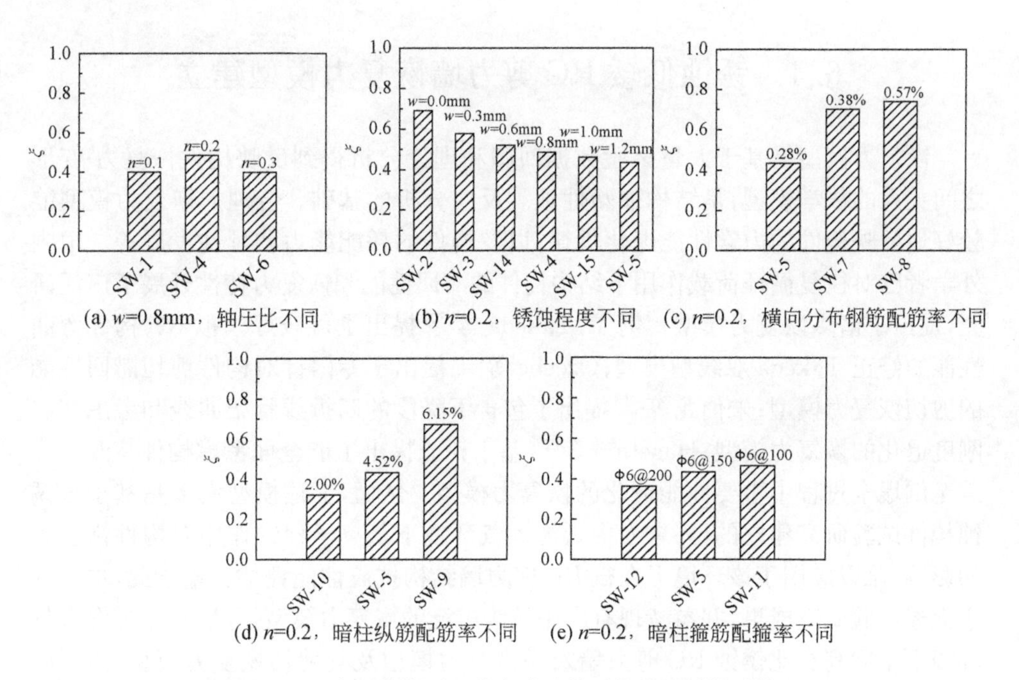

(a) w=0.8mm，轴压比不同　(b) n=0.2，锈蚀程度不同　(c) n=0.2，横向分布钢筋配筋率不同

(d) n=0.2，暗柱纵筋配筋率不同　(e) n=0.2，暗柱箍筋配箍率不同

图 6.18　锈蚀低矮 RC 剪力墙试件平均能量耗散系数

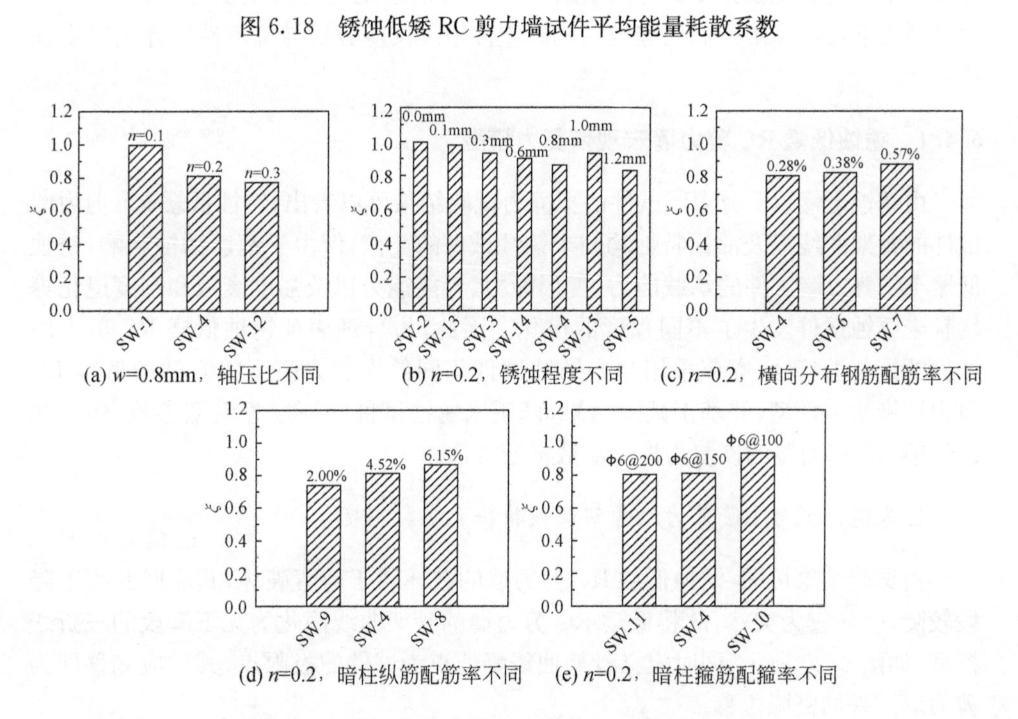

(a) w=0.8mm，轴压比不同　(b) n=0.2，锈蚀程度不同　(c) n=0.2，横向分布钢筋配筋率不同

(d) n=0.2，暗柱纵筋配筋率不同　(e) n=0.2，暗柱箍筋配箍率不同

图 6.19　锈蚀高 RC 剪力墙试件平均能量耗散系数

6.4 锈蚀低矮 RC 剪力墙恢复力模型建立

恢复力模型是基于大量试验数据回归和理论分析得到反映构件恢复力-变形之间关系的数学模型，是结构弹塑性地震反应分析的基础。合理的恢复力模型能较好地反映构件的力学性能退化规律，以及构件的耗能能力和延性发展等。国内外学者已对往复循环荷载作用下结构构件的滞回性能和恢复力特性开展了广泛研究，提出了诸多恢复力模型。例如，Takeda 等[20]提出了可较好模拟 RC 构件弯曲性能的修正 Takeda 双线型模型；Ozcebe 等[21]提出了专门针对构件剪切滞回性能的剪切恢复力模型；朱伯龙等[22]提出了包含下降段的四折线骨架曲线和考虑卸载刚度退化的恢复力模型；Haselton 等[23]基于耗能提出了能全面考虑构件从开始加载至倒塌全过程中重要性能退化的恢复力模型。然而，上述模型大多是基于未锈蚀构件试验研究建立的，并未考虑近海大气环境下氯离子侵蚀作用对构件恢复力的影响，难以应用于该环境下在役 RC 剪力墙结构抗震性能评估。鉴于此，本节基于上述试验研究成果，并参考现有应用较为广泛的恢复力模型，分别建立近海大气环境下不同高宽比锈蚀 RC 剪力墙宏观恢复力模型及其剪切恢复力模型，为近海大气环境下在役多龄期高层建筑结构弹塑性地震反应分析与抗震性能评估提供理论基础。

6.4.1 锈蚀低矮 RC 剪力墙宏观恢复力模型

由锈蚀低矮 RC 剪力墙试件的拟静力试验结果可以看出，锈蚀低矮 RC 剪力墙试件的骨架曲线以及滞回特性均与未锈蚀试件的类似，但由于钢筋锈蚀影响，锈蚀低矮 RC 剪力墙试件的承载能力、变形能力、耗能能力以及强度衰减和刚度退化等均较未锈蚀试件发生了不同程度的退化。因此，为合理表征锈蚀低矮 RC 剪力墙试件的恢复力特性，本节采用与未锈蚀试件相同的恢复力模型建立锈蚀低矮 RC 剪力墙恢复力模型，并基于试验结果，修正未锈蚀试件的恢复力模型参数，建立锈蚀低矮 RC 剪力墙的恢复力模型参数标定方法。

1. 未锈蚀低矮 RC 剪力墙骨架曲线特征点参数确定

由试验结果可知，锈蚀低矮 RC 剪力墙的破坏属于剪弯破坏，其滞回曲线下降段较陡，破坏较为突然，故将低矮 RC 剪力墙的骨架曲线简化为无下降段的三折线模型，如图 6.20 所示，同时定义骨架曲线峰值点为试件的极限点，其对应侧移即为剪力墙试件的极限位移。

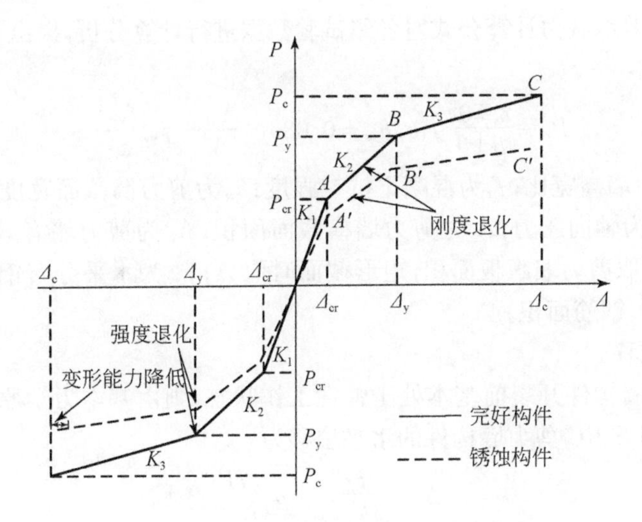

图6.20　无下降段的三折线骨架曲线

由图6.20可知，未锈蚀RC剪力墙的骨架曲线特征点主要有开裂点(Δ_{cr}，P_{cr})、屈服点(Δ_y，P_y)和峰值点(Δ_c，P_c)，其中，各特征点参数的确定方法如下。

1)开裂荷载

臧登科[24]基于国内RC剪力墙试验数据进行统计分析，将RC剪力墙的开裂荷载定为峰值荷载的53%，本节据此计算未锈蚀RC剪力墙构件的开裂荷载，其计算公式如下：

$$P_{cr}=0.53P_c \tag{6-5}$$

式中，P_{cr}为剪力墙构件的开裂荷载；P_c为剪力墙构件的峰值荷载。

2)屈服荷载

Park等[25]通过对RC剪力墙构件的试验数据进行统计分析，得到其屈服荷载P_y与峰值荷载P_c的回归公式。臧登科[24]、张川[26]基于国内外RC剪力墙构件的试验数据，验证了该公式的合理性，因此，本节基于Park等[25]提出的公式计算未锈蚀RC剪力墙构件的屈服荷载：

$$P_y=\frac{P_c}{1.24-0.15\rho_t-0.5n} \tag{6-6a}$$

$$\rho_t=A_t f_y/(A_w f_c') \tag{6-6b}$$

$$n=N/(A_w f_c') \tag{6-6c}$$

式中，A_w为剪力墙横截面面积；ρ_t为有效受拉钢筋百分率；A_t为受拉钢筋面积；f_y为受拉钢筋屈服强度；f_c'为圆柱体抗压强度；n为轴压比；N为轴向压力。

3)峰值(极限)荷载

梁兴文等[27]收集了国内外313片混凝土剪力墙的试验数据，基于我国规范中

RC 剪力墙受剪承载力计算公式对各组试验数据进行计算分析，提出了剪力墙峰值荷载计算公式：

$$P_c=\frac{2.508}{\beta+1}f_t b_w h_w+0.086N\frac{A_w}{A}+f_{yv}\frac{A_{sh}}{s_v}h_w \tag{6-7}$$

式中，β 为剪力墙高宽比；f_t为混凝土抗拉强度；b_w为剪力墙截面宽度；h_w为剪力墙截面高度；N 为轴向压力；A 为剪力墙横截面面积；A_w为剪力墙有效截面面积，T 形或 I 形截面取剪力墙腹板面积，矩形截面时取 A；f_{yv}为水平分布钢筋屈服强度；A_{sh}为水平分布钢筋面积。

4）开裂位移

RC 剪力墙构件开裂前基本处于弹性工作状态，则由基本力学原理可知，单位水平推力作用下 RC 剪力墙构件的水平位移为

$$\Delta_1=\frac{H^3}{3E_c I_w}+\mu\frac{H}{G_c A_w} \tag{6-8a}$$

式中，H 为剪力墙加载点距基座的距离；E_c为混凝土的弹性模量；I_w为剪力墙截面的惯性矩；μ 为剪应力分布不均匀系数，对于矩形截面取 $\mu=1.2$；G_c为混凝土的剪切模量，取 $G_c=0.4E_c$；A_w为剪力墙横截面面积。据此，可得 RC 剪力墙构件的理论弹性刚度 K_e 为

$$K_e=\frac{1}{\Delta_1}=1\Big/\left(\frac{H^3}{3E_c I_w}+\mu\frac{H}{G_c A_w}\right) \tag{6-8b}$$

由此可得，RC 剪力墙构件的开裂位移为

$$\Delta_{cr}=\frac{P_{cr}}{K_e} \tag{6-8c}$$

5）屈服位移

张松等[28]基于拟静力试验数据与理论分析，综合考虑高宽比、边缘暗柱纵筋屈服应变及边缘暗柱箍筋配箍特征值等因素对 RC 剪力墙变形性能的影响，提出了剪力墙屈服位移计算公式如下：

$$\Delta_y=\frac{1}{3}f(\lambda_v,\beta)\varphi_y H \tag{6-9a}$$

$$\varphi_y=3\frac{\varepsilon_y}{h_w} \tag{6-9b}$$

$$f(\lambda_v,\beta)=2.90+2.10\lambda_v-0.59\beta \tag{6-9c}$$

式中，φ_y 为 RC 剪力墙的屈服曲率；λ_v 为剪力墙边缘暗柱箍筋配箍特征值；β 为剪力墙构件的高宽比；ε_y 为边缘暗柱纵筋的屈服应变；h_w为剪力墙截面高度；H 为墙体高度。

6）峰值（极限）位移[29,30]

RC 剪力墙构件的峰值位移 Δ_c可分解为弹性区域变形引起的位移 Δ_e和塑性区

变形引起的位移 Δ_p，即

$$\Delta_c=\Delta_e+\Delta_p \tag{6-10a}$$

式中，弹性区域变形引起的位移 Δ_e 可分解为弯曲变形引起的位移 Δ_{eb} 和剪切变形引起的位移 Δ_{es}，综合上述两种变形成分，得到 Δ_e 的计算公式如下：

$$\Delta_e=\frac{\varphi_y l_e^2}{3}\left[1+0.75\left(\frac{h_w}{l_e}\right)^2\right] \tag{6-10b}$$

$$\varphi_y=\frac{3\varepsilon_y}{h_w} \tag{6-10c}$$

$$l_p=0.08h_e+0.022f_y d_{b1} \tag{6-10d}$$

$$h_e=2/3H \tag{6-10e}$$

式中，l_e 为剪力墙弹性区域高度，由墙高减去塑性铰区域高度 l_p 计算得到；f_y、d_{b1} 分别为暗柱纵筋的屈服应力与直径；φ_y 为 RC 剪力墙的屈服曲率。

塑性铰区域变形引起的位移为

$$\Delta_p=\theta_p\left(h_e-\frac{l_p}{2}\right) \tag{6-10f}$$

$$\theta_p=0.0675\left(\frac{l_p}{h_e}\right)\left(\frac{h_e}{h_w}\right) \tag{6-10g}$$

据此，综合式(6-10a)～式(6-10g)，可计算得到锈蚀低矮 RC 剪力墙构件的峰值位移 Δ_c，极限位移 Δ_u 的计算式同式(6-10)。

为验证上述未锈蚀低矮 RC 剪力墙构件骨架曲线计算模型的准确性，根据所建模型计算试件 SW-1 的骨架曲线特征点参数，绘制相应的骨架曲线，并与试验骨架曲线对比，结果如图 6.21 所示。可以看出，所建未锈蚀低矮 RC 剪力墙构件骨架曲线计算模型精确度较高，可准确反映未锈蚀 RC 剪力墙构件的承载能力和变形能力，为进一步建立锈蚀低矮 RC 剪力墙构件的恢复力模型奠定了基础。

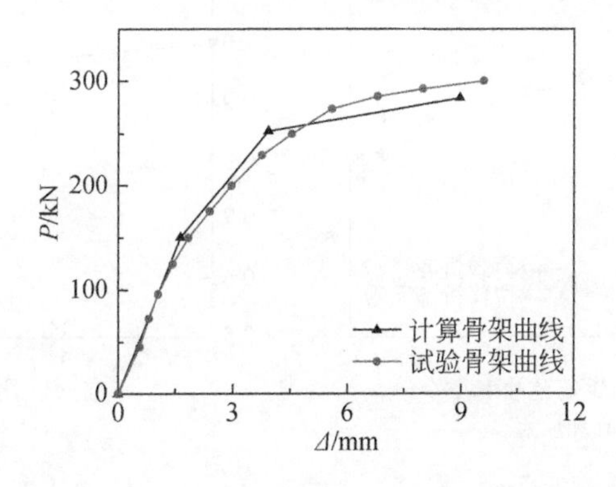

图 6.21　试件 SW-1 试验与计算骨架曲线对比

2. 锈蚀低矮 RC 剪力墙骨架曲线特征点参数确定

锈蚀低矮 RC 剪力墙试件的拟静力试验结果表明，轴压比、钢筋锈蚀程度以及横向分布钢筋配筋率均对低矮 RC 剪力墙的承载能力和变形能力产生不同程度的影响，因此恢复力模型建立中应同时考虑上述三个参数影响。然而，前文未锈蚀低矮 RC 剪力墙骨架曲线参数标定中已考虑了横向分布钢筋配筋率的影响，若以横向分布钢筋锈蚀率表征低矮 RC 剪力墙的锈蚀程度，则可反映锈蚀程度和横向分布钢筋配筋率的共同作用对锈蚀低矮 RC 剪力墙骨架曲线参数的影响。因此，假定锈蚀低矮 RC 剪力墙骨架曲线特征点荷载和位移与横向分布钢筋锈蚀率 η_d 和轴压比 n 有关，分别定义荷载修正函数 $f_i(\eta_d,n)$ 和位移修正函数 $g_i(\eta_d,n)$，则锈蚀低矮 RC 剪力墙构件的骨架曲线特征点参数可表征为

$$P_{id}=f_i(\eta_d,n)P_i \tag{6-11a}$$

$$\Delta_{id}=g_i(\eta_d,n)\Delta_i \tag{6-11b}$$

式中，P_{id}、Δ_{id}为锈蚀低矮 RC 剪力墙骨架曲线特征点 i 的荷载和位移；P_i、Δ_i 分别为未锈蚀 RC 剪力墙骨架曲线特征点 i 的荷载和位移；$f_i(\eta_d,n)$、$g_i(\eta_d,n)$分别为特征点 i 考虑钢筋锈蚀影响的荷载和位移修正函数。

由于 RC 剪力墙构件的开裂荷载与混凝土强度及构件尺寸相关性较大，钢筋锈蚀对其影响甚微，本节不再对锈蚀低矮 RC 剪力墙开裂点荷载与位移进行修正。根据前述试验结果，将锈蚀低矮 RC 剪力墙试件各特征点的荷载与位移试验值分别除以未锈蚀试件相应特征点的荷载与位移得到相应的修正系数。在相同轴压比与相同锈蚀程度情况下，分别以横向分布钢筋锈蚀率 η_d 和轴压比 n 为横坐标，以修正系数为纵坐标，得到各特征点的荷载修正系数与位移修正系数随横向分布钢筋锈蚀率 η_d 和轴压比 n 的变化曲线，如图 6.22、图 6.23 所示。

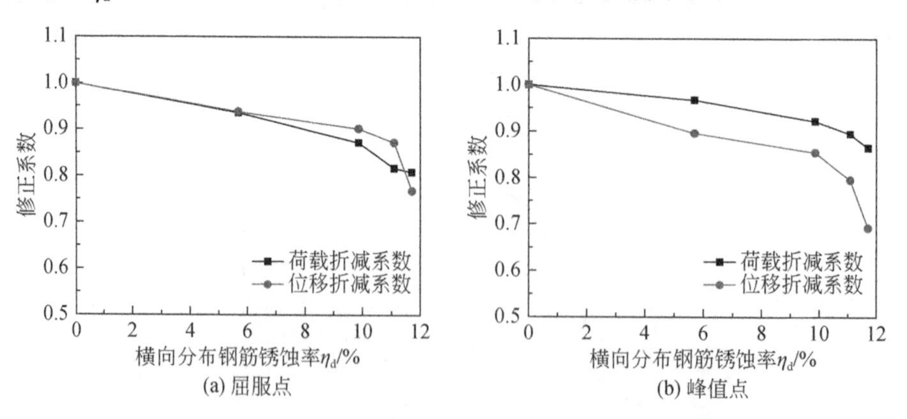

图 6.22　各特征点承载力及位移修正系数随横向分布钢筋锈蚀率的变化

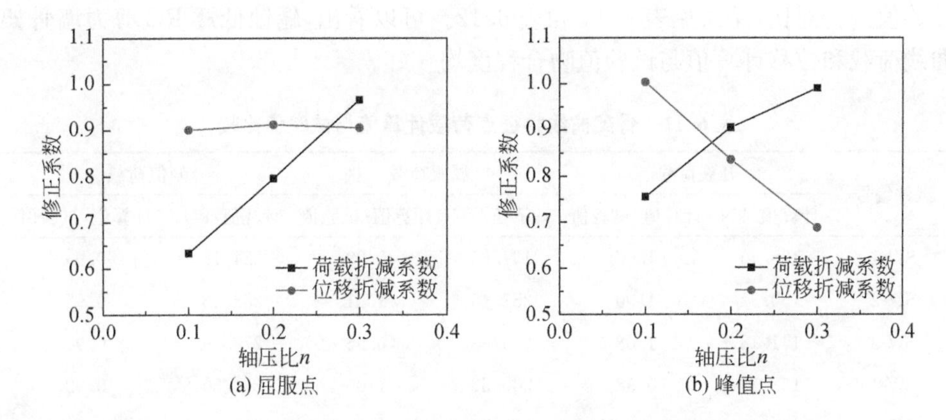

图 6.23 各特征点承载力及位移修正系数随轴压比的变化

由图 6.22 和图 6.23 可以看出,随着横向分布钢筋锈蚀率的增大,锈蚀 RC 剪力墙各特征点的荷载与位移修正系数均不断减小,且近似呈现线性变化趋势;随着轴压比的增大,屈服点和峰值点的荷载修正系数以及屈服点的位移修正系数不断增大,峰值点的位移修正系数则不断减小,且均近似呈线性变化。鉴于此,为保证拟合结果具有较高精度且拟合公式便于应用,将各特征点的荷载修正函数 $f_i(\eta_d, n)$与位移修正函数 $g_i(\eta_d, n)$假设为横向分布钢筋锈蚀率 η_d 和轴压比 n 的一次函数形式,并考虑边界条件,得到如下公式:

$$f_i(\eta_d, n)=(a_1\eta_d+b_1)(c_1n+d_1)+1 \tag{6-12a}$$

$$g_i(\eta_d, n)=(a_2\eta_d+b_2)(c_2n+d_2)+1 \tag{6-12b}$$

式中,a_1、a_2、b_1、b_2、c_1、c_2、d_1、d_2 均为拟合参数。通过 1stOpt 软件对各特征点荷载和位移修正系数进行参数拟合,得到锈蚀低矮 RC 剪力墙宏观恢复力模型骨架曲线中各特征点计算公式如下。

屈服荷载和屈服位移:

$$P_{yd}=[1+(12.36n-4.33)\eta_d]P_y \tag{6-13a}$$

$$\Delta_{yd}=[1+(-0.46n-0.88)\eta_d]\Delta_y \tag{6-13b}$$

峰值荷载和峰值位移:

$$P_{cd}=[1+(10.24n-2.75)\eta_d]P_c \tag{6-14a}$$

$$\Delta_{cd}=[1+(-13.05n+1.1)\eta_d]\Delta_c \tag{6-14b}$$

式中,n 为低矮 RC 剪力墙的轴压比;η_d 为横向分布钢筋锈蚀率;P_i、Δ_i 分别为未锈蚀剪力墙骨架曲线特征点 i 的荷载和位移,按式(6-6)、式(6-7)、式(6-9)和式(6-10)计算;P_{id}、Δ_{id}分别为锈蚀低矮 RC 剪力墙骨架曲线特征点 i 的荷载和位移。

根据式(6-13)、式(6-14)以及未锈蚀低矮 RC 剪力墙开裂荷载与开裂位移计算公式,分别计算各锈蚀低矮 RC 剪力墙试件骨架曲线特征点荷载值和位移值,并与试验值进行对比，结果见表 6.11 和表 6.12。可以看出，锈蚀低矮 RC 剪力墙骨架曲线荷载和位移计算值与试验值吻合程度均较好。

表 6.11　骨架曲线特征点荷载计算值与试验值比较

试件编号	开裂荷载		屈服荷载		峰值荷载	
	计算值/kN	计算值/试验值	计算值/kN	计算值/试验值	计算值/kN	计算值/试验值
SW-1	128.49	1.17	157.85	0.99	224.18	0.99
SW-2	150.32	1.00	252.46	1.01	283.62	0.95
SW-3	141.18	1.08	225.88	0.96	272.29	0.94
SW-4	132.79	0.98	200.57	1.00	261.50	0.92
SW-5	150.32	0.94	197.67	0.92	260.26	1.00
SW-6	121.5	0.79	234.25	0.97	294.25	0.97
SW-7	160.98	1.01	245.29	1.00	280.19	0.95
SW-8	182.31	1.14	260.05	1.00	298.78	0.97
SW-9	150.32	1.07	238.08	0.88	270.67	0.83
SW-10	150.32	1.25	230.00	1.37	263.38	1.33
SW-11	128.19	0.80	217.96	0.88	241.86	0.82
SW-12	131.25	0.91	222.82	0.98	247.65	0.91
SW-13	145.32	1.10	247.77	0.89	286.36	0.97
SW-14	150.32	1.03	206.32	0.84	263.95	0.91
SW-15	150.32	0.93	174.97	0.75	250.58	0.89

注：各特征点试验值见表 6.7。

表 6.12　骨架曲线特征点位移计算值与试验值比较

试件编号	开裂位移		屈服位移		峰值位移	
	计算值/mm	计算值/试验值	计算值/mm	计算值/试验值	计算值/mm	计算值/试验值
SW-1	1.65	0.87	3.49	0.83	9.41	0.98
SW-2	1.64	0.89	3.93	0.85	9.65	1.01
SW-3	1.81	0.99	3.71	0.85	8.82	1.03
SW-4	1.70	0.92	3.51	0.83	8.04	1.00
SW-5	1.64	0.99	3.48	1.00	7.95	1.37
SW-6	1.56	0.85	3.46	0.82	6.48	0.98
SW-7	1.23	1.11	3.06	1.08	6.62	1.15

续表

试件编号	开裂位移		屈服位移		峰值位移	
	计算值/mm	计算值/试验值	计算值/mm	计算值/试验值	计算值/mm	计算值/试验值
SW-8	1.19	1.27	2.61	1.05	6.93	0.98
SW-9	1.01	1.46	3.36	1.21	8.76	1.24
SW-10	1.20	1.28	3.03	1.40	8.26	1.57
SW-11	1.64	0.89	3.81	0.88	8.92	1.09
SW-12	1.68	0.82	3.93	1.17	9.02	1.01
SW-13	1.86	1.19	3.81	0.88	8.83	0.95
SW-14	1.64	1.19	3.55	0.84	8.21	0.97
SW-15	1.64	0.93	3.30	0.79	7.24	0.89

注：各特征点试验值见表 6.7。

3. 滞回规则参数确定

由 6.3 节试验结果可知，RC 剪力墙屈服后强度和刚度均发生明显的退化。以试件 SW-5 屈服后的单次滞回环为例(图 6.24)，加载阶段的滞回曲线基本呈线性，但由于混凝土在高应力状态下变形恢复较慢，卸载阶段滞回曲线出现明显刚度退化。而传统恢复力模型中，滞回曲线加卸载阶段均为线性，不能准确反映 RC 剪力墙构件的滞回性能，故假定构件卸载阶段的滞回曲线为更符合实际的两折线模型，如图 6.24 中虚线所示。因此，本节基于 I-K 恢复力模型，引入循环退化指数，并基于能量耗散原理，考虑累积损伤效应造成的强度衰减和刚度退化，提出适用于 RC 剪力墙的滞回模型，如图 6.25 所示。

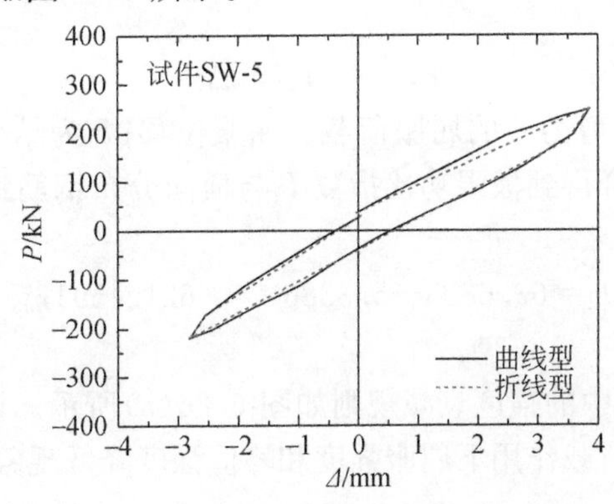

图 6.24　试件屈服后单次滞回曲线

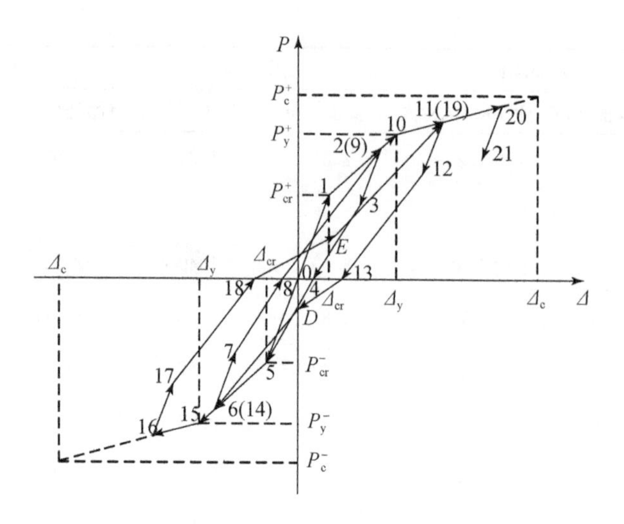

图 6.25　低矮 RC 剪力墙的滞回规则示意图

1)循环退化指数

本节参考 Rahnama 等[31]所提出的循环退化速率确定方法,以构件往复循环加载时的能量耗散确定构件刚度及强度退化,其基本假定是构件本身滞回耗能能力是恒定的,并不考虑构件加载历程的影响。构件第 i 次循环退化速率由循环退化指数 β_i 确定[32],

$$\beta_i = \left(\frac{E_i}{E_t - \sum_{j=1}^{i} E_j}\right)^C \tag{6-15a}$$

式中,C 为循环退化速率($1 \leqslant C \leqslant 2$),本研究取 $C=1$;E_i 为第 i 次循环加载时构件的滞回耗能;$\sum_{j=1}^{i} E_j$ 为第 i 次循环加载之前构件的累积耗能;E_t 为构件的理论耗能能力,其值可取为[33]

$$E_t = 2.5 I_u (P_y \Delta_y) \tag{6-15b}$$

式中,P_y 和 Δ_y 分别为剪力墙的屈服荷载和屈服位移;I_u 为结构破坏时对应的功比指数,由试验数据拟合得到极限功比指数 I_u 与横向分布钢筋锈蚀率 η_d 和轴压比 n 之间的关系式为

$$I_u = 63.6833 - 5.3386 e^{-n} - 621.4591 \eta_d^{1.5} \tag{6-15c}$$

2)强度衰减规则

构件在加载过程中的强度衰减规则如图 6.26(a)所示。该衰减规则用于表征构件屈服后,在往复荷载作用下屈服强度和峰值强度降低现象。

屈服荷载衰减：

$$P_{y,i}^{\pm}=(1-\beta_{s,i})P_{y,i-1}^{\pm} \tag{6-16}$$

峰值荷载衰减：

$$P_{c,i}^{\pm}=(1-\beta_{s,i})P_{c,i-1}^{\pm} \tag{6-17}$$

式中，$P_{y,i}^{\pm}$和$P_{c,i}^{\pm}$分别为第 i 次循环加载时构件的屈服荷载和峰值荷载；$P_{y,i-1}^{\pm}$和$P_{c,i-1}^{\pm}$分别为第 $i-1$ 次循环加载时构件的屈服荷载和峰值荷载。“±”表示加载方向，“+”为正向加载，“−”为反向加载。

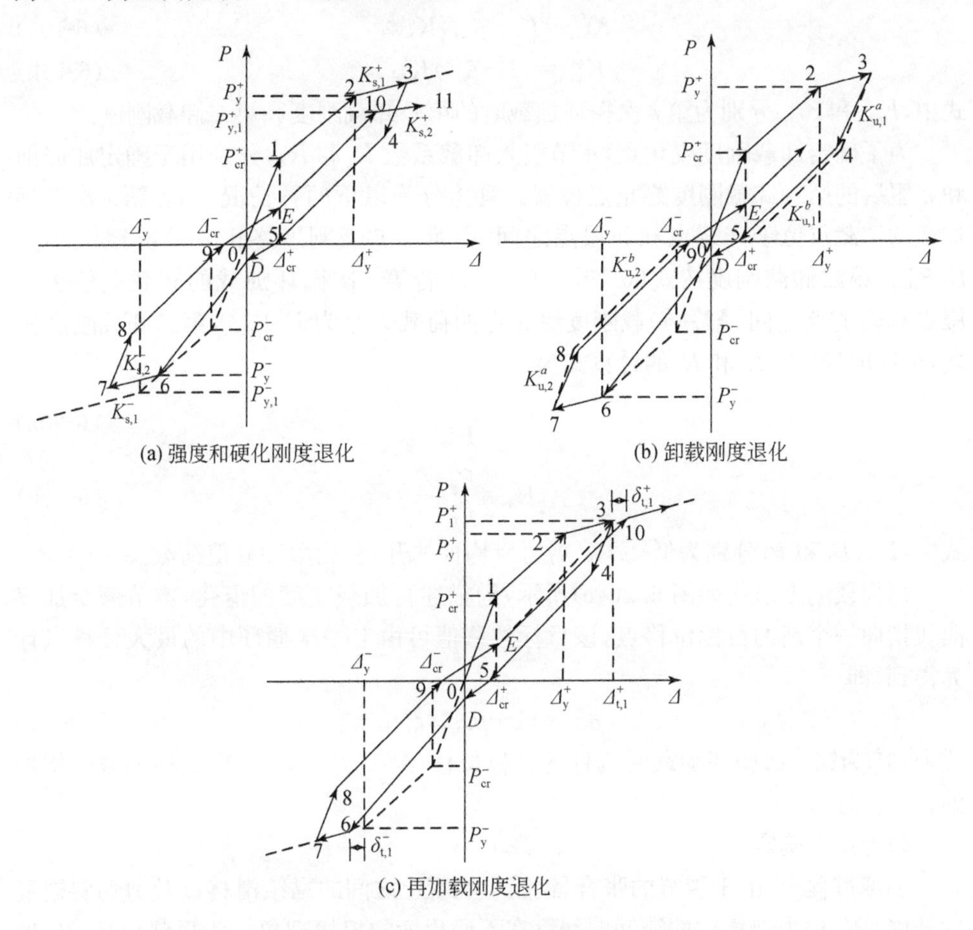

图 6.26　退化规则示意图

3)刚度退化规则

构件在加载过程中的刚度退化包括硬化刚度退化、卸载刚度退化和再加载刚度退化，分别如图 6.26(a)、图 6.26(b)和图 6.26(c)所示。其中，硬化刚度退化计算式为

$$K_{s,i}^{\pm}=(1-\beta_{s,i})K_{s,i-1}^{\pm} \tag{6-18}$$

式中，$K_{s,i}^{\pm}$为第 i 次循环加载时构件的硬化刚度；$K_{s,i-1}^{\pm}$为第 $i-1$ 次循环加载时构件的硬化刚度。

为了表征锈蚀 RC 剪力墙构件在卸载过程中的刚度退化，本节采用两阶段卸载模式，卸载刚度退化如图 6.26(b)所示，其中，第一卸载刚度为 $K_{u,1}^{a}$，第二卸载刚度为 $K_{u,1}^{b}$，可分别由弹性刚度 K_1 和本次循环的加载刚度 $K_{rel,1}$ 获得。卸载刚度退化计算式为

$$K_{u,i}^{a}=(1-\beta_{s,i})K_{s,i-1}^{a} \tag{6-19a}$$

$$K_{u,i}^{b}=(1-\beta_{s,i})K_{rel,i}^{b} \tag{6-19b}$$

式中，$K_{u,i}^{a}$和 $K_{u,i}^{b}$分别为第 i 次循环加载时的第一卸载刚度和第二卸载刚度。

为了确定卸载刚度变化点，本节引入卸载系数 R_1 和 R_2，分别用于确定屈服前和屈服后的第一卸载刚度终止点位置。具体分为以下两种情况：①若第 i 次循环加载的卸载点位于开裂点和屈服点之间，则第一卸载刚度终止点的荷载大小为 $R_1P_{m,1}^{\pm}$，第二卸载刚度按式(6-19b)确定。②若第 i 次循环加载的卸载点位于屈服点和峰值点之间，第一卸载刚度终止点的荷载大小为 $R_2P_{m,1}^{\pm}$，第二卸载刚度按式(6-19b)确定。R_1 和 R_2 的计算式为

$$R_1=\frac{P_{cr}}{P_c} \tag{6-20a}$$

$$R_2=\frac{P_y}{P_c} \tag{6-20b}$$

式中，P_{cr}、P_y 和 P_c 分别为低矮 RC 剪力墙构件的开裂、屈服和峰值荷载。

再加载刚度退化如图 6.26(c)所示，为描述再加载刚度的退化，本节假定加载曲线指向一个新的目标位移点，该目标位移值可由上一次循环中的最大位移点计算得到，即

$$\delta_{t,i}^{\pm}=(1+\beta_{s,i})\delta_{t,i-1}^{\pm} \tag{6-21}$$

式中，$\delta_{t,i}^{\pm}$为第 i 次循环加载时构件的目标位移；$\delta_{t,i-1}^{\pm}$为第 $i-1$ 次循环加载时构件的目标位移。

4)捏拢点确定

加载过程中，由于裂缝的张合、钢筋与混凝土之间的黏结滑移以及剪切斜裂缝的开展，RC 剪力墙构件的滞回曲线存在不同程度的捏拢现象。为反映低矮 RC 剪力墙构件滞回曲线的捏拢现象，本节将再加载曲线定义为两折线型，其中，第一段折线刚度为 $K_{rel,a}$，第二段折线刚度为 $K_{rel,b}$；再加载开始时，加载路径指向捏拢点，通过捏拢点后，指向上一循环的最大位移点。捏拢点的位置可由上一循环的最大残余变形、峰值荷载以及捏拢效应参数 κ_D、κ_F 确定。其中，参数 κ_D 用于确定捏拢点的水平位移(图 6.27 中 D 点和 E 点)，而参数 κ_F 用于确定通过捏拢点的最大荷

载(图6.27中D'点和E'点),对于低矮RC剪力墙构件本节取$\kappa_D=0.5$,$\kappa_F=0.6$。

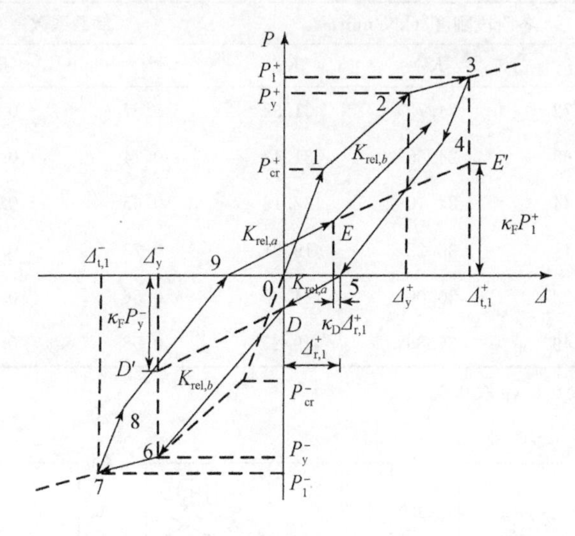

图6.27　捏拢点计算示意图

4. 恢复力模型验证

采用上述宏观恢复力模型对各锈蚀低矮RC剪力墙进行受力分析,计算参数如表6.13所示。各RC剪力墙试件滞回曲线、累积耗能计算值与试验值对比分别如图6.28、图6.29所示。

表6.13　锈蚀低矮RC剪力墙滞回曲线计算参数

试件编号	各阶段刚度/(kN/mm)			卸载系数		循环退化速率c
	K_1	K_2	K_3	R_1	R_2	
SW-1	66.30	14.63	21.80	0.80	0.75	1
SW-2	80.20	37.01	18.28	0.53	0.89	1
SW-3	78.11	33.51	21.37	0.65	0.78	1
SW-4	74.94	27.39	27.90	0.74	0.75	1
SW-5	73.52	24.27	31.94	0.56	0.88	1
SW-6	83.53	38.96	34.85	0.80	0.65	1
SW-7	73.71	24.70	31.35	0.57	0.88	1
SW-8	73.44	24.10	32.18	0.61	0.87	1
SW-9	73.37	23.92	32.43	0.56	0.88	1

续表

试件编号	各阶段刚度/(kN/mm)			卸载系数		循环退化速率 c
	K_1	K_2	K_3	R_1	R_2	
SW-10	73.72	24.72	31.32	0.57	0.87	1
SW-11	73.68	24.65	31.42	0.74	0.87	1
SW-12	73.44	24.10	32.18	0.65	0.68	1
SW-13	79.11	35.22	19.81	0.73	0.88	1
SW-14	76.23	30.00	24.92	0.56	0.88	1
SW-15	79.49	35.86	19.25	0.58	0.87	1

注:各试件的 κ_D 取 0.5,κ_F 取 0.6。

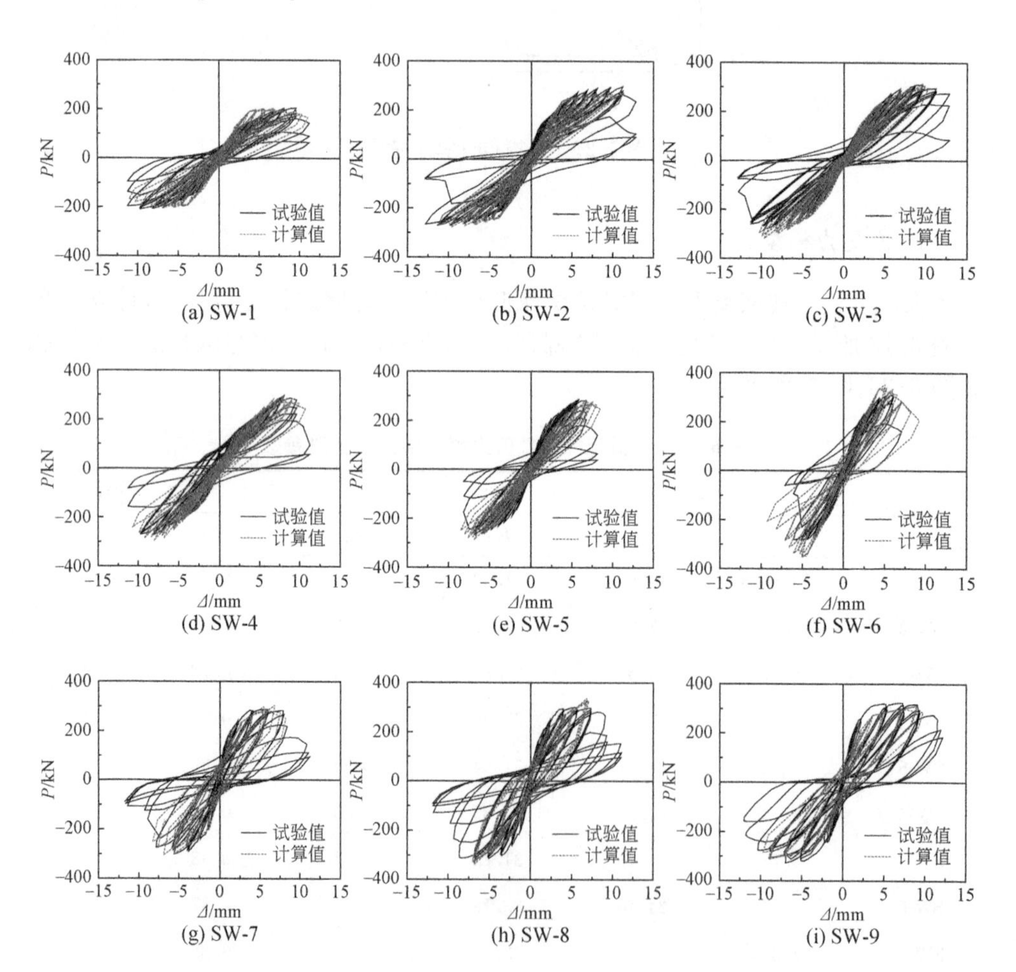

(a) SW-1　(b) SW-2　(c) SW-3
(d) SW-4　(e) SW-5　(f) SW-6
(g) SW-7　(h) SW-8　(i) SW-9

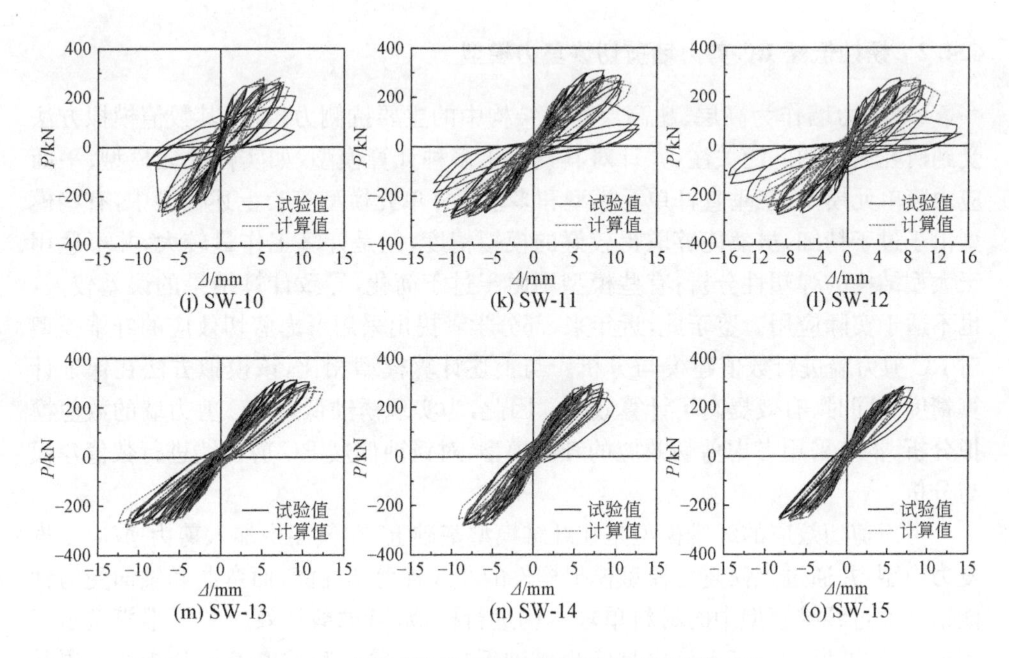

图 6.28　低矮 RC 剪力墙计算与试验滞回曲线对比

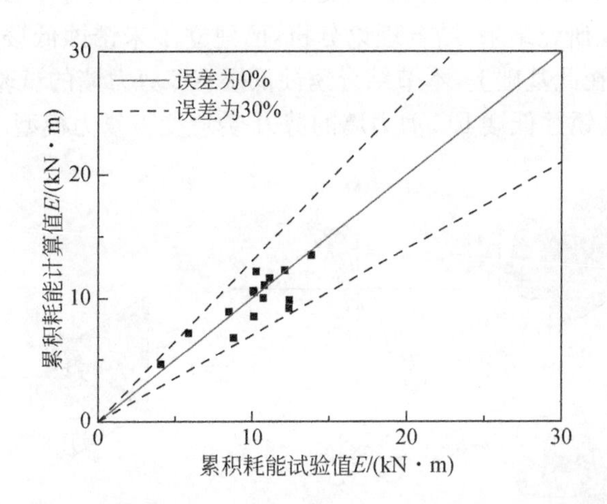

图 6.29　锈蚀低矮 RC 剪力墙累积耗能计算值与试验值对比

由图 6.28、图 6.29 可以看出，本节建立的宏观恢复力模型在模拟锈蚀低矮 RC 剪力墙的滞回性能时有较高精度，计算滞回曲线与试验滞回曲线在承载力、变形能力、强度衰减和刚度退化等方面均符合较好，累积耗能误差不超过 30%。表明本节所建立的恢复力模型能够较准确地反映近海大气环境下锈蚀低矮 RC 剪力墙的力学性能及抗震性能。

6.4.2 锈蚀低矮 RC 剪力墙剪切恢复力模型

RC 剪力墙作为高层、超高层建筑结构中的主要抗侧力构件，其数值模拟方法受到研究人员的广泛关注，并针对其提出了多种计算模型，如实体单元模型、平面应力膜单元模型、三垂直杆单元模型和多垂直杆单元模型等。上述模型中，有些模型由于过于精细，虽然能够取得较好的模拟精度，但是计算工作量较大，并不适用于大型结构的弹塑性分析；有些模型则由于过于简化，导致计算结果的误差较大，也不适于实际应用。鉴于此，近年来，部分学者提出采用考虑剪切效应的纤维模型对 RC 剪力墙进行数值建模与分析。与上述计算模型相比，该模拟方法在保证计算精度的同时，有效提高了计算效率。因此，为实现锈蚀低矮 RC 剪力墙的数值模拟分析，本节采用考虑剪切效应的纤维模型，对锈蚀低矮 RC 剪力墙进行数值建模与分析。

考虑剪切效应的纤维模型是在纤维模型基础上，在截面中加入剪力-剪应变恢复力模型，并通过该恢复力模型模拟构件的非线性剪切性能，而弯曲和轴向受力性能依然通过纤维模型中的材料单轴本构进行模拟，考虑剪切效应的纤维模型示意图如图 6.30 所示。基于该模型实现锈蚀低矮 RC 剪力墙数值模拟分析的前提是建立锈蚀低矮 RC 剪力墙的剪力-剪应变恢复力模型。国内外学者基于未锈蚀低矮 RC 剪力墙的试验研究结果，结合理论分析，已建立了未锈蚀低矮 RC 剪力墙的剪切恢复力模型。在此基础上，本节结合锈蚀低矮 RC 剪力墙的试验结果，通过多参数回归分析，建立锈蚀低矮 RC 剪力墙的剪力-剪应变恢复力模型。

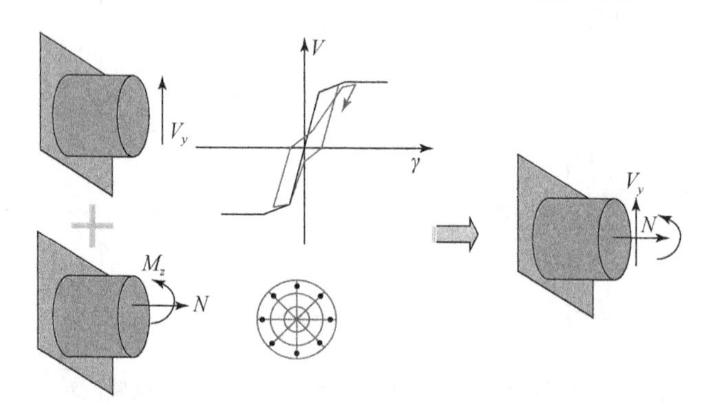

图 6.30 考虑剪切效应的纤维模型示意图

1. 未锈蚀低矮 RC 剪力墙骨架曲线特征点剪切变形计算

本节采用 Hysteretic 滞回模型建立低矮 RC 剪力墙构件的剪切恢复力模型，

骨架曲线如图 6.31 所示，其特征点参数主要包括开裂剪力 P_{cr}、开裂剪应变 γ_{cr}、屈服剪力 P_y、屈服剪应变 γ_y、峰值剪力 P_c 和峰值剪应变 γ_c。其中，开裂剪力、屈服剪力和峰值剪力按照 6.4.1 节相关公式计算确定；开裂剪应变、屈服剪应变、峰值剪应变的具体计算方法详述如下：

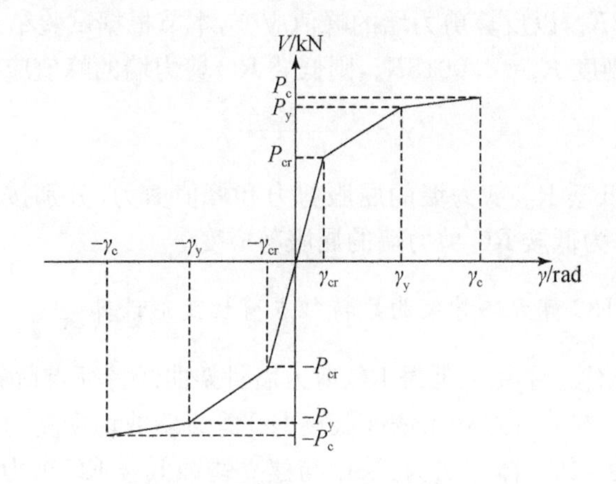

图 6.31　剪切恢复力模型骨架曲线

1)开裂剪应变 γ_{cr}

低矮 RC 剪力墙的开裂剪应变 γ_{cr} 可通过式(6-22a)计算确定，其中，K_a 为低矮 RC 剪力墙的弹性剪切刚度，按式(6-22b)计算确定。

$$\gamma_{cr}=\frac{P_{cr}}{K_a} \tag{6-22a}$$

$$K_a=GA_w/\chi=(E_sA_s+E_cA_c)/[2(1+\nu)\chi] \tag{6-22b}$$

$$\chi=3(1+u)[1-u^2(1-\upsilon)]/4[1-u^3(1-\upsilon)] \tag{6-22c}$$

式中，G 为剪力墙的弹性剪切模量；A_w 为剪力墙横截面面积；E_s 为钢筋的弹性模量；E_c 为混凝土的弹性模量；A_s、A_c 分别为剪力墙横截面钢筋的配筋面积及混凝土面积；ν 为泊松比，取 0.2；χ 为形状系数；u、υ 为截面几何参数，对于矩形截面 RC 剪力墙，$u=(1-2l_c)/h_w$，$\upsilon=1$；l_c 为边缘约束构件长度；h_w 为剪力墙截面高度。

2)屈服剪应变 γ_y

低矮 RC 剪力墙的屈服剪应变 γ_y 可依据开裂后剪切刚度 K_b、开裂剪力 P_{cr} 和开裂剪应变 γ_{cr}，按式(6-23a)计算确定。

$$\gamma_y=\frac{P_y-P_{cr}}{K_b}+\gamma_{cr} \tag{6-23a}$$

式中，开裂后剪切刚度 K_b 按式(6-23b)[24]计算确定。

$$K_b=(0.14+0.46\rho_{wh}f_{wh}/f_c)K_a \tag{6-23b}$$

式中，ρ_{wh}为RC剪力墙水平分布钢筋配筋率；f_{wh}为水平分布钢筋的抗拉强度；f_c为混凝土抗压强度；K_a为低矮RC剪力墙的弹性剪切刚度，按式(6-22b)计算确定。

3)峰值剪应变 γ_c

对于峰值剪应变 γ_c，文献[33]、[34]分别将屈服后的剪切刚度 K_s 取为 $0.001K_a$ 和 $0.002K_a$，以反算剪力墙的峰值应变，本节根据试验结果，取低矮RC剪力墙屈服后剪切刚度 $K_s=0.0015K_a$，则低矮RC剪力墙的峰值应变为

$$\gamma_c=\frac{P_c-P_y}{K_s}+\gamma_y \tag{6-24}$$

式中，P_y、P_c分别低矮RC剪力墙的屈服剪力和峰值剪力，分别按6.4.1节的相关公式计算确定；γ_y 为低矮RC剪力墙的屈服剪应变。

2. 锈蚀低矮RC剪力墙骨架曲线特征点剪切变形计算

6.4.1节中已建立了锈蚀低矮RC剪力墙骨架曲线特征点荷载参数计算公式，故在此不再赘述。本节重点介绍锈蚀低矮RC剪力墙剪切恢复力模型特征点剪切变形参数标定方法，其具体方法为：采用与建立锈蚀低矮RC剪力墙宏观恢复力模型相同的方法，基于所测得的部分锈蚀低矮RC剪力墙剪切变形数据，假定锈蚀低矮RC剪力墙剪切变形修正系数只与横向分布钢筋锈蚀率 η_d 和横向分布钢筋配筋率 ρ_d 相关，定义剪应变修正函数为 $g_{is}(\eta_d,\rho_d)$，则锈蚀低矮RC剪力墙的剪切恢复力模型骨架曲线特征点剪应变计算公式为

$$\gamma_{id}=g_{is}(\eta_d,\rho_d)\gamma_i \tag{6-25}$$

式中，γ_{id}、γ_i 分别为锈蚀和未锈蚀低矮RC剪力墙剪切恢复力模型骨架曲线特征点的剪应变值。

根据所测锈蚀RC剪力墙试件特征点剪切变形(表6.9)，经归一化处理，进而拟合得到各特征点的剪应变计算公式如下。

屈服点剪切变形：

$$\gamma_{yd}=[1+(-0.0056\rho_d+0.0197)\eta_d]\gamma_y \tag{6-26a}$$

峰值点剪切变形：

$$\gamma_{cd}=[1+(0.0206\rho_d+0.0029)\eta_d]\gamma_c \tag{6-26b}$$

式中，η_d 为横向分布钢筋锈蚀率；ρ_d 为横向分布钢筋配筋率；γ_y、γ_c 分别为未锈蚀剪力墙骨架曲线屈服点与峰值点的剪应变，按式(6-23)、式(6-24)计算确定；γ_{yd}、γ_{cd} 分别为锈蚀剪力墙骨架曲线屈服点与峰值点的剪应变。

3. 滞回规则参数确定

本节采用Hysteretic模型建立近海大气环境下锈蚀低矮RC剪力墙剪切恢复力模型，模型的滞回规则已在4.4.3节进行了详细介绍，故此处不再赘述。对于锈

蚀低矮 RC 剪力墙的滞回规则控制参数的取值，鉴于相关研究成果相对较少，本节通过反复对比分析与调整，最终确定锈蚀低矮 RC 剪力墙滞回规则控制参数为：p_x＝0.75、p_y＝0.25、$Damage1＝0.0、$Damage2＝0.2、β＝0.2。

4. 恢复力模型验证

为验证所建锈蚀低矮 RC 剪力墙剪切恢复力模型的准确性，基于 OpenSees 有限元分析软件，将上述剪切恢复力模型聚合至纤维模型中，建立锈蚀低矮 RC 剪力墙考虑剪切效应的纤维模型，建模过程及相关参数如下：

(1)沿剪力墙高度方向设置 5 个 Guass 积分点。

(2)沿墙体横截面高度方向划分钢筋和混凝土纤维，如图 6.32 所示。

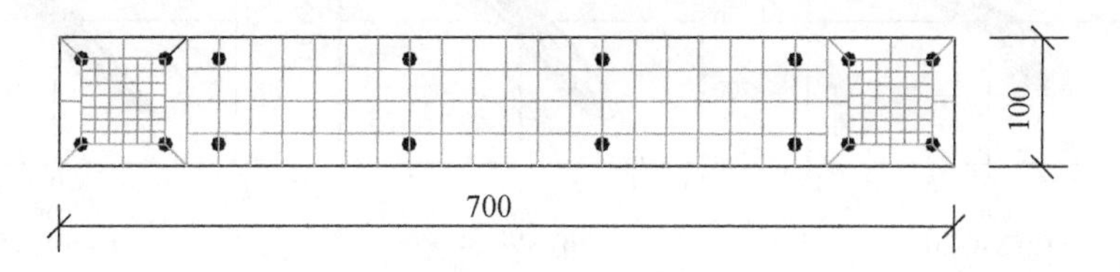

图 6.32　纤维截面网格划分(单位：mm)

(3)分别采用修正后的 Kent-Park 单轴混凝土本构模型 Concrete01 和钢筋本构模型 Steel01 反映钢筋和混凝土力学性能。

(4)采用上述剪切恢复力模型定义 Hysteretic Material 相关参数。

(5)采用 OpenSees 中基于力的单元(force beam column element)模拟竖向悬臂 RC 剪力墙。

(6)采用 OpenSees 中的 Section Aggregator 命令将纤维截面与 Hysteretic Material 组合成新的截面。

基于上述建模方法，对本章涉及的部分锈蚀低矮 RC 剪力墙试件进行数值建模与分析，其滞回曲线和累积耗能的计算结果与试验结果对比，如图 6.33 和图 6.34 所示。

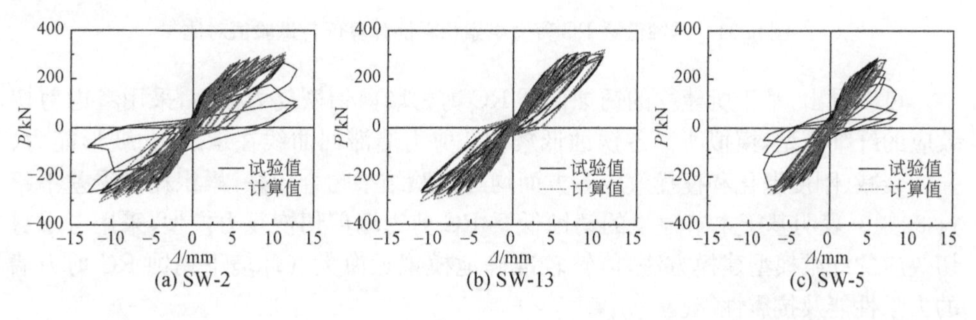

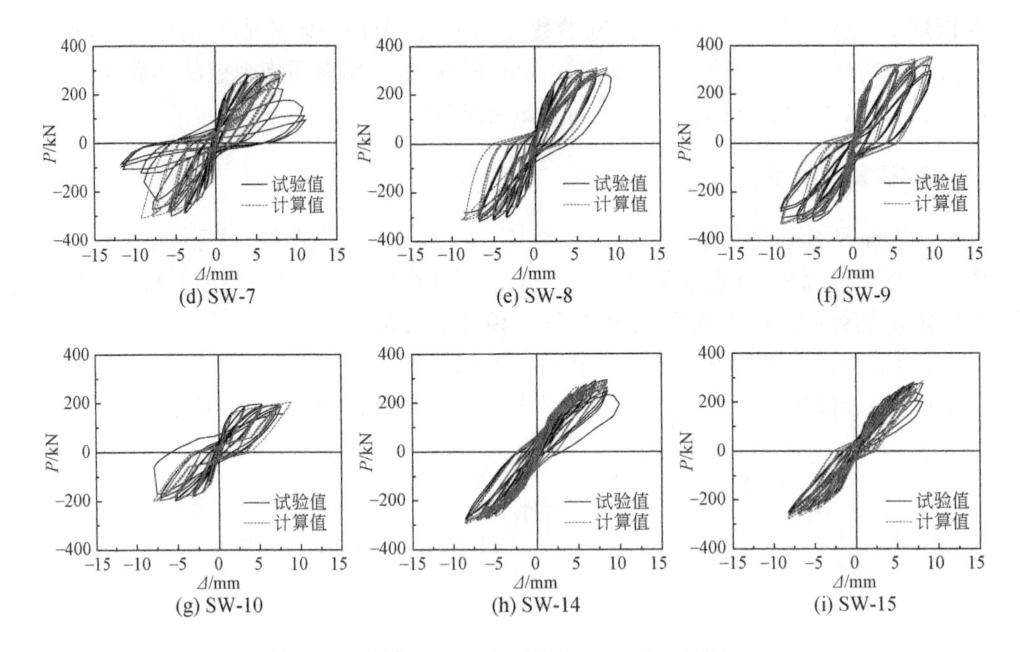

图 6.33　低矮 RC 剪力墙计算与试验滞回曲线对比

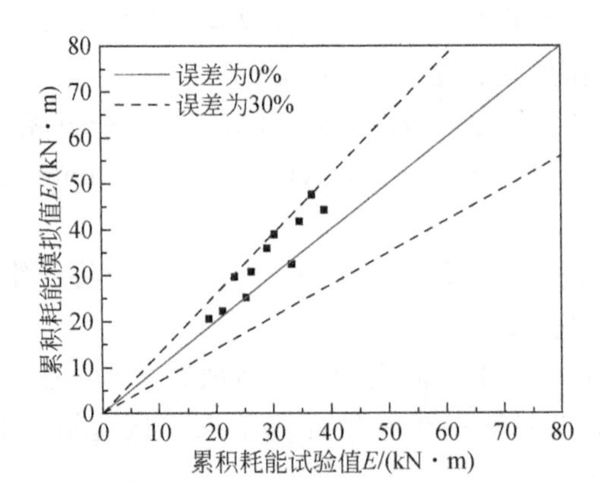

图 6.34　锈蚀低矮 RC 剪力墙累积耗能计算值与试验值对比

可以看出，基于所建立的锈蚀低矮 RC 剪力墙剪切恢复力模型，采用考虑剪切效应的纤维模型，模拟所得各锈蚀低矮 RC 剪力墙滞回曲线在承载力、变形能力、强度衰减、刚度退化和捏拢效应等方面均与试验结果吻合较好，累积耗能误差不超过 30%。表明基于本节建立的锈蚀低矮 RC 剪力墙剪切恢复力模型，采用考虑剪切效应的纤维模型建模方法，能够较准确地模拟近海大气环境下锈蚀 RC 剪力墙的力学性能及抗震性能。

6.5　锈蚀高 RC 剪力墙恢复力模型的建立

试验结果表明，不同高宽比 RC 剪力墙试件的滞回性能差异明显，低矮 RC 剪力墙试件的破坏形态通常为剪弯或剪切破坏，延性较差，试件承载力达到峰值荷载后便迅速下降，破坏较为突然；而高 RC 剪力墙破坏形态为弯剪或弯曲破坏，延性较好，破坏前滞回曲线具有明显的“平台段”，且下降段较为平缓。因此，为合理表征锈蚀高 RC 剪力墙的滞回性能，本节基于试验研究成果，并结合国内外既有成果，研究建立锈蚀高 RC 剪力墙宏观恢复力模型和剪切恢复力模型，为近海大气环境下遭受侵蚀的 RC 剪力墙结构地震反应分析与抗震性能评估提供理论基础。

6.5.1　锈蚀高 RC 剪力墙宏观恢复力模型

由试验结果可以看出，锈蚀高 RC 剪力墙试件的骨架曲线和滞回特性均与未锈蚀试件的类似，但由于钢筋锈蚀影响，锈蚀高 RC 剪力墙试件的承载能力、变形能力、耗能能力、强度衰减和刚度退化等均较未锈蚀试件发生了不同程度的退化。因此，为合理表征锈蚀高 RC 剪力墙的恢复力特性，本节采用与未锈蚀试件相同的恢复力模型，并基于试验结果，修正未锈蚀试件的恢复力模型参数，建立锈蚀高 RC 剪力墙的恢复力模型。

1. 未锈蚀高 RC 剪力墙骨架曲线特征点参数确定

由试验结果可知，高 RC 剪力墙的破坏属于弯剪型破坏，达到峰值点后随位移增加其承载力下降较平缓，故将高 RC 剪力墙骨架曲线简化为带下降段的四折线模型，如图 6.35 所示。可以看出，高 RC 剪力墙的骨架曲线特征参数主要有开裂点(Δ_{cr}，P_{cr})、屈服点(Δ_y，P_y)、峰值点(Δ_c，P_c)和极限点(Δ_u，P_u)的荷载值与位移值，未锈蚀高 RC 剪力墙骨架曲线参数的计算方法如下：

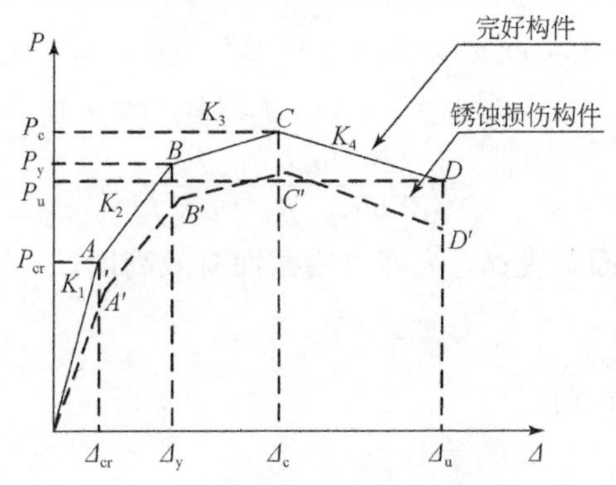

图 6.35　四折线骨架曲线模型

1)开裂荷载

采用 Wallace[35]提出的考虑轴压影响的剪力墙开裂荷载计算方法,计算公式为

$$P_{cr}=4\sqrt{f_c'}\sqrt{1+\frac{N/A_g}{4\sqrt{f_c'}}}A_{cv} \tag{6-27}$$

式中,f_c'为混凝土抗压强度(psi①);A_g为剪力墙横截面积(in²②);A_{cv}为 I 形或 T 形截面剪力墙腹板的横截面积(in²),对矩形截面剪力墙,取 $A_g=A_{cv}$;N 为轴向压力(lbf③)。

2)屈服荷载

张松等[30]通过对 RC 剪力墙试验数据进行统计分析后发现,剪力墙的峰值剪力和屈服剪力的比值与边缘构件的配箍特征值、墙体轴压比及高宽比相关,进而基于回归分析,给出屈服荷载 P_y 的计算公式:

$$P_y=P_c/(2.05-0.31n+0.40\lambda_v-0.34\beta) \tag{6-28}$$

式中,n 为剪力墙构件的轴压比;λ_v为剪力墙边缘约束构件配箍特征值;β 为剪力墙构件的高宽比;P_c为高 RC 剪力墙的峰值荷载,按式(6-29)计算。

3)峰值荷载

高宽比较大时,RC 剪力墙通常发生以弯曲破坏为主的弯剪或弯曲破坏,参考文献[36]给出高 RC 剪力墙峰值荷载计算公式:

$$P_c=M_c/H \tag{6-29a}$$

式中,当 $x\geqslant l_c$ 时,有

$$\begin{aligned}M_c=&0.5\alpha b_w l_c f_{cc}(h_w-l_c)+0.5b_w(x-l_c)f_c(h_w-l_c-x)+\\&0.5b_w(h_{w0}-1.5x)\rho_w f_{yw}(1.5x-\alpha_s)+2f_yA_s(0.5h_w-\alpha_s)\end{aligned} \tag{6-29b}$$

$$x=\frac{N+b_wh_{w0}\rho_wf_{yw}+b_wl_cf_c-\alpha b_wl_cf_{cc}}{1.5b_w\rho_wf_{yw}+b_wf_c} \tag{6-29c}$$

当 $x<l_c$ 时,有

$$\begin{aligned}M_c=&0.5\alpha b_w x f_{cc}(h_w-x)+2f_yA_s(0.5h_w-\alpha_s)+\\&0.5b_w(h_{w0}-1.5x)\rho_w f_{yw}(1.5x-\alpha_s)\end{aligned} \tag{6-29d}$$

$$x=\frac{N+b_wh_{w0}\rho_wf_{yw}}{1.5b_w\rho_wf_{yw}+\alpha b_wf_c} \tag{6-29e}$$

式中,b_w为剪力墙截面宽度;h_{w0}为剪力墙截面有效高度;h_w为剪力墙截面高度;H

---

① 1psi=6.89476×10³Pa。

② 1in=2.54cm。

③ 1lbf=4.44822N。

为剪力墙高度；l_c 为端部约束区长度；N 为轴向压力；f_{yw}为竖向分布钢筋屈服强度；ρ_w 为竖向分布钢筋配筋率；f_y、A_s为端部约束区纵筋屈服强度和全部纵筋截面面积；x 为截面受压区高度；f_c、f_{cc}分别为未约束和约束混凝土抗压强度。

4）极限荷载 P_u

根据试验结果定义极限荷载为峰值荷载的 85%，即

$$P_u=0.85P_c \tag{6-30}$$

5）开裂位移

RC 剪力墙在开裂前基本处于弹性状态，由基本力学原理推得单位水平力作用下 RC 剪力墙的水平位移为

$$\Delta_1=\frac{P_{cr}H^3}{3E_cI_w}+\mu\frac{P_{cr}H}{G_cA_w} \tag{6-31a}$$

式中，H 为墙体加载点距离基座的距离；E_c为混凝土的弹性模量；I_w为墙体截面的惯性矩；μ 为剪应力分布不均匀系数，对于矩形截面取 $\mu=1.2$；G_c为混凝土的剪切模量，取 $G_c=0.4E_c$；A_w为墙体横截面面积。据此，可得 RC 剪力墙构件的理论弹性刚度 K_e 为

$$K_e=\frac{1}{\Delta_1}=1/\left(\frac{P_{cr}H^3}{3E_cI_w}+\mu\frac{P_{cr}H}{G_cA_w}\right) \tag{6-31b}$$

则 RC 剪力墙的理论开裂位移 Δ_{cr}为

$$\Delta_{cr}=\frac{P_{cr}}{K_e} \tag{6-31c}$$

6）屈服位移

屈服位移采用 Tjhin 等[37]所提出的计算模型计算确定，公式如下：

$$\Delta_y=\frac{1}{3}\varphi_y h_w^2 \tag{6-32a}$$

$$\varphi_y=\frac{\kappa_\varphi}{l_w} \tag{6-32b}$$

$$\kappa_\varphi=1.8\varepsilon_y+0.0045\frac{P}{f'_cA_w} \tag{6-32c}$$

式中，ε_y 为边缘构件纵向钢筋的屈服应变；φ_y 为屈服曲率；h_w为墙体有效高度(mm)；l_w为墙体截面高度(mm)。

7）峰值位移

文献[25]指出，约束混凝土应变达到其峰值应变时，RC 剪力墙构件处于峰值受力状态，并据此给出峰值位移 Δ_c的计算公式如下：

$$\Delta_c=\Delta_e+\Delta_p \tag{6-33a}$$

$$\Delta_e=\left[1+0.75\left(\frac{h_w}{l_e}\right)^2\right]\frac{\varepsilon_y}{h_w}l_e^2 \tag{6-33b}$$

$$\Delta_{p}=\Delta_{pb}+\Delta_{ps} \tag{6-33c}$$

$$\Delta_{pb}=\frac{1}{2}\varphi_{u}l_{p}+\varphi_{u}l_{p}l_{e} \tag{6-33d}$$

$$\varphi_{c}=\phi_{c}\frac{\varepsilon_{c,c}}{1.25h_{c}h_{w}} \tag{6-33e}$$

$$\Delta_{ps}=\frac{P_{c}}{K_{s}}l_{p} \tag{6-33f}$$

$$K_{s}=\frac{\rho_{sh}}{1+4m\rho_{sh}}E_{s}t_{w}h_{w} \tag{6-33g}$$

$$l_{p}=0.2h_{w}+0.044H \tag{6-33h}$$

式中，Δ_e、Δ_p分别为剪力墙弹性区和塑性区变形引起的墙顶水平位移；Δ_{pb}、Δ_{ps}分别为塑性区弯曲变形和剪切变形引起的墙顶水平位移；l_p为剪力墙塑性区高度；l_e为剪力墙弹性区高度；H 为墙体高度；h_w为墙体截面高度；t_w为墙体截面厚度；ε_y 为纵向钢筋屈服应变；φ_c 为塑性区峰值曲率；$\varepsilon_{c,c}$为约束混凝土的峰值压应变，h_c 为相对受压区高度，$\varepsilon_{c,c}$和 h_c 取值见文献[38]；ϕ_c 为应变协调因子，取 1.3；K_s为塑性区抗剪刚度；P_c为剪力墙的峰值剪力；ρ_{sh}为剪力墙水平分布钢筋配筋率；m 为弹性模量比，$m=E_s/E_c$，E_s为钢筋弹性模量，E_c为混凝土弹性模量。

8）极限位移[30]

当约束混凝土应变达到其极限应变时，RC 剪力墙构件处于极限受力状态，据此，文献[31]建立了 RC 剪力墙构件峰值位移 Δ_c的计算公式，该公式与峰值位移计算式(6-33)相同，只需将约束混凝土峰值压应变 $\varepsilon_{c,c}$为替换极限压应变 $\varepsilon_{u,c}$即可。

2. 锈蚀高 RC 剪力墙骨架曲线特征点参数确定

锈蚀高 RC 剪力墙试件的拟静力试验结果表明，轴压比、钢筋锈蚀程度以及暗柱纵筋配筋率均对高 RC 剪力墙构件的承载能力和变形能力产生不同程度的影响，因此恢复力模型建立中应同时考虑上述三个参数影响。然而，前面未锈蚀高 RC 剪力墙骨架曲线参数标定中已考虑了暗柱纵筋配筋率的影响，若以暗柱纵筋锈蚀率表征高 RC 剪力墙的锈蚀程度，则可反映锈蚀程度和暗柱纵筋配筋率的共同作用对锈蚀高 RC 剪力墙骨架曲线参数的影响。因此，本节假定锈蚀高 RC 剪力墙骨架曲线特征点荷载和位移与暗柱纵筋锈蚀率 η_1 及轴压比 n 有关，分别定义荷载修正函数 $f_i(\eta_1,n)$和位移修正函数 $g_i(\eta_1,n)$，则锈蚀高 RC 剪力墙构件的骨架曲线特征点参数计算公式为

$$P_{id}=f_{i}(\eta_{1},n)P_{i} \tag{6-34a}$$

$$\Delta_{id}=g_{i}(\eta_{1},n)\Delta_{i} \tag{6-34b}$$

高 RC 剪力墙试件的开裂荷载与混凝土强度及构件尺寸相关性较大，钢筋锈

蚀对其影响甚微，因此本节不对锈蚀高 RC 剪力墙构件的开裂荷载与位移进行修正。根据前述试验结果，参考 6.4.1 节锈蚀低矮 RC 剪力墙骨架曲线特征点参数标定方法，分别得到锈蚀高 RC 剪力墙试件各特征点荷载修正系数与位移修正系数随暗柱纵筋锈蚀率 η_l 以及轴压比 n 的变化曲线，如图 6.36、图 6.37 所示。

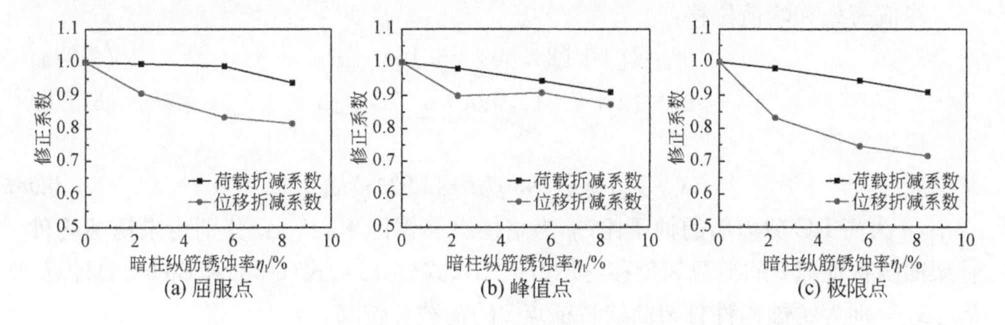

图 6.36　各特征点承载力及位移随暗柱纵筋锈蚀率的变化

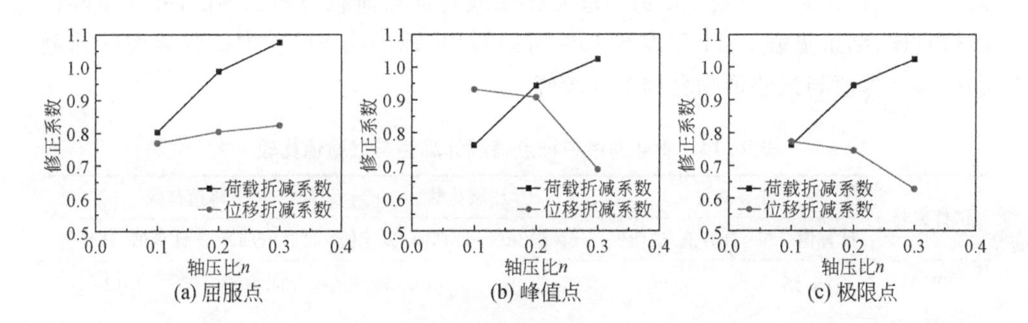

图 6.37　各特征点承载力及位移随轴压比的变化

由图 6.36 和图 6.37 可以看出：随着暗柱纵筋锈蚀率的增大，锈蚀 RC 剪力墙各特征点的荷载与位移修正系数均不断减小，且近似呈现线性变化趋势；随着轴压比的增大，各特征点荷载修正系数以及屈服点位移修正系数呈增大趋势，峰值点和极限点位移修正系数呈减小趋势，且均近似呈线性变化。鉴于此，为保证拟合结果具有较高精度且拟合公式便于应用，将各特征点的荷载修正函数 $f_i(\eta_l, n)$ 和位移修正函数 $g_i(\eta_l, n)$ 假设为横向分布筋锈蚀率 η_l 和轴压比 n 的一次函数形式，并考虑边界条件，得到如下公式：

$$f_i(\eta_l, n)=(a_1\eta_l+b_1)(c_1 n+d_1)+1 \tag{6-35a}$$

$$g_i(\eta_l, n)=(a_2\eta_l+b_2)(c_2 n+d_2)+1 \tag{6-35b}$$

式中，a_1、a_2、b_1、b_2、c_1、c_2、d_1、d_2 均为拟合参数。通过 1stOpt 软件对各特征点荷载和位移修正系数进行参数拟合，从而得到锈蚀高 RC 剪力墙宏观恢复力模型骨架曲线中各特征点计算公式分别如下。

屈服荷载和屈服位移：

$$P_{yd}=[1+(25.92n-5.61)\eta_l]P_y \tag{6-36a}$$

$$\Delta_{yd}=[1+(5.02n-3.88)\eta_l]\Delta_y \tag{6-36b}$$

峰值荷载和峰值位移：

$$P_{cd}=[1+(24.80n-6.16)\eta_l]P_c \tag{6-37a}$$

$$\Delta_{cd}=[1+(-13.59n+0.20)\eta_l]\Delta_c \tag{6-37b}$$

极限位移：

$$\Delta_{ud}=[1+(-9.07n-2.63)\eta_l]\Delta_u \tag{6-38}$$

式中，n 为高 RC 剪力墙的轴压比；η_l 为暗柱纵筋锈蚀率；P_i、Δ_i 分别为未锈蚀构件骨架曲线特征点 i 的荷载和位移，按式(6-28)、式(6-29)、式(6-32)和式(6-33)计算；P_{id}、Δ_{id}分别为锈蚀构件骨架曲线特征点 i 的荷载和位移。

根据式(6-36)～式(6-38)以及未锈蚀高 RC 剪力墙开裂荷载与开裂位移计算公式，分别计算各锈蚀高 RC 剪力墙骨架曲线特征点荷载值和位移值，并与试验值进行对比，结果见表 6.14 和表 6.15。可以看出，锈蚀高 RC 剪力墙骨架曲线荷载和位移计算值与试验值吻合程度均较好。

表 6.14　骨架曲线特征点荷载计算值与试验值比较

试件编号	开裂荷载		屈服荷载		峰值荷载	
	计算值/kN	计算值/试验值	计算值/kN	计算值/试验值	计算值/kN	计算值/试验值
SW-1	76.85	0.96	100.81	0.95	138.40	1.12
SW-2	76.87	0.77	120.05	0.91	171.99	1.06
SW-3	76.87	0.77	118.91	0.90	167.38	1.06
SW-4	76.87	0.77	117.17	0.90	160.39	1.05
SW-5	76.87	0.96	115.75	0.93	154.65	1.05
SW-6	76.87	0.77	121.52	0.92	180.50	1.18
SW-7	76.87	0.85	121.41	0.90	218.29	1.40
SW-8	76.87	0.96	122.12	0.87	170.24	1.04
SW-9	76.87	0.77	120.93	1.06	166.65	1.23
SW-10	76.87	0.96	119.58	0.90	167.29	1.07
SW-11	76.87	0.96	122.89	0.93	169.32	1.09
SW-12	76.89	0.70	133.76	0.94	183.61	1.11
SW-13	76.87	0.89	119.35	0.84	169.15	1.03

续表

试件编号	开裂荷载		屈服荷载		峰值荷载	
	计算值/kN	计算值/试验值	计算值/kN	计算值/试验值	计算值/kN	计算值/试验值
SW-14	76.87	0.82	117.84	0.85	163.09	1.04
SW-15	76.87	0.69	116.14	0.89	156.23	1.04

注:各特征点试验值见表 6.8。

表 6.15　骨架曲线特征点位移计算值与试验值比较

试件编号	开裂位移		屈服位移		峰值位移		极限位移	
	计算值/mm	计算值/试验值	计算值/mm	计算值/试验值	计算值/mm	计算值/试验值	计算值/mm	计算值/试验值
SW-1	2.70	1.09	3.54	0.80	13.31	1.10	16.37	0.81
SW-2	2.70	1.01	4.31	0.75	14.18	0.97	20.15	0.70
SW-3	2.70	1.05	4.03	0.77	13.38	1.02	18.15	0.76
SW-4	2.70	1.05	3.61	0.78	12.17	0.90	15.11	0.71
SW-5	2.70	1.55	3.27	0.70	11.18	0.88	12.62	0.62
SW-6	2.70	0.96	3.71	0.72	13.08	0.91	15.91	0.65
SW-7	2.70	1.00	3.69	0.70	13.05	0.92	15.61	0.63
SW-8	2.70	1.51	3.82	0.74	16.77	1.13	18.16	0.82
SW-9	2.70	0.79	3.60	0.78	12.89	1.14	15.28	0.72
SW-10	2.70	1.57	3.64	0.76	7.69	0.66	13.23	0.54
SW-11	2.70	1.65	3.76	0.82	13.18	1.25	16.38	0.81
SW-12	2.70	0.98	3.77	0.80	11.29	1.13	14.47	0.83
SW-13	2.70	1.01	4.14	0.72	13.69	0.95	18.92	0.71
SW-14	2.70	1.03	3.77	0.74	12.64	0.94	16.28	0.68
SW-15	2.70	1.43	3.36	0.72	11.45	0.98	13.30	0.65

注:各特征点试验值见表 6.8。

3. 滞回规则参数确定

锈蚀高 RC 剪力墙恢复力模型滞回规则仍采用 I-K 模型，其循环退化指数确定、强度退化规则、刚度退化规则以及捏拢规则与锈蚀低矮 RC 剪力墙相同，在此不再赘述。由锈蚀高 RC 剪力墙试验数据拟合得到极限功比指数 I_u 与暗柱纵筋锈蚀率 η_l 和轴压比 n 之间的关系式如下：

$$I_u = (-933.78\eta_l^2 + 97.64\eta_l + 24.8310)(-4.0612n + 1.8497) \tag{6-39}$$

4. 恢复力模型验证

采用上述宏观恢复力模型对各锈蚀高 RC 剪力墙试件进行分析，计算参数如表 6.16 所示，各试件滞回曲线、累积耗能的计算结果与试验结果对比分别如图 6.38、图 6.39 所示。

表 6.16 锈蚀高 RC 剪力墙滞回曲线计算参数

试件编号	各阶段骨架曲线刚度/(kN/mm)				卸载系数		循环退化速率 c
	K_1	K_2	K_3	K_4	R_1	R_2	
SW-1	35.31	34.74	2.44	−4.10	0.55	0.78	1
SW-2	28.08	27.37	5.26	−4.33	0.45	0.70	1
SW-3	30.14	31.79	6.11	−6.84	0.44	0.67	1
SW-4	33.88	29.69	7.21	−10.39	0.42	0.64	1
SW-5	37.75	26.84	8.12	−14.89	0.41	0.61	1
SW-6	33.51	29.96	8.54	−11.10	0.39	0.60	1
SW-7	33.73	29.80	13.12	−14.67	0.33	0.49	1
SW-8	32.40	37.83	5.27	−30.13	0.40	0.66	1
SW-9	34.67	18.54	6.72	−9.97	0.47	0.62	1
SW-10	34.25	28.29	17.21	−5.04	0.42	0.63	1
SW-11	32.95	31.15	6.85	−9.46	0.43	0.65	1
SW-12	31.80	34.29	22.37	−17.74	0.34	0.60	1
SW-13	27.87	34.81	5.30	−5.89	0.44	0.67	1
SW-14	26.52	46.12	5.08	−8.09	0.42	0.64	1
SW-15	24.99	60.81	4.77	−11.41	0.41	0.61	1

注：各试件的 κ_D 取 0.5，κ_F 取 0.6。

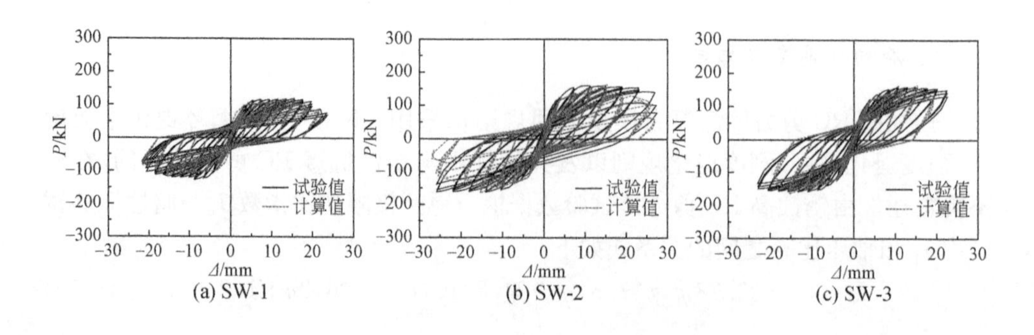

(a) SW-1 (b) SW-2 (c) SW-3

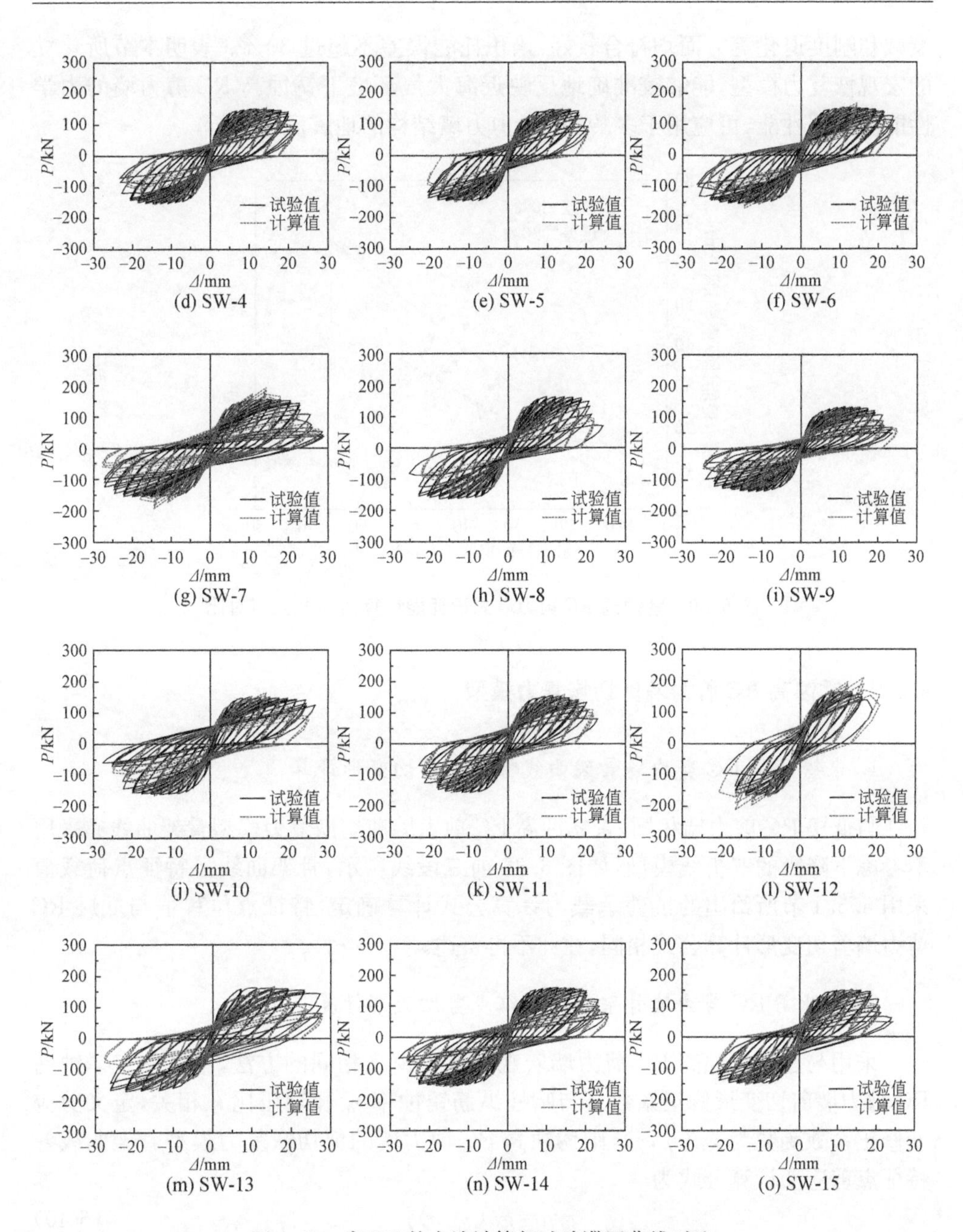

图 6.38　高 RC 剪力墙计算与试验滞回曲线对比

可以看出,本节建立的高 RC 剪力墙宏观恢复力模型在模拟锈蚀高 RC 剪力墙滞回性能时有较高精度,计算滞回曲线与试验滞回曲线在承载力、变形能力、强度衰减和刚度退化等方面均符合较好，累积耗能误差不超过 30%。表明本节所建立的宏观恢复力模型，能够较准确地反映近海大气环境下锈蚀高 RC 剪力墙的力学性能及抗震性能，可应用于多龄期 RC 剪力墙结构的地震反应分析。

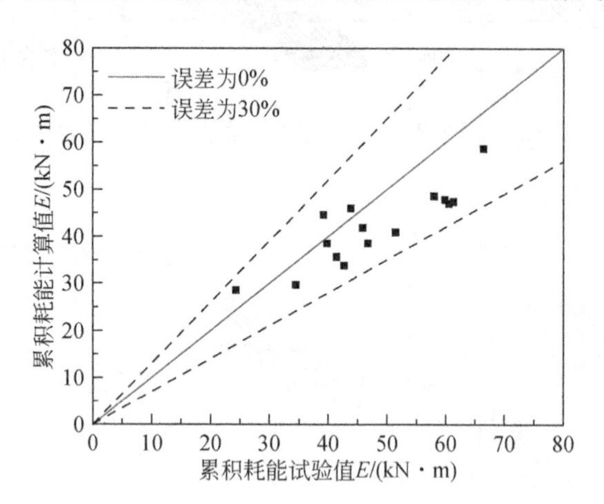

图 6.39 锈蚀高 RC 剪力墙累积耗能计算值与试验值对比

6.5.2 锈蚀高 RC 剪力墙剪切恢复力模型

1. 未锈蚀高 RC 剪力墙骨架曲线特征点剪切变形计算

与低矮 RC 剪力墙相同，未锈蚀高 RC 剪力墙剪切恢复力模型骨架曲线亦采用不考虑下降段的三折线模型，如图 6.35 前三段线所示，骨架曲线上特征点荷载值采用 6.5.1 节所给出的抗剪承载力计算公式计算确定，特征点位移值与低矮 RC 剪力墙剪切变形计算公式相同，在此不再赘述。

2. 锈蚀高 RC 剪力墙骨架曲线特征点剪切变形计算

采用与建立锈蚀高 RC 剪力墙宏观恢复力模型相同的方法，本节假定锈蚀高 RC 剪力墙剪切变形修正系数只与暗柱纵筋锈蚀率 η_1 和轴压比 n 相关，定义剪应变修正系数函数为 $g_{is}(\eta_1, n)$，则锈蚀高 RC 剪力墙的剪切恢复力模型骨架曲线各特征点剪应变计算公式为

$$\gamma_{id}=g_{is}(\eta_1, n)\gamma_i \tag{6-40}$$

式中，γ_{id}、γ_i 分别为锈蚀和未锈蚀高 RC 剪力墙剪切恢复力模型骨架曲线特征点的剪应变值。

根据所测锈蚀 RC 剪力墙试件特征点剪切变形(表 6.10)，经归一化处理，进而拟合得到锈蚀高 RC 剪力墙骨架曲线各特征点的剪切变形计算公式如下。

屈服点剪切变形：

$$\gamma_{yd}=[1+(51.61n-5.37)\eta_l]\gamma_y \tag{6-41a}$$

峰值点剪切变形：

$$\gamma_{cd}=[1+(77.00n-3.41)\eta_l]\gamma_c \tag{6-41b}$$

式中，η_l 为暗柱纵筋锈蚀率；n 为轴压比；γ_y、γ_c 分别为未锈蚀 RC 剪力墙试件骨架曲线屈服点与峰值点的剪应变；γ_{yd}、γ_{cd}分别为锈蚀 RC 剪力墙试件骨架曲线屈服点与峰值点的剪应变。

3. 滞回规则参数确定

由 6.3 节试验结果可知，锈蚀高 RC 剪力墙的剪切滞回曲线捏拢效应明显，剪切刚度退化较为显著。因此，参考 6.4.2 节建立锈蚀低矮 RC 剪力墙剪切恢复力模型时所采用的滞回规则，采用 OpenSees 中的 Hysteretic Material 模型模拟锈蚀高 RC 剪力墙剪切变形性能。鉴于相关研究成果相对较少，本节通过反复对比分析与调整，最终确定锈蚀高 RC 剪力墙滞回规则控制参数为：$p_x=0.60$、$p_y=0.25$、$Damage1＝0.0、$Damage2＝0.2、$\beta=0.2$。

4. 恢复力模型验证

基于考虑剪切效应的纤维模型建模思路，按照 6.4.2 节所述建模方法，结合上述锈蚀高 RC 剪力墙剪切恢复力模型，对本章涉及的部分锈蚀高 RC 剪力墙进行数值建模，进而进行拟静力模拟加载，得到相应的模拟滞回曲线。各试件滞回曲线和累积耗能计算结果与试验结果对比如图 6.40、图 6.41 所示。

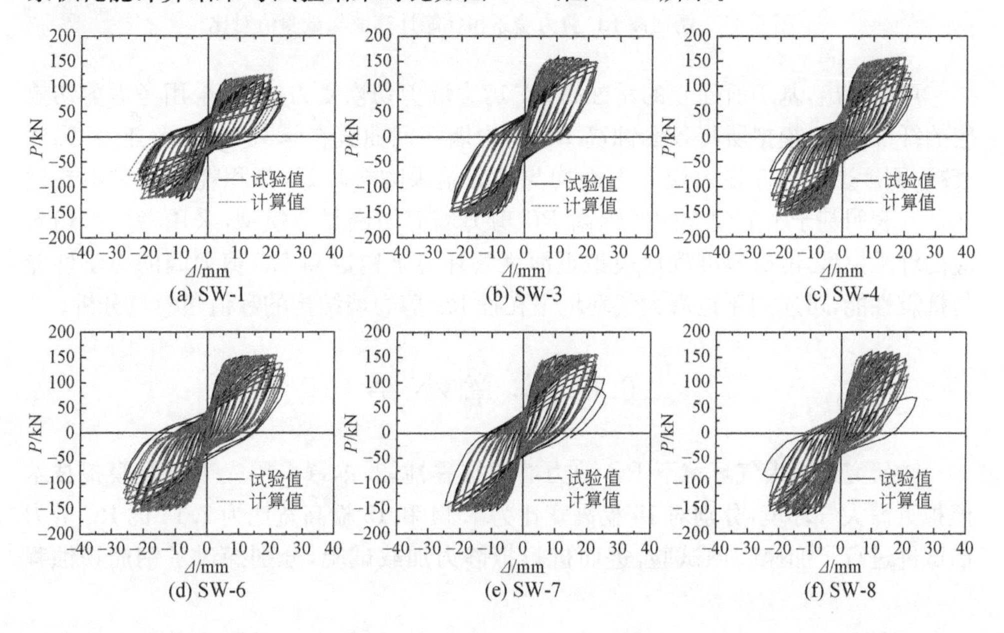

(a) SW-1　(b) SW-3　(c) SW-4

(d) SW-6　(e) SW-7　(f) SW-8

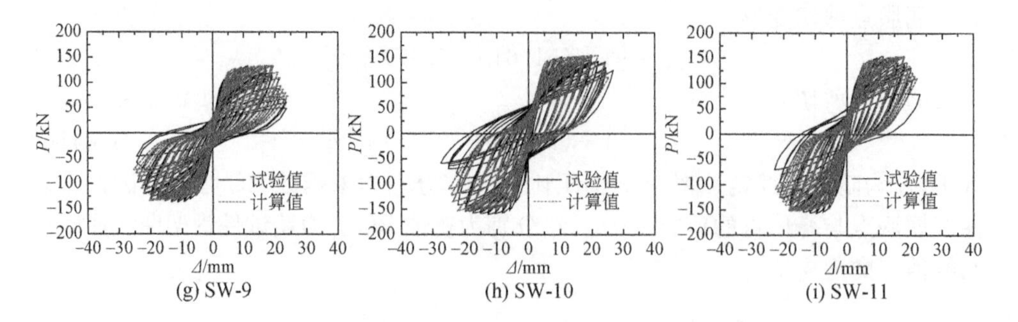

图 6.40 高 RC 剪力墙计算与试验滞回曲线对比

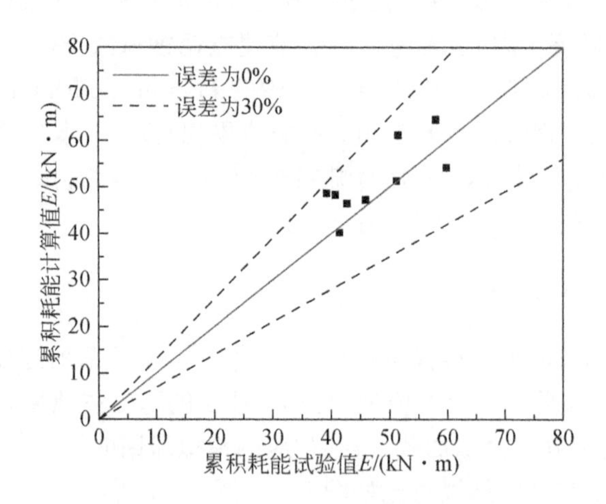

图 6.41 锈蚀高 RC 剪力墙累积耗能计算值与试验值对比

可以看出，基于所建立的锈蚀高 RC 剪力墙剪切恢复力模型，采用考虑剪切效应的纤维模型，模拟所得各锈蚀高 RC 剪力墙滞回曲线在承载力、变形能力、强度衰减、刚度退化和捏拢效应等方面均与试验结果吻合较好，累积耗能误差不超过30%。表明基于本节建立的锈蚀高 RC 剪力墙剪切恢复力模型，采用考虑剪切效应的纤维模型，能够较准确地模拟近海大气环境下锈蚀高 RC 剪力墙的力学性能与抗震性能，可应用于近海大气环境下在役 RC 剪力墙结构的数值建模与分析。

6.6 本章小结

为研究近海大气环境下 RC 剪力墙的抗震性能，本章采用人工气候模拟技术模拟近海大气环境，分别对 15 榀高宽比为 1.14 和 15 榀高宽比为 2.14 的 RC 剪力墙试件进行了加速腐蚀试验，进而进行拟静力加载试验，分别探讨了钢筋锈蚀程度、轴压比、横向分布钢筋配筋率、暗柱纵筋配筋率和暗柱箍筋配箍率对不同高宽比RC剪力墙诸抗震性能指标的影响规律，并结合试验研究结果和理论分析，建立了锈蚀RC剪力墙宏观恢复力模型和剪切恢复力模型，主要结论如下。

(1)钢筋锈蚀会使RC剪力墙的破坏特征发生改变，具体表现为：对于高宽比较小的低矮RC剪力墙，随着锈蚀程度的增大，裂缝出现较早，斜裂缝数量增多，宽度变宽且发展速度较快，试件剪切破坏特征更加明显，其破坏模式均为剪切成分较大的剪弯型破坏。对于高宽比较大的高RC剪力墙试件，当锈蚀程度较轻时，试件剪切斜裂缝数量较多、发展速率较快、宽度较宽，破坏时墙底三角形混凝土破损区域不明显，试件剪切破坏较为严重；当锈蚀程度较严重时，试件剪切斜裂缝数量较少、宽度较窄，试件最终破坏时墙底混凝土破损区域范围较大，腹部未见明显贯通剪切斜裂缝，试件剪切破坏特征减轻而弯曲破坏特征加重，表明随钢筋锈蚀程度增加，高RC剪力墙破坏模式由弯剪破坏向弯曲破坏转变。

(2)随着轴压比的增加，各剪力墙试件的承载能力提高，变形和耗能能力降低，强度衰减程度增大，初始刚度略有增加，刚度退化速率加快；随着钢筋锈蚀程度的增大，各剪力墙试件的承载能力、变形能力和耗能能力均呈现不同程度的退化，强度衰减和刚度退化速率加快；随着横向分布钢筋配筋率、暗柱纵筋配筋率和暗柱箍筋配箍率的增加，试件承载能力、变形能力和耗能能力逐渐提高，强度衰减和刚度退化速率逐渐降低。

(3)不同设计参数对RC剪力墙剪切变形有一定影响，具体表现为：对于低矮RC剪力墙，随着锈蚀程度的增加，各特征点剪切变形占总变形比例均增大；随着横向分布钢筋配筋率的增大，各特征点剪切变形占总变形比例均减小。对于高RC剪力墙试件，当锈蚀程度较轻时，墙体的剪切变形占总变形比例较未锈蚀试件的大，当锈蚀程度较严重时，随着锈蚀程度增加，墙体剪切变形占总变形比例逐渐减小，表明钢筋锈蚀使得高RC剪力墙试件破坏模式由剪切成分较大的弯剪破坏向弯曲破坏转变。

(4)结合试验结果与理论分析，建立了不同高宽比锈蚀RC剪力墙宏观恢复力模型及剪切恢复力模型。应用所建立的宏观恢复力模型对本章涉及的各RC剪力墙进行分析，得到各试件计算滞回曲线；基于所建立的剪切恢复力模型，建立考虑剪切效应的纤维模型，采用OpenSees有限元分析软件对本章涉及的各RC剪力墙进行数值建模分析，得到各试件模拟滞回曲线。分别将基于宏观恢复力模型和基于剪切恢复力模型的模拟结果与试验结果进行对比发现，模拟所得各RC剪力墙滞回曲线在承载力、变形能力、强度衰减、刚度退化和捏拢效应等方面均与试验滞回曲线吻合较好，累积耗能误差不大，表明所建立的宏观恢复力模型及剪切恢复力模型均能较为准确地反映近海大气环境下RC剪力墙的力学性能与抗震性能，可应用于多龄期在役RC剪力墙结构的数值建模与分析。

参考文献

[1] Hidalgo P A, Ledezma C A, Jordan R M. Seismic behavior of squat reinforced concrete shear walls[J]. Earthquake Spectra, 2002, 18(2): 287-308.

[2] Greifenhagen C, Lestuzzi P. Static cyclic tests on lightly reinforced concrete shear walls[J]. Engineering Structures, 2005, 27(11): 1703-1712.

[3] Kuang J S, Ho Y B. Seismic behavior and ductility of squat reinforced concrete shear walls with nonseismic detailing[J]. ACI Structural Journal, 2008, 105(2): 225-231.

[4] 王坤. 基于损伤的钢筋混凝土剪力墙恢复力模型试验研究[D]. 西安：西安建筑科技大学，2011.

[5] 章红梅. 剪力墙结构基于性态的抗震设计方法研究[D]. 上海：同济大学，2007.

[6] Zhang Y F, Wang Z H. Seismic behavior of reinforced concrete shear walls subjected to high axial loading[J]. ACI Structural Journal, 2000, 97(5): 739-749.

[7] 季静，李首方，韩小雷，等. 无边缘约束构件剪力墙的对比试验研究[J]. 建筑科学，2007，23(11)：41-45.

[8] 张展，周克荣. 变高宽比高性能混凝土剪力墙抗震性能的试验研究[J]. 结构工程师，2004，(02)：62-68

[9] 蒋欢军，应勇，王斌，等. 钢筋混凝土剪力墙构件地震损伤性能试验[J]. 建筑结构，2012，(2)：113-117.

[10] 袁迎曙，章鑫森，姬永生. 人工气候与恒电流通电法加速锈蚀钢筋混凝土梁的结构性能比较研究[J]. 土木工程学报，2006，39(3)：42-46.

[11] 张伟平，王晓刚，顾祥林. 加速锈蚀与自然锈蚀钢筋混凝土梁受力性能比较分析[J]. 东南大学学报(自然科学版)，2006，36(增刊Ⅱ)：139-144.

[12] 中华人民共和国住房和城乡建设部. 建筑抗震试验规程(JGJ/T 101—2015)[S]. 北京：中国建筑工业出版社，2015.

[13] 中华人民共和国住房和城乡建设部. 混凝土结构设计规范(2015年版)(GB 50010—2010)[S]. 北京：中国建筑工业出版社，2015.

[14] 中华人民共和国住房和城乡建设部，中华人民共和国国家质量监督检验检疫总局. 建筑抗震设计规范(2016年版)(GB 50011—2010)[S]. 北京：中国建筑工业出版社，2016.

[15] 中华人民共和国住房和城乡建设部. 高层建筑混凝土结构技术规程(JGJ 3—2010)[S]. 北京：中国建筑工业出版社，2011.

[16] 中华人民共和国建设部，国家质量监督检验检疫总局. 普通混凝土力学性能试验方法标准(GB/T 50081—2002)[S]. 北京：中国建筑工业出版社，2003.

[17] 中华人民共和国国家质量监督检验检疫总局，中国国家标准化管理委员会. 金属材料 拉伸试验 第1部分：室温试验方法(GB/T 228.1—2010)[S]. 北京：中国标准出版社，2010.

[18] Vidal T, Castel A, Francois R. Analyzing crack width to predict corrosion in reinforced concrete[J]. Cement and Concrete Research, 2004, 34(1): 165-174.

[19] 姚谦峰，陈平. 土木工程结构试验[M]. 北京：中国建筑工业出版社，2007.

[20] Takeda T, Sozen M A, Neilsen N N. Reinforced concrete response to simulated earthquakes [J]. Journal of the Structural Division, 1970, 96(12): 2557-2573.

[21] Ozcebe G, Saatcioglu M. Hysteretic shear model for reinforced concrete members [J]. Journal of Structural Engineering, 1989, 115(1): 132-148.

[22] 朱伯龙,张琨联. 矩形及环形截面压弯构件恢复力特性的研究[J]. 同济大学学报, 1981, 26 (2): 4-13.

[23] Haselton C B, Liel A B, et al. Calibration of model to simulate response of reinforced concrete beam-columns to collapse[J]. ACI Structural Journal, 2016, 113(6): 1141-1152.

[24] 臧登科. 纤维模型中考虑剪切效应的 RC 结构非线性特征研究[D]. 重庆:重庆大学, 2005.

[25] Park Y J, Ang A H S. Mechanistic seismic damage model for reinforced concrete[J]. Journal of Structural Engineering, 1981, 111(4): 722-739.

[26] 张川. 钢筋混凝土框架-抗震墙结构的抗震性能及模型化研究[D]. 重庆:重庆建筑大学, 1994.

[27] 梁兴文,辛力,陶松平,等. 混凝土剪力墙受剪承载力计算[J]. 工业建筑, 2009, 39(7): 111-113.

[28] 张松,吕西林,章红梅. 钢筋混凝土剪力墙构件恢复力模型[J]. 沈阳建筑大学学报(自然科学版), 2009, 25(4): 645-649.

[29] Priestley M J N. Aspect of drift and ductility capacity of rectangular cantilever structural walls[J]. Bulletin of New Zealand Society for Earthquake Engineering, 1998, 31(2): 73-85.

[30] 张松,吕西林,章红梅. 钢筋混凝土剪力墙构件极限位移的计算方法及试验研究[J]. 土木工程学报, 2009, (4): 10-16.

[31] Rahnama M, Krawinkler H. Effects of soft soil and hysteresis model on seismic demands [R]. Stanford: Blume Earthquake Engineering Center, 1993.

[32] Hysteretic Material[EB/OL]. https://opensees.berkeley.edu/wiki/index.php/Hysteretic_Material. 2018-6-20.

[33] Hirosawa M. Past experimental results on reinforced concrete shear walls and analysis on them[R]. Tokyo: Building Research Institute, Ministry of Construction, 1975.

[34] Kabeysawa T, Shioara T, Otani S. U. S. -Japan cooperative research on RC full-scale building test, Part 5: Discussion of dynamic response system[C]. Proceedings of 8th WCEE, San Francisco, 1984.

[35] Wallace J W. Modelling issues for tall reinforced concrete core wall buildings [J]. The Structural Design of Tall and Special Buildings, 2007, (16): 615-632.

[36] 梁兴文,叶艳霞. 混凝土结构非线性分析[M]. 北京:中国建筑工业出版社, 2015.

[37] Tjhin T N, Aschheim M A, Wallace J W. Yield displacement estimates for displacement-based seismic design of ductile reinforced concrete structural wall buildings[C]. 13th World Conference on Earthquake Engineering, Vancouver, 2004.

[38] 寇佳亮,梁兴文,邓明科. 纤维增强混凝土剪力墙恢复力模型试验与理论研究[J]. 土木工程学报, 2013, 10(46): 58-70.